可再生能源建筑应用与建筑节能系列丛书

太阳能建筑设计

王崇杰　薛一冰　等编著

中国建筑工业出版社

图书在版编目（CIP）数据

太阳能建筑设计/王崇杰，薛一冰等编著．—北京：中国建筑工业出版社，2007
（可再生能源建筑应用与建筑节能系列丛书）
ISBN 978-7-112-09124-9

Ⅰ．太… Ⅱ．①王…②薛… Ⅲ．太阳能住宅-建筑设计 Ⅳ．TU241.91

中国版本图书馆 CIP 数据核字（2007）第 024650 号

可再生能源建筑应用与建筑节能系列丛书
太阳能建筑设计
Solar-energy Building Design
王崇杰　薛一冰　等编著
*
中国建筑工业出版社出版、发行（北京西郊百万庄）
各地新华书店、建筑书店经销
北京密云红光制版公司制版
北京中科印刷有限公司印刷
*
开本：850×1168 毫米　1/16　印张：15½　字数：434 千字
2007 年 5 月第一版　2009 年 3 月第五次印刷
印数：9001—11000 册　定价：**45.00** 元
ISBN 978-7-112-09124-9
（15788）

（邮政编码　100037）
本社网址：http：//www．cabp．com．cn
网上书店：http：//www．china-building．com．cn

本书基于太阳能与建筑作为统一体的前提，将太阳能采暖、热水、通风、降温、发电、导光等技术与建筑进行有机结合，做到了太阳能与建筑的一体化设计。本书包括九章内容，分别从太阳能基本知识、太阳能建筑设计要点综述、太阳能采暖技术设计、太阳能建筑通风降温设计、太阳能热水应用设计、建筑中的太阳能光伏发电设计、太阳能建筑其他技术设计、太阳能建筑实例及方案等几个方面进行了充分的论述，详尽地阐述了太阳能建筑设计的基本原理、设计方法、技术特性、经济技术评价等内容。

本书除可作为相关专业大专院校师生、研究人员参考资料外，还可为设计者、建造者、投资方及业主等提供有关太阳能建筑技术方面的参考。

* * *

责任编辑：于　莉　姚荣华
责任设计：赵明霞
责任校对：兰曼利　王金珠

出 版 说 明

为了实现国家“十一五”期间资源能耗要比“十五”末期下降20%的目标，增加能源供应，改善能源结构，保障能源安全，保护环境，实现经济社会的可持续发展，开发利用可再生能源必不可少。然而，目前我国在可再生能源的开发利用方面虽已取得了较大进步，但除水电、沼气和太阳能热水器外，其他可再生能源的发展却比较缓慢，可再生能源在建筑中的应用更是如此。要想真正实现建筑节能，可再生能源的应用势在必行。为此，我社拟陆续出版《可再生能源建筑应用与建筑节能系列丛书》。

本套系列丛书暂定为五分册：《地源热泵技术与建筑节能应用》、《太阳能建筑设计》、《污水再生利用技术》、《屋顶绿化技术与建筑节能应用》、《可再生能源建筑应用示范工程》。

本套系列丛书涵盖的专业面较广，内容比较全面，并有一定深度，组织了国内建筑节能领域的知名专家编写。主要可供建筑设计、房地产开发和施工、建设单位管理人员和工程技术人员，以及可再生能源技术、产品与设备研发、生产单位相关人员参考。希望这套丛书的问世，能帮助读者解决工作中的疑难问题，掌握专业知识，推进可再生能源在建筑中的应用和建筑节能关键技术的实施。为此，我们热诚欢迎广大读者对书中不足之处来信批评指正，以便使本套丛书日臻完善。

中国建筑工业出版社

前　言

全球经济的飞速发展直接导致了对常规能源的过量采掘，常规能源的匮乏，给人类的生存环境带来不可估量的影响，警醒世人提出与环境和谐发展的、可再生的清洁能源发展理念，以促进常规能源的节约与环境保护。

太阳能——作为可再生的清洁能源，已越来越被人们所接受。近年来，建筑工作者一直在寻求太阳能与建筑有机结合的适当模式，从而达到太阳能与建筑的一体化设计。本书是笔者在从事太阳能建筑工作二十几年的基础上，经过不断地尝试与探索，借鉴和参考了国内外同行关于太阳能建筑的论述，总结出的太阳能建筑设计的经验和体会。

本书关于太阳能建筑设计的论述，是基于太阳能与建筑作为统一体的前提下，将太阳能采暖、热水、通风、降温、发电、导光等技术与建筑进行有机结合，做到了太阳能与建筑的一体化设计。本书包括九章内容，分别从太阳能基本知识、太阳能建筑设计要点综述、太阳能建筑采暖设计、太阳能建筑通风降温设计、太阳能热水应用设计、太阳能建筑光伏发电设计、太阳能建筑其他技术设计、太阳能建筑实例及方案等几个方面进行了充分的论述，详尽地阐述了太阳能建筑设计的基本原理、设计方法、技术特性、经济技术评价等内容。

本书除可作为相关专业大专院校师生、研究人员参考资料外，还可为设计者、建造者、投资方及业主等提供有关太阳能建筑技术方面的参考。

本书由王崇杰、薛一冰等编著，各章节的执笔者依次为：

第1章　王崇杰　张　蓓

第2章　吕明霞　薛一冰

第3章　王崇杰　何文晶

第4章　何文晶　张　蓓　管振忠　黄晓曼

第5章　王崇杰　管振忠

第6章　王　艳　张　蓓

第7章　薛一冰　孟　光　杨　爽

第8章　薛一冰　荆惠霖　管振忠

第9章　张振兴　房　涛　何文晶

本书内容涉及面广，编写过程中难免有不妥之处，同时，由于时间及编著者水平所限，书中文字表达也难免存在疏漏，恳请读者批评指正。

2006年12月

目　　录

第1章　绪　　论

1.1　太阳能建筑缘起

太阳能与建筑，曾经是两个相去甚远的话题，但今天，太阳能建筑却被业界认为将成为现代建筑的发展趋势。太阳能建筑是指用太阳能代替部分常规能源，为建筑物提供采暖、热水、空调、照明、通风、动力等一系列功能，以满足（或部分满足）人们生活和生产需要的建筑。

自古以来，我们的祖先在修建房屋时，就懂得充分利用太阳的光和热。无论庙宇、宫殿，还是官邸、民宅（图1-1），都尽可能坐北朝南布置，以增加采光和得热。这些传统建筑可以说是最原始、最朴素的太阳能建筑。

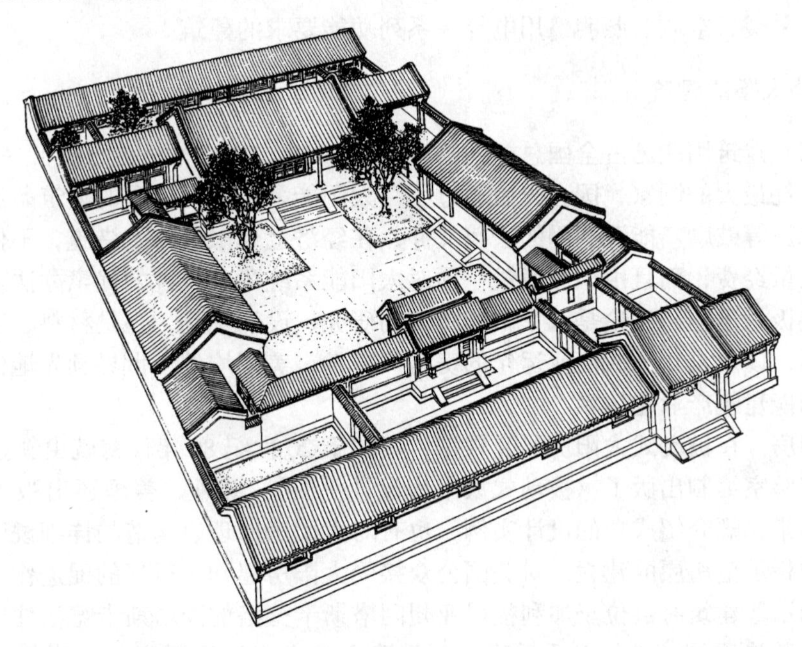

图1-1　坐北朝南的四合院布局

维特鲁威在论述住房构筑原则中，首先提出选择基地要考虑主导风向问题，避免不利风流，尽量吸收南向辐射热，住房形式应适应气候的多样性，设置柱廊以遮挡高度角较高的夏季阳光又可使角度较低的冬季阳光直射室内而采暖，从而利用太阳能，达到建筑节能的目的。

15～16世纪的欧洲文艺复兴时代，建筑师对环境和气候的认识尚未成熟，但建造的大量建筑物表明，那时人们已经懂得通过北向设置少量的窗户、加大墙体和屋面热阻等方式减少建筑能耗，为太阳能技术在建筑中的应用打下了良好基础。

现代建筑先驱在各自作品中也充分表现了他们尊重气候、阳光、风向，趋利避害的设计理念。赖特在他的作品中利用太阳几何学，在建筑的不同立面设不同深度的挑檐来调节阳光，达到节能、改善室内小气候的目的；格罗皮乌斯的许多住宅设计和规划方案均是以太阳照射角度的选择为设计准则；勒·柯布西耶特别重视风和太阳对建筑的影响，提出夏季日照控制概念，反对

"让灾难性的阳光进入室内"，设计的百叶遮阳体系风靡一时，通过简单的夏至日和冬至日的中午太阳高度角计算，确定建筑"太阳能量"方案。

从20世纪30年代起，美国建筑师试图吸收、贮存和分配太阳能，把太阳能作为提供建筑舒适的主要热源。1939～1956年美国麻省理工学院设计建造第一批有完整图纸的太阳能节能住宅，通过一系列太阳能收集器和贮存装置获得所需的大部分热量，这为以后相关太阳能建筑如雨后春笋般的不断涌现，各种形式节能建筑设计手法推陈出新，积累了丰富经验。

1.2 国内外太阳能建筑发展历程

太阳能建筑的发展大体可分为三个阶段：

第一阶段：被动式太阳房，它是一种完全通过建筑朝向和周围环境的合理布置、内部空间和外部形体的巧妙处理以及材料、结构的恰当选择，集取、蓄存、分配太阳热能的建筑。

第二阶段：主动式太阳房，它是一种以太阳能集热器、管道、风机、泵、散热器及贮热装置等组成的太阳能采暖系统或与吸收式制冷机组成的太阳能采暖和空调的建筑。

第三阶段：零能耗房屋，利用太阳能电池等光电转换设备提供建筑所需的全部能源，完全用太阳能满足建筑采暖、空调、照明、用电等一系列功能要求的建筑。

1.2.1 国外太阳能建筑

在发达国家，建筑用能已占全国总能耗的30%～40%，对经济发展形成了一定的制约作用。美国是世界上能耗最大的国家，国会先后通过了《太阳能采暖降温房屋的建筑条例》和《节约能源房屋建筑法规》等鼓励新能源利用的法律文件；在经济上也采取有效措施，不仅在太阳能利用研究方面投入大量经费，而且由国会通过一项对太阳能系统买主减税的优惠办法。因此，美国太阳能建筑的发展极为迅速，无论是对太阳能建筑的研究、设计优化，还是材料、房屋部件结构的产品开发、应用，以及真正形成商业运作的房地产开发，美国均处于世界领先地位，并在国内形成了完整的太阳能建筑产业化体系。

被动式太阳房 在被动式太阳房研究领域，美国于20世纪80年代初就由新墨西哥州的洛斯阿拉莫斯科学实验室编制出版了《被动式太阳房设计手册》。此外，美国还出版了许多实用的被动太阳房建筑图集，既介绍成功的设计实例，也有对太阳房原理、构造的详细说明。这些工具书的发行和一些样板示范房屋的建立，对美国公众接受太阳房起到了很好的促进作用。

比较著名的示范建筑有：位于加利福尼亚州阿塔斯卡德洛的阿塔斯卡德洛住宅（图1-2），该住宅采用屋顶池蓄热系统，进行冬季采暖，夏季降温，太阳能采暖率已达到相当高的水平。另外，比较有代表性的被动式太阳房还有位于新泽西州普林斯顿的凯尔布住宅，位于新墨西哥州科拉尔斯的贝尔住宅，位于新墨西哥州圣塔菲的圣塔菲太阳房，以及位于新墨西哥州科拉尔斯的戴维斯住宅等。

主动式太阳房 早在20世纪40年代，美国麻省理工学院就开始进行利用太阳能集热器作为热源的采暖、空调系统研究，先后建成多座试验太阳房。到20世纪70年代以后，又有华盛顿近郊的托马森太阳房和科罗拉多州丹佛市的洛夫太阳房等主动式太阳房的示范建筑建成。这些太阳房的成功运行，说明太阳能供热、空调系统在技术上是完全可行的，但由于投资较大，推广普及程度不及被动式太阳房。直到进入20世纪90年代，由于开发出更加高效的太阳集热器和吸收式制冷机、热泵机组，应用范围才得以扩大。

日本在主动式太阳房（图1-3）的研究应用领域也处于世界前列。1974年日本通产省制定了"阳光计划"，并按此计划建造了数幢典型太阳能采暖空调试验建筑。而且多年来日本的太阳能采

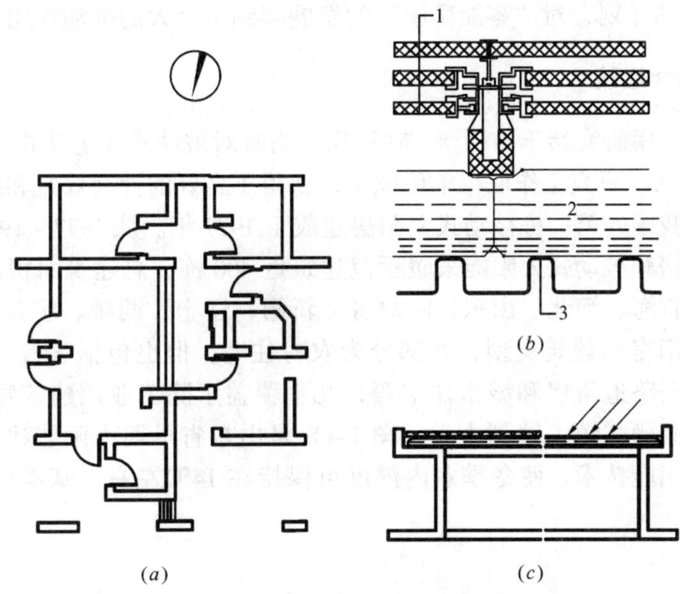

图 1-2 采用屋顶池蓄热的阿塔斯卡德洛住宅
（a）平面图；（b）屋面节点大样；（c）剖面图
1—活动保温板；2—集热蓄热水袋；3—金属顶棚

图 1-3 主动式太阳房——日本太阳能咖啡屋

暖、空调建筑一直稳步发展，并已应用于大型建筑物上。

此外，法国、德国、澳大利亚、英国等发达国家也拥有相当先进的太阳能建筑应用技术。著名的集热蓄热墙采暖方式即是法国人菲利克斯·特朗勃的专利，法国的奥代洛太阳房是该采暖理论转化为实际应用的第一个样板房。英国利物浦附近的沃拉西的圣乔治郡中学，则是直接受益式太阳房最大和最早的样板之一。

零能房屋 近几年来在发达国家已有相当发展水平的“零能房屋”，即完全由太阳能光电转换装置提供建筑物所需要的全部能源消耗，真正做到清洁、无污染，它代表了21世纪太阳能建筑的发展趋势。许多国家的政府（如美国、德国）都制定了21世纪太阳能在国家总能源消耗中所占比例应超过20%的计划，对“零能房屋”的发展起到了巨大的推动作用。

1.2.2 国内太阳能建筑

我国太阳能建筑应用研究始于20世纪70年代。当时对被动式和主动式太阳房的应用研究工作同时起步，20多年来，研究工作取得丰硕成果，获得了良好的社会效益和经济效益。

被动式太阳房 我国的第一栋被动式太阳房建成于1977年。从1977～1987年的10年间，我国建成了实验性太阳房和被动式太阳能采暖示范建筑近400栋，总建筑面积近10万 m^2，分布于北京、天津、甘肃、青海、河北、山东、内蒙古、新疆、辽宁、西藏、宁夏、河南、陕西等省、市、自治区。这些太阳房的建筑类型，大部分为农村住宅，但也包括学校、办公楼、商店、宾馆、医院、邮电所、公路道班房和城市住宅等，几乎覆盖了除工业用建筑物以外的所有民用建筑。其中山东省栖霞县栖霞镇古镇都小学（图1-4）是山东省早期太阳能建筑的代表作品之一，使用了特朗勃墙等太阳能技术，使冬季室内温度可保持在14℃左右，基本解决了学生在校期间的采暖问题。

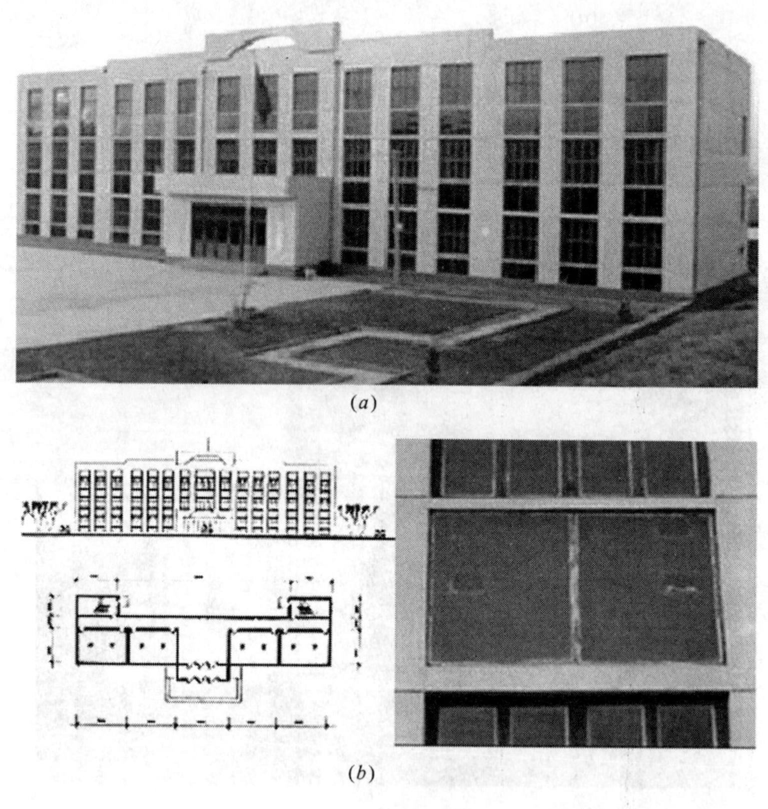

(*a*)

(*b*)

图1-4 早期太阳能建筑——山东省栖霞县栖霞镇古镇都小学
（*a*）立面图；（*b*）平面及集热墙细部图

在这一发展阶段，有两个大的国际合作项目对我国被动式太阳房开发应用起到了巨大的推动作用，一个是联合国援助项目，另一个是中德合作项目。1980年联合国开发计划署和国家科委共同投资，在甘肃省榆中县建设太阳能采暖与降温技术示范中心（由甘肃省科学院自然能源研究所具体承担）。至1983年，在基地内建成的9栋被动式太阳房示范建筑，包括三层综合试验楼、食堂、招待所、集体宿舍、农民住宅、下沉式窑洞等，另外还建成了1000m^2的中低温太阳能设备试验场及气象站，并进行了相应的试验、测试和研究工作。在对示范中心被动式太阳房试验、测试分析取得的设计参数基础上，甘肃省科学院自然能源研究所为榆中县设计建设了数十栋太阳能基地下沉式窑院民居（图1-5），利用基地北部陡坎，在其南面下挖院落，采用附加阳光间、对流环路式被动式太阳能采暖技术，使民居在无任何辅助热源的情况下，冬季室内气温达到10.5~17℃，得到了农民的普遍欢迎。后来在示范中心内又扩建了数栋太阳房示范建筑，并受联合国委托举办了几期第三世界国家太阳能应用技术人员培训班，为国际太阳能事业做出了贡献。

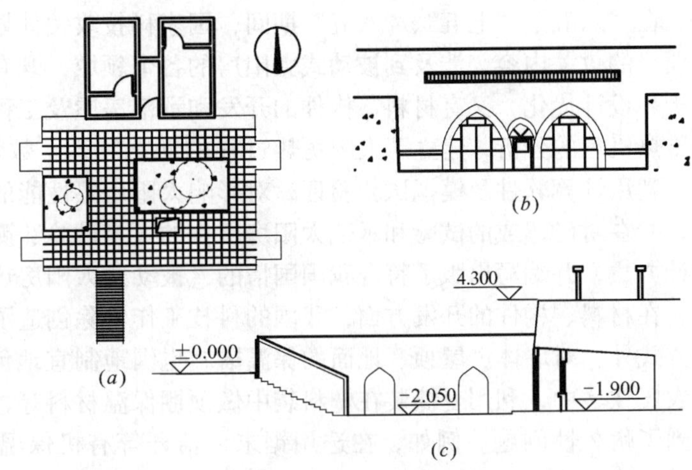

图1-5 兰州市榆中县太阳能基地下沉式窑院民居
（a）平面图；（b）立面图；（c）剖面图

1982年，由中国、联邦德国双方共同投资，中方由北京市太阳能研究所、天津大学、清华大学共同承担设计的“中国、联邦德国再生能源合作项目”开始启动，该项目的主要内容是在北京大兴县义和庄建设一个新能源村。到1983年底，建成太阳能建筑25栋，其中平房住宅21栋，二层住宅2栋，单层商店1栋；1984年又为当地农户建成57栋太阳房住宅，并对其中的9栋进行了测试和总结。联邦德国技术人员也设计建造了两栋试验性太阳能样板房（图1-6）。在该合作项目新能源村建设经验的基础上，由北京市太阳能研究所设计，以自建公助形式，在北京市昌平县建成了百余栋农民太阳能住宅，其中马池口乡是当时拥有被动式太阳房住宅数量最多的一个农民新村。

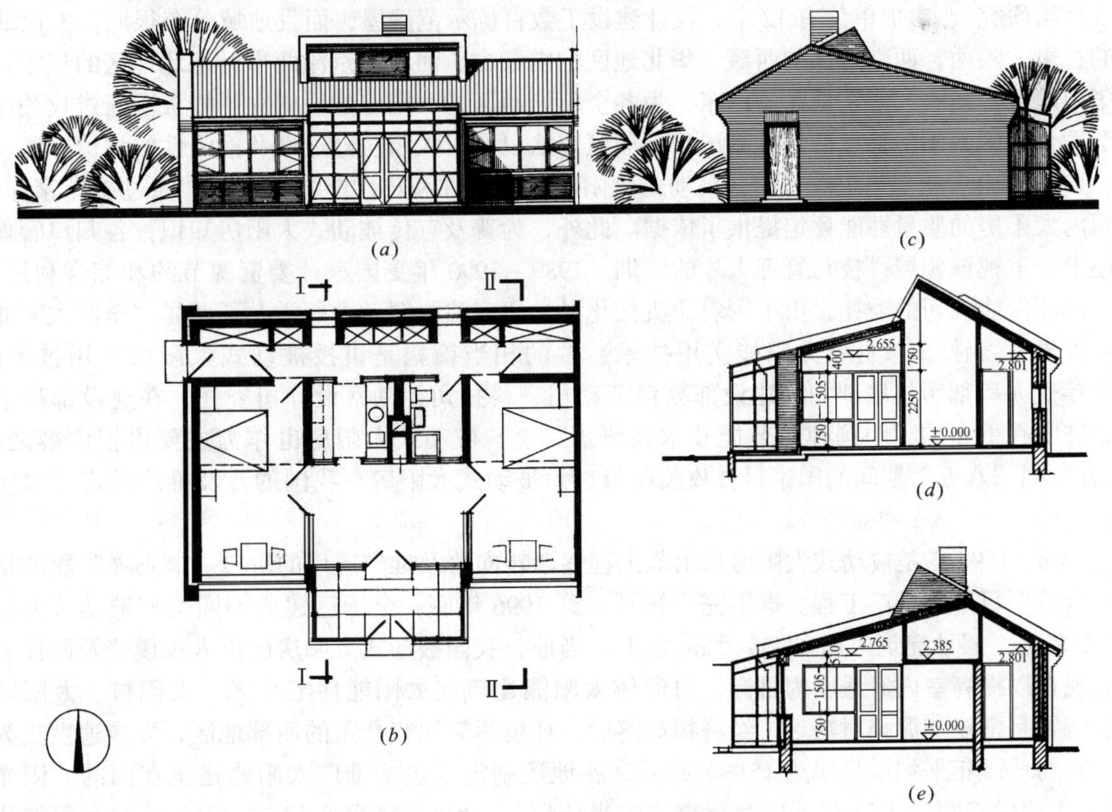

图1-6 北京大兴县义和庄太阳能样板房
（a）南立面图；（b）平面图；（c）侧立面图；（d）Ⅰ-Ⅰ剖面图；（e）Ⅱ-Ⅱ剖面图

在“六五”、“七五”、“八五”期间，国家科技攻关计划中都列入了太阳能建筑项目。这些科研项目的攻关内容，涉及到被动式太阳房的各个领域，既有基础理论研究、模拟试验、热工参数分析、设计优化，又有材料、构件的开发和示范房屋及工程建设。在基础理论方面，通过对太阳房传热机理的分析，建立了太阳房热过程的动态物理、数学模型，根据模型编制了模拟计算软件。利用计算软件及模拟试验验证，对影响太阳房热性能的相关参数进行了灵敏度分析和优化计算，并在对已建成的试验和示范太阳房所作的大量试验、测试及工程实践的基础上，提出了优化设计方法，并编写出版了符合我国国情的《被动式太阳房热工设计手册》。

在材料、构件的开发方面，我国的科技工作者除创造了花格蓄热墙、快速集热墙等新型的采暖方式外，对墙体、屋顶、地面的保温措施也因地制宜地创造了多种多样具有中国特色的形式。在农民住宅中，利用麦糠装在塑料袋中做顶棚保温材料等，既满足了需要，又降低了造价，并注意到了耐久性问题。例如，在选用锯末、秸秆等有机保温材料时，掺入10%生石灰（体积比）先进行钙化防腐处理。在利用我国建筑物重质结构解决被动式太阳房室温波动大的问题上有所突破。另外，还创造了符合我国国情的保温窗帘，门、窗密封，玻璃贴膜等技术。在工程设计技术方面，形成了一整套有中国特色的被动式太阳房设计技术，各省、各地区也有针对自己地域特点和居住习惯的设计技术措施。

为指导设计，国家还相继出版了多册被动式太阳房实例汇编和设计图集，如《被动式太阳能采暖乡镇住宅通用设计试用图集》等；此外，各地区也发行了适合本地特点的设计图集，如《甘肃省被动式采暖太阳房通用设计图集》、《内蒙古被动式采暖太阳房通用设计图集》、《内蒙古采暖太阳房建筑构造图集》等。“六五”到“八五”期间的国家科技攻关项目，有一个共同的特点，就是十分重视被动式太阳房示范工程的建设，特别是“七五”国家科技攻关项目——“太阳能建筑设计与研究”，参加单位有12个，设计建设了数百栋示范房屋，而且地域分布很广，有西北地区的甘肃、陕西，西南地区的西藏，华北地区的内蒙古、河北、京津两市，东北地区的辽宁，还有华中地区的河南和华东地区的山东，为各个不同地区的太阳房建设树立了样板。通过攻关还形成了适合我国太阳房特点的热性能试验、测试方法以及对太阳房舒适性和经济性的评价方法。

1993年由农业部组织编写的《被动式太阳房技术条件和热性能测试方法》通过了专家评议，为国内太阳房的质量性能评定提供了依据。此外，为普及宣传被动式太阳房知识，各归口管理单位还十分重视该领域科技与管理人才的培训。1989～1990年受国家计委资源节约和综合利用司、农业部环保能源司的委托，由中国农业机械化科学研究院能源动力所举办了两届“全国太阳能利用函授班”，函授班教材《太阳能实用技术》中的相当篇幅是讲授被动式太阳房应用技术的。1997年受人事部考核培训司，建设部教育劳动司、科技司、勘察设计司委托，在建设部科学发展促进中心举办的“中国建筑节能技术高研班”上，被动式太阳房也作为主要讲授内容之一。“六五”到“八五”期间的国家科技攻关项目，为被动式太阳房在我国的普及推广奠定了坚实的技术基础。

1988～1998年是被动式太阳房从示范工程逐渐转向普及推广应用的阶段。该发展阶段的特点是以示范项目带动推广工程。据不完全统计，到1996年底，全国已建成不同类型被动式太阳房1.5万多栋，累计建筑面积在455万m^2以上。当前，我国被动式太阳房已进入规模普及阶段。主要表现在以提高室内舒适度为目标，由群体太阳能建筑向太阳能住宅小区、太阳村、太阳城发展。特别是常规能源相对缺乏，经济相对落后，环境污染比较严重的西部地区，发展速度更为迅速，有的地区年平均增长率达15%。此外，各地还制定了包括推广太阳能建筑在内的“阳光计划”，比如投资额达4.28亿元的兰州市“阳光计划”，计划在郊区兴建73.3万m^2的太阳能住宅小区，其中以2500m^2小康型太阳能两层住宅楼为主的白石乡青石湾太阳村试点项目已实施完成。甘肃省临夏市建成了占地9.8公顷、建筑面积9.2万m^2的太阳能小区，以及在西藏投资900万元，资助新建太阳房 27 万 m^2 等大型工程项目。

主动式太阳房　20 世纪 70 年代末，太阳能在建筑中的应用研究在我国刚刚起步时，国内就有多个单位开始从事太阳能制冷空调系统的研究开发，其中华中理工大学、上海交大、中国建筑科学研究院空调所等单位研制成功的太阳能氨水吸收式和溴化锂吸收式制冷试验装置先后投入试运行。虽然由于当时我国的经济发展水平较低，这些装置只能停留在试验阶段，而未能转入实际应用，但通过研制开发，解决了一系列技术问题，积累了经验，取得了系统的优化设计参数，这些都对后来太阳能空调系统真正进入工程实践提供了有益的参考。

从“六五”到“八五”的国家科技攻关项目中，虽然在太阳能建筑领域的攻关重点是被动式太阳房，但对太阳能空调系统的研究开发并未完全忽视，中国科学院广州能源研究所承担的太阳能空调科研工作一直没有中断。随着我国国力的不断提高和人民生活水平的不断改善，终于使国家“九五”重点攻关项目——“太阳能空调热水系统”在广东江门市投入实际运行。

迄今为止，利用光电转换设施提供房屋能耗的零能房屋，在我国还是空白，由于这种建筑的初投资十分昂贵，它在我国的应用将会经过较长的阶段。

从上述发展历程可以看出，太阳能建筑的发展并非一帆风顺，有高潮也有低谷，但是必将克服各种障碍和困难不断前进，成为人类建筑发展的趋势。

1.3　现阶段我国发展太阳能建筑的必要性

目前，在常规能源少、建筑能耗大的情况下，要求环境保护以及实现全面小康要求等因素共同作用下，我国大力发展太阳能建筑迫在眉睫。

1.3.1　降低建筑能耗的需要

我国建筑总能耗约占社会终端能耗的 27.6%。其中，北方城镇建筑采暖和农村生活用煤约为 1.6 亿 t 标准煤/年，占我国 2004 年煤产量的 11.4%；建筑用电和其他类型的建筑用能（炊事、照明、家电、生活热水等）折合为电力，总计约为 5500 亿 kW·h/年，占全国社会终端电耗的 27%～29%。按照目前的建筑能耗状况，到 2020 年我国建筑能耗将比 2004 年增加 2.5 亿 t 标准煤/年和新增耗电 5800 亿～6300 亿 kW·h/年，总计折合电力约 1.3 万亿 kW·h，新增量相当于目前建筑总能耗的 1.3 倍。

根据发达国家经验，随着城市的发展，建筑将超越工业、交通等其他行业而最终居于社会能源消耗的首位，达到 33%左右。我国城市化进程如果按照发达国家发展模式，使人均建筑能耗接近发达国家的人均水平，需要消耗全球目前消耗的能源总量的 1/4 来满足中国建筑的用能要求。因此，探索一条不同于世界上其他发达国家的节能途径，充分利用我国拥有丰富的太阳能资源，大力发展太阳能建筑成为当前降低建筑能耗的需要。

1.3.2　环境保护的需要

有关资料显示，世界各国建筑能耗中排放的二氧化碳约占全球排放总量的 1/3；我国目前约 90%的二氧化硫和氮氧化物排放来自化石能源的生产和消费。目前，我国仍有 4 亿左右农村居民，依靠直接燃烧秸秆、薪柴等生物质提供生活用能，生物质燃烧产生大量的二氧化碳及有害物质。大气污染物造成的酸雨、呼吸道疾病等已经严重威胁经济发展和人体健康。

我国具有丰富的太阳能资源，年日照时数在 2200h 以上地区约占国土面积的 2/3 以上。对太阳能应用的预测结果为，在正常发展和生态驱动发展两种模式下，2050 年我国太阳能利用在总能源供给中分别达到 4.7%和 10%。对我国未来二氧化碳减排的潜力估计是，到 2010 年以后，太阳能利用对减排开始有较明显作用，2020年以后开始有较显著作用。

1.4　我国太阳能建筑的发展目标及策略

1.4.1　发展目标

充分利用太阳能，考虑将太阳能利用与地热能、风能、生物质能以及自然界中的低温热能等复合能源的利用结合起来，并进行系统的优化配置，以满足建筑的能源供应和健康环境的需求，降低建筑能耗在社会总能耗中的比例。

1.4.2　发展策略

1.4.2.1　政策引导

长期以来，国家对能源的管理偏重工业和交通节能，缺乏有效的激励政策，引导和扶植太阳能建筑。因此，要发展太阳能建筑，在政策引导方面应做到：一是全方位推进，包括在法规政策、标准规范、推广措施、科技攻关等方面开展工作；二是全过程监管，包括在立项、规划、设计、审图、施工、监理、检测、竣工验收、核准销售、维护使用等环节加强监管；三是实行分类指导、区域统筹、整体推进、分阶段实施的工作方法。

针对不同地域的太阳能资源状况及经济水平，采取不同的太阳能建筑推广方案。西部经济欠发达地区，往往又是太阳能资源丰富的区域，依然应以被动利用太阳能建筑为主，加强集热、蓄热、导热等材料和技术的研发与推广；而对于经济发达的沿海地区，夏季炎热、冬季阴冷，又具有冬季采暖、夏季空调的生活需求和经济能力，应积极扩大综合利用太阳能建筑新技术的投资优势，并成为实施太阳能或水源热泵等采暖空调技术示范建筑的首选地区。

1.4.2.2　经济激励

对于不同的建筑类型和社会功能，在太阳能利用等领域应给予不同的示范导向和税收等激励政策。如，对于公益性建筑采取强制推行太阳能利用的政策；对于商业性建筑则给予税收等激励政策；对于量大面广的居住建筑则实行税收激励政策、能源投资机制及业主有偿使用相结合的策略。当然这些策略对于既有建筑的改造同样适用。选择特殊用途建筑、大型公益性建筑及政府办公建筑等进行示范推广和政策引导。

1.4.2.3　设计研发

建筑设计单位将太阳能利用列入建筑工程设计环节，并作为一个“专业”纳入建筑设计过程，从设计阶段就将太阳能技术整合到整个设计中，进行一体化设计。研发机构针对成熟的太阳能技术编制设计规范、标准及其相关图集，建立产品（系统）检测中心和认证机构，完善施工验收及维护技术规程。

1.4.2.4　理念推广

针对我国的社会发展、技术进步、经济能力、区域气候、生活需求等因素，以太阳能建筑领域中的热水供应为切入点，扩大太阳能热水供应的既有理念优势，倡导“理念先行、示范突破、政策跟进”的原则，推行“标准设计、检测认证、建筑准入”的机制，分阶段逐步推进太阳能建筑在中国的发展，最终达到太阳能建筑的普及和推广。

在各级政府的政策导向和激励机制的基础上，提高职业培训和公众教育程度，加强产品（系统）检测认证和建筑准入制度，完善规范标准及相关技术规程，发挥从企业到业主等各个层面的积极性，共同推进太阳能建筑的有序健康发展。

第 2 章　太阳能基本知识

太阳能是最重要的基本能源，生物质能、风能、潮汐能、水能等都来自太阳能，太阳内部进行着由氢聚变成氦的原子核反应，不停地释放出巨大的能量，不断地向宇宙空间辐射能量，这就是太阳能。太阳内部的这种核聚变反应可以维持很长时间，据估计约有几十亿至几百亿年，相对于人类的有限生存时间而言，太阳能可以说是取之不尽，用之不竭的。

2.1　太 阳 运 行 规 律

2.1.1　太阳运行规律的描述

地球绕地轴自转同时绕太阳公转，地球公转的轨道平面称为黄道面。由于地轴是倾斜的，与黄道面成66°33′的交角；而且在公转运行中，这个交角和地轴的倾斜方向都是不变的，这样就使太阳光线的直射范围在南北纬23°27′之间做周期性变化。

2.1.1.1　赤纬

地球在公转中，阳光直射地球的变动范围用赤纬 δ 表示。赤纬即太阳光线与地球赤道面的夹角，它是随着地球在公转轨道上的位置即日期的不同而变化的。赤纬从赤道面算起，向北为正，向南为负。

图 2-1 是地球在公转轨道上的几个典型位置：春分（$\delta=0°$），夏至（$\delta=+23°27'$），秋分（$\delta=0°$），冬至（$\delta=-23°27'$）。春分时（约在 3 月 21 日），太阳光与地球赤道面平行，赤纬 $\delta=0°$，阳光直射赤道，正好切过两极，南北半球的昼夜均等长。春分以后，赤纬逐渐增加，到夏至时（约在 6 月 22 日），赤纬 $\delta=+23°27'$达到最大值，太阳光线直射地球北纬 23°27′，即北回归线上。随后，赤纬又逐渐减小，秋分日（约 9 月 22 日）$\delta=0°$。当阳光继续南移，到冬至日时（约 12 月 22 日），阳光直射南纬 23°27′，赤纬 $\delta=-23°27'$，此时情况恰好与夏至日相反。冬至日以后，阳光又逐渐北移至赤道。如此周而复始。

一年中逐日的赤纬可用 Peter. J. Iumde 等人建议的公式（2-1）粗略计算：

$$\delta = 23.45 \times \sin\left[\left(\frac{N-80}{370}\right) \times 360\right] \tag{2-1}$$

式中　δ——赤纬，度；

N——从元旦开始计算的天数，d。

2.1.1.2　时角

不同的时角可表示在一天里不同时间的太阳位置，以其所在时区的角度表示，即 1 小时相当于时角 15°。并规定以太阳在观测点正南向，即当地时间正午 12 时的时角为 0°，这时的时圈称为当地的子午圈；对应于上午的时角（12 时以前）为负值，下午的时角为正值。时角的计算采用公式（2-2）：

$$t = 15(h - 12) \tag{2-2}$$

式中　t——时角，度；

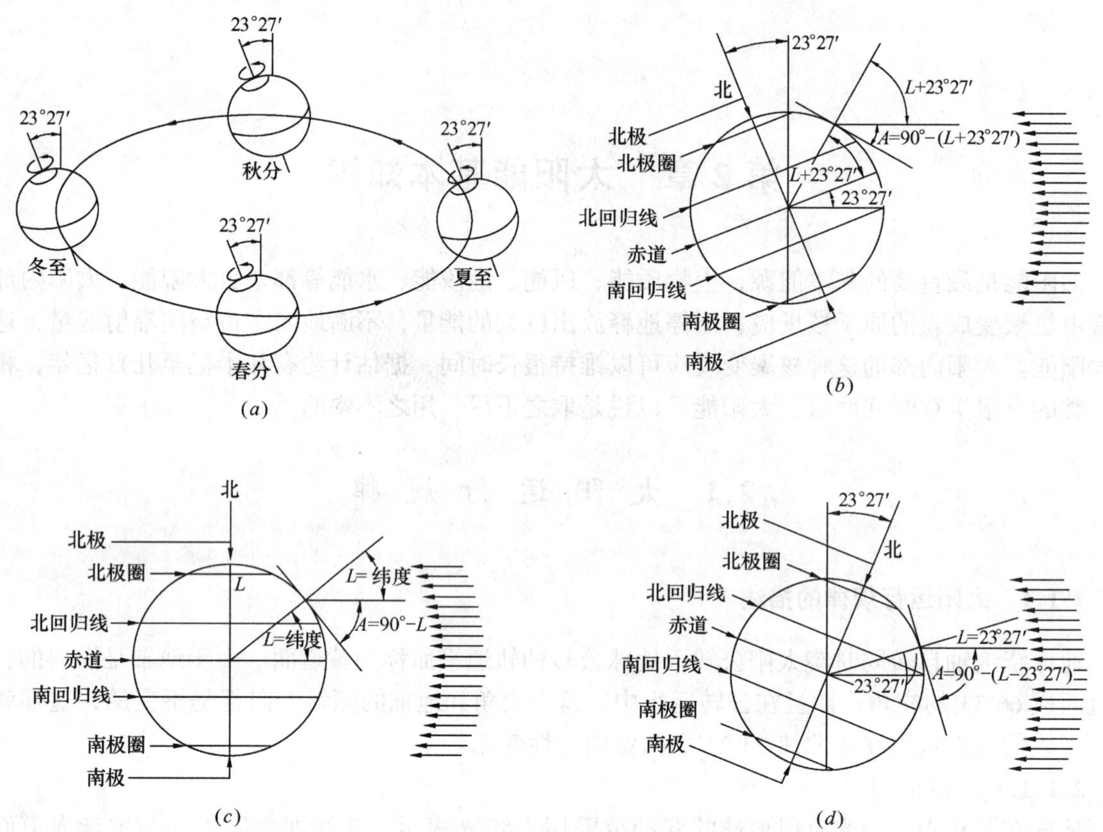

图 2-1 地球绕太阳公转与赤纬

(a) 球绕太阳公转时，地球有恒定的倾角；(b) 冬至日，正午太阳的高度角比春秋分日的小 23°27′；(c) 春秋分日，地球上任一地点的正午太阳高度角等于 90°减去其纬度；(d) 夏至日，正午的太阳高度角比春秋分日的大 23°27′

h——时间，按当地太阳时计算，h。

2.1.1.3 太阳时与标准时

在上述公式中，时角（t）所用的时间为观测点的当地太阳时，或称“真太阳时”，即太阳在当地正南时为 12 时，地球自转一周又回到正南时为一天。

此外，各地区所采用的标准时间是各国按所处地理经度位置以某一中心子午线的时间为标准时。我国标准时是以东经 120°作为北京时间的标准。国际上在 1884 年经过各国协议，以穿过英国伦敦格林尼治天文台的经线为本初经线，是经度的零度线，由此向东和向西各分为 180°，称为东经和西经。

当地太阳时与标准时之间的转换关系如公式（2-3)：

$$T_o = T_m + 4(L_o - L_m) \tag{2-3}$$

式中 T_o——标准时间，时；分；

T_m——地方平均太阳时，时；分；

L_o——标准时间子午圈所处的经度，度；

L_m——当地子午圈所处的经度，度；

4——换算系数，分/度。由于地球自转一周按 24h 计，地球的经度分为 360°，所以每转过经度 1°为 4min。地方经度在中心经度以西时，经度每差 1°，地方时比标准时提前 4min；在中心经度以东时，经度每差 1°，地方时比标准时推后 4min。

2.1.2　太阳高度角和方位角

人在地平面观测太阳位置，可以用高度角和方位角表示太阳位置，如图 2-2 所示，太阳光线与地平面夹角（h）称为太阳高度角，太阳光线在地平面的投影线与地平面正南方向所夹的角（A）称为太阳方位角。

任何一个地区，在日出、日落时，太阳高度角为零；一天中在正午，即当地太阳时为 12 点的时候，高度角最大，在北半球此时的太阳位于正南。太阳方位角以正南为 0°，顺时针方向的角度为正值，表示太阳位于下午的范围；逆时针方向的角度为负值，表示太阳位于上午的范围。在任何一天里，上、下午的位置对称于中午，例如上午 10 点和下午 2 点对称，两个时间的太阳高度角和方位角的数值相同，只是方位角的符号相反。

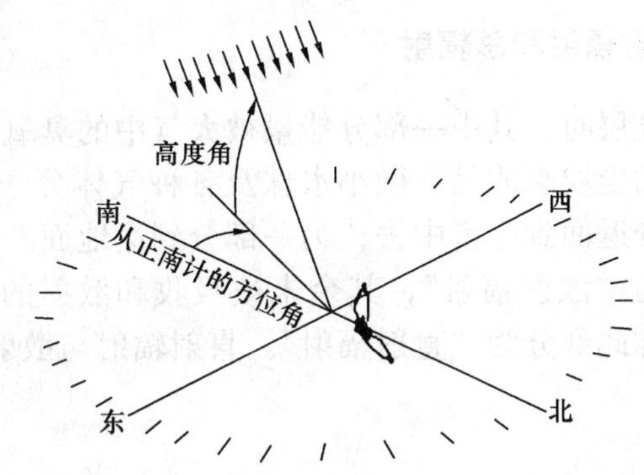

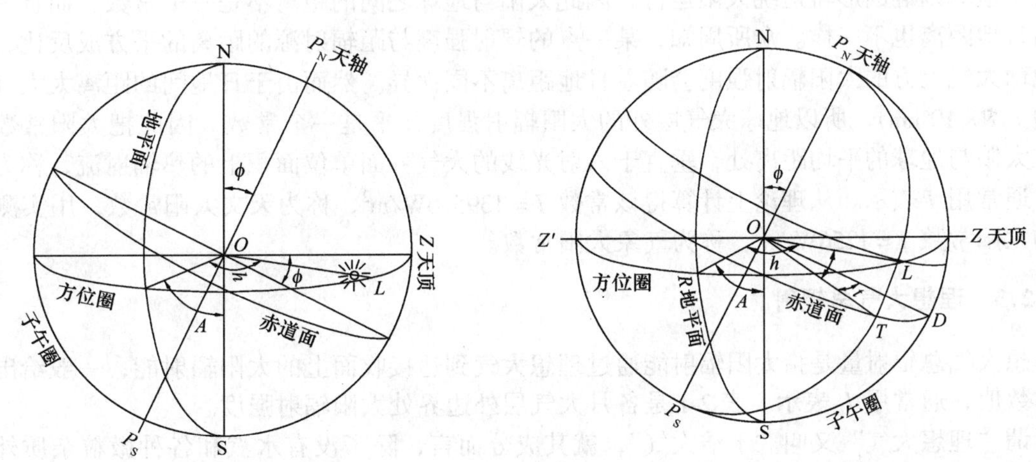

图 2-2　太阳高度角和方位角

影响太阳高度角（h）和方位角（A）的因素有三个，即赤纬、时角和地理纬度。其计算公式如式（2-4）、式（2-5）：

$$\sin h = \sin\phi \cdot \sin\delta + \cos\phi \cdot \cos t \tag{2-4}$$

$$\cos A = (\sin h \cdot \sin\phi - \sin\delta)/(\cos h \cdot \cos\phi) \tag{2-5}$$

正午时太阳方位在正南，其方位角为 0°。这时的高度角计算式可简化为公式（2-6）、式（2-7）：

$$h = 90° - (\phi - \delta)(\text{当 } \phi > \delta \text{ 时}) \tag{2-6}$$

$$h = 90° - (\delta - \phi)(\text{当 } \phi < \delta \text{ 时}) \tag{2-7}$$

日出、日落时间的时角及其方位角的计算式为公式（2-8）、式（2-9）：

$$\cos t = -\tan\phi \cdot \tan\delta(\text{太阳高度角 } h = 0°) \tag{2-8}$$

$$\cos A = -\sin\delta / \cos\phi \text{（太阳高度角 } h = 0°\text{）} \tag{2-9}$$

式中 δ——赤纬，度；

ϕ——纬度，度；

t——时角，度。

2.2 太 阳 辐 射

太阳辐射热是地表大气热过程的主要能源，也是对建筑物影响较大的一个参数。日照和遮阳是建筑设计中最关键的因素，这都是针对太阳辐射的。特别是太阳能建筑的设计，必须仔细考虑可作为能源使用的太阳辐射热。

2.2.1 直射辐射、散射辐射和总辐射

当太阳的射线到达大气层时，其中一部分能量被大气中的臭氧、水蒸气、二氧化碳和尘埃等吸收；另一部分被云层中的尘埃、冰晶、微小水珠及各种气体分子等反射或折射而形成漫反射，这一部分辐射能中的一部分返回到宇宙中去，另一部分到达地面。我们把改变了原来方向而到达地面的这部分太阳辐射称为“散射辐射”，其余未被吸收和散射的太阳辐射能仍按原来的方向，透过大气层直达地面，故称此部分为“直射辐射”。直射辐射与散射辐射之和称为“总辐射”。

2.2.2 太阳常数

由于地球以椭圆形轨道绕太阳运行，因此太阳与地球之间的距离不是一个常数，而且一年里每天的日地距离也不一样。众所周知，某一点的辐射强度与距辐射源的距离的平方成反比，这意味着地球大气上方的太阳辐射强度会随着日地距离不同而异。然而由于日地间的距离太大（平均距离为 1.5×10^8km)，所以地球大气层外的太阳辐射强度几乎是一个常数。因此把太阳常数定义为：在太阳与地球的平均距离处，垂直于入射光线的大气界面单位面积上的热辐射流，称为太阳常数。通常用 I 表示。从理论上计算得该常数 $I = 1395.6\text{W/m}^2$，称为天文太阳常数，用实测分析决定的太阳常数 $I = 1256\text{W/m}^2$，称为气象太阳常数。

2.2.3 理想大气总辐射

理想大气总辐射量是指太阳辐射能通过理想大气到达接收面上的太阳辐射能，一般给出水平面上的数值，通常用 I_i 表示。表 2-1 是各月大气层外边界处太阳辐射强度。

所谓“理想大气”又叫“干洁大气”，就其成分而言，除了没有水汽和各种微粒杂质外，与实际大气并无区别。理想大气中使日照削弱的因素是臭氧、氧和二氧化碳的选择性吸收以及空气分子的散射。

根据日地平均距离，计算得出我国有关的各纬度、各等压面高度上理想大气中的月总辐射量，见附录 A。

各月大气层外边界处太阳辐射强度 I_o **表 2-1**

月 份	1	2	3	4	5	6	7	8	9	10	11	12
I_o (W/m^2)	1419	1407	1391	1367	1347	1329	1321	1328	1343	1363	1385	1406
I_o[kcal/(m^2·h)]	1220	1212	1197	1176	1159	1144	1137	1143	1156	1173	1193	1209

2.2.4 大气质量

大气质量是指太阳辐射穿过大气层所通过的路程。如图 2-3 所示，A 为地球海平面上的一

点，当太阳在天顶位置 S 时，太阳辐射穿过大气层到达 A 点的路径为 OA。太阳位于 S' 点时，其穿过大气层到达 A 点的路径则为 $O'A$，$O'A$ 与 OA 之比就称为大气质量。它表示太阳辐射穿过地球大气的路径与太阳垂直入射时的路径之比，通常以符号 m 表示，并设定标准大气压和 0℃时海平面上太阳垂直入射时，大气质量 $m=1$。可知，大气质量 m 的计算见式(2-10)：

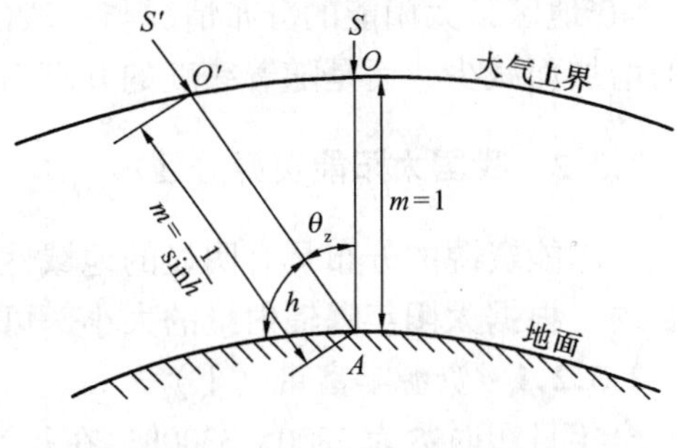

图 2-3　大气质量示意图

$$m = \frac{O'A}{OA} = \sec\theta_z = \frac{1}{\sin h} \tag{2-10}$$

式中，h 为太阳的高度角。

2.2.5　辐射换热

由于任何物体都具有发射辐射和对外来辐射吸收反射的能力，所以在空间任意两个相互分离的物体，彼此间就会产生辐射换热，如图 2-4 所示。如果两物体的温度不同，则较热的物体向外辐射而失去的热量比吸收外来辐射而得到的热量多，较冷的物体则相反，这样，在两个物体之间就形成了辐射换热。应注意的是，即使两个物体温度相同，它们也在进行着辐射换热，只是处于动态平衡状态。

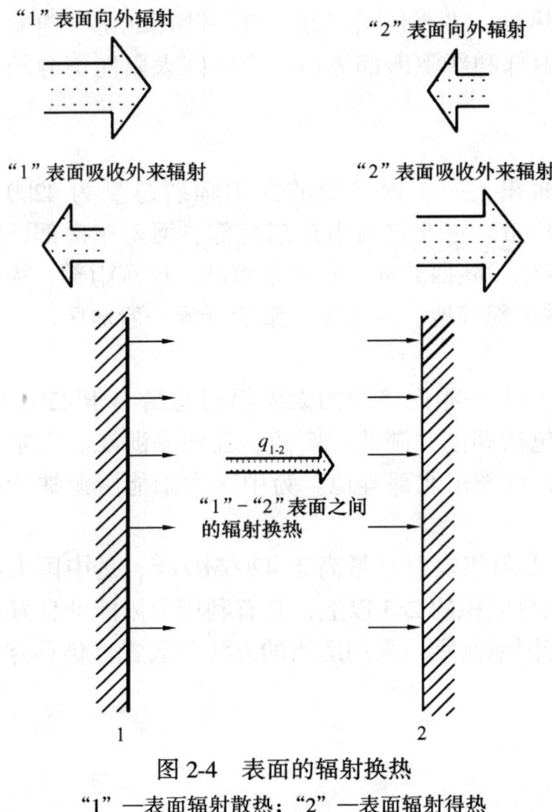

图 2-4　表面的辐射换热
“1”—表面辐射散热；“2”—表面辐射得热

两表面间的辐射换热量主要取决于表面的温度，表面发射和吸收辐射的能力，以及它们之间的相互位置。

任意相对位置的两表面，若不计两表面之间的多次反射，仅考虑第一次吸收，则表面辐射换热量的通式为：

$$\left.\begin{aligned} Q_{1,2} &= \alpha_r(\theta_1 - \theta_2)\cdot F \\ \text{或 } q_{1,2} &= \alpha_r(\theta_1 - \theta_2) \end{aligned}\right\} \tag{2-11}$$

式中　α_r——辐射换热系数，W/ $(m^2\cdot K)$；

θ_1——“1”表面温度，℃；

θ_2——“2”表面温度，℃；

F——辐射表面面积，m^2。

2.3　我国太阳能资源情况

2.3.1　我国太阳能资源分布特点

中国太阳能资源分布的主要特点是：太阳能的高值中心和低值中心都处于北纬 22°～35°这一带，青藏高原是高值中心，四川盆地是低值中心；太阳年辐射总量，西部地区高于东部地区，而且除西藏和新疆两个自治区外，基本上是南部低于北部；由于南方多数地区云多雨多，在北纬

30°～40°地区，太阳能的分布情况与一般的太阳能随纬度而变化的规律相反，太阳能不是随着纬度的增加而减少，而是随着纬度的升高而增长。

2.3.2 我国太阳能资源分区

太阳能资源的分布具有明显的地域性。这种分布特点反映了太阳能资源受气候和地理等条件的制约。根据太阳年曝辐射量的大小，可将中国划分为以下4个太阳能资源带。

2.3.2.1 资源丰富带（Ⅰ）

全年日照时数为2800～3300h。在每平方米面积上一年内接受的太阳辐射总量大于6700MJ，比230kg标准煤燃烧所发出的热量还要多。主要包括宁夏北部、甘肃北部、新疆东南部、青海西部和西藏西部等地，是中国太阳能资源最富的地区，与印度和巴基斯坦北部的太阳能资源相当。尤以西藏西部的太阳能资源最为丰富，全年日照时数达2900～3400h，年辐射总量高达7000～8000MJ/m^2，仅次于撒哈拉大沙漠，居世界第二位。

2.3.2.2 资源较丰富带（Ⅱ）

全年日照时数为3000～3200h。在每平方米面积上一年内接受的太阳辐射总量为5400～6700MJ，相当于200～300kg标准煤燃烧所发出的热量。主要包括河北北部、陕西北部、内蒙古南部、宁夏南部、甘肃中部、青海东部、西藏东南部和新疆南部等地。为中国太阳能资源较丰富区。

2.3.2.3 资源一般带（Ⅲ）

全年日照时数为2200～3000h。在每平方米面积上一年内接受的太阳辐射总量为4200～5400MJ，相当于170～200kg标准煤燃烧所发出的热量。主要包括山东东南部、河南东南部、河北东南部、山西南部、新疆北部、吉林、辽宁、云南、陕西北部、甘肃东南部、广东南部、福建南部、江苏北部、安徽北部、天津、北京和台湾西南部等地。为中国太阳能资源一般地区。

2.3.2.4 资源缺乏带（Ⅳ）

全年日照时数为1400～2200h。在每平方米面积上一年内接受的太阳辐射总量小于4200MJ，比170kg标准煤燃烧所发出的热量还要低。主要包括湖南、湖北、广西、江西、浙江、广东北部、陕西南部、江苏南部、安徽南部以及黑龙江、台湾东北部等地。为中国太阳能资源缺乏的地区。

Ⅰ、Ⅱ、Ⅲ类地区，年日照时数大于2200h，太阳年辐射总量高于4200MJ/m^2，是中国太阳能资源丰富或较丰富的地区，面积较大，约占全国总面积的2/3以上，具有利用太阳能的良好条件。Ⅳ类地区，虽然太阳能资源条件较差，但如能因地制宜，采用适当的方法和装置，仍具有一定的实用意义。

第 3 章　太阳能建筑设计要点综述

高效利用太阳能提供给建筑的复合能量，以满足建筑的使用功能需求，实现安全、便利、舒适、健康的环境，是太阳能建筑设计的目标。因此，太阳能建筑不仅应实现光热、光电等现代科技与建筑的和谐应用，而且应更加注重生态的建筑设计理念，从建筑设计之初就应关注太阳能的全方位应用。

为了使太阳能建筑尽可能全面、完善地满足使用要求，技术措施与建筑自身实现优化组合，尽量降低初投资和运营管理费用，达到利用最优化、产出最大化、操作简便化，在太阳能建筑的设计中，要综合考虑场地规划、建筑单体设计、技术措施应用以及围护结构选取等多方面要素，以保证太阳能建筑的合理性、实用性、高效性、美观性、耐久性。

3.1　规划设计要求

对于太阳能建筑来说，符合生态理念的规划设计是良好的开端，能够为建筑自身充分利用太阳能或为太阳能光热、光电设备提高效率打下坚实的基础。

3.1.1　设计原则

1. 冬季争取日照

从建筑基地的选择到建筑群体布局、日照间距、朝向以及地形的利用等方面，都应遵循争取冬季最大日照的原则，为建筑利用太阳能采暖提供条件，同时也有利于其他太阳能技术的使用。

2. 改善夏季的微气候

通过对建筑周边自然环境的改造，尤其是充分利用天然植被和水资源，结合人工植被，有效改善建筑周边的微气候，加强夏季通风和遮阳，为建筑提供较为舒适的夏季环境。

3. 减少建筑的冷热负荷

结合当地气候条件和季风风向，合理进行基地选择和建筑布局，在建筑周边形成良好的风环境，既能为建筑遮挡凛冽的冬季季风又能疏导夏季季风，在夏季能充分利用自然通风降低建筑内外表面的温度。

3.1.2　设计要点

1. 合理的基地选择与场地规划

地理纬度决定了该地点任意一天的任意时刻太阳高度角和方位角。地形地貌也与接受阳光照射的情况密切相关，建筑基地应选择在向阳的平地或坡地上，以争取尽量多的日照，为建筑单体的热环境设计和太阳能应用创造有利的条件（图 3-1）。

建筑物不宜布置在山谷、洼地、沟底等凹形场地中，基地中的沟槽应处理得当。这是因为，一方面凹地在冬季会沉积雨雪，雨雪在融化蒸发过程中带走大量热量，造成建筑外环境温度降低，增加围护结构保温的负担，对室内环境不利；另一方面，寒冷空气流会在凹地沉积，形成霜洞效应，位于该位置的底层或半地下层建筑若保持所需的室内温度所耗的能量会相应增加（图 3-2）。

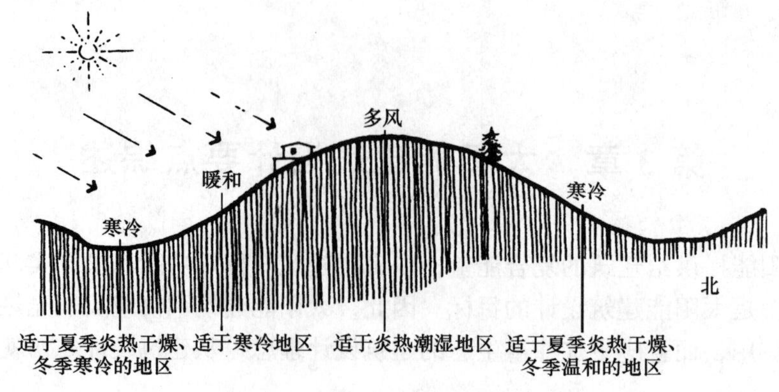

图 3-1　气候条件不同对基地选择的影响

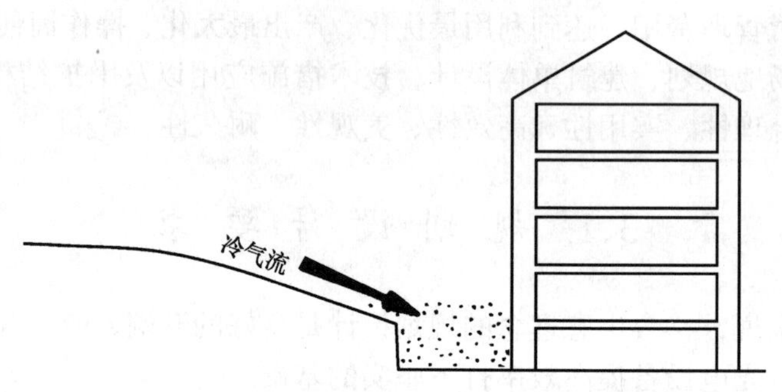

图 3-2　霜洞效应

建筑组团相对位置的合理布局，可以取得良好的日照，同时还能利用建筑阴影达到夏季遮阳的目的。如图 3-3 中所示，错位布置多排多列楼栋，能够利用山墙空隙争取日照（*a*）；点式和板式建筑结合布置，可以改善日照条件，从而提高容积率（*b*）；对于 L 形围合空间，则需要根据所在地区的气候条件和建筑类型，选择最有利于日照的布局方式（*c*）。

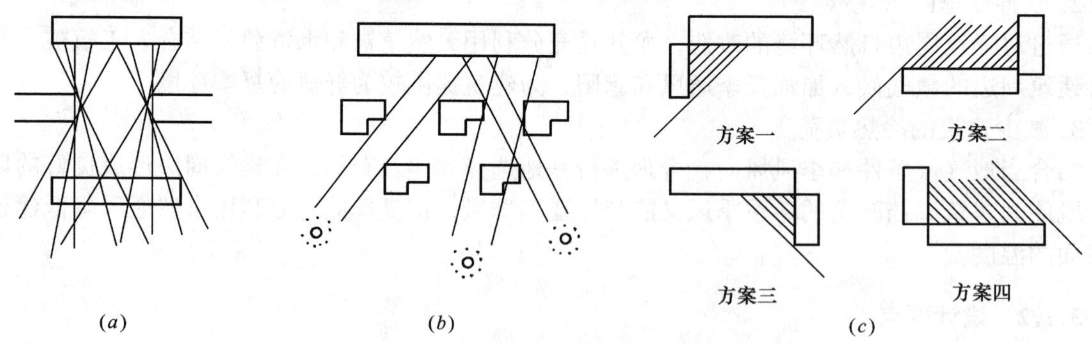

图 3-3　建筑组团布局对日照的影响
（*a*）错落布置，利用山墙间隙增加日照时间；（*b*）板式、点式建筑结合布置，改善日照效果；（*c*）L 形平面不同布置方式的日照效果比较

如果建筑组团设计不当，不但影响日照，还会造成局部范围内冬季寒风的流速增加，给建筑围护结构造成较强的风压，增加墙和窗的冷风渗透，使室内采暖负荷增大。因此，优化建筑布局，也能提高组团内的风环境质量。应当在场地规划中结合道路、景观和附属结构等的设计，使夏季主导风向朝向主要建筑，降低建筑温度，并控制冬季局部最大风速不超过 5m/s，建筑物前后压差不大于 5Pa，以减少冷风渗透。

2. 确定建筑物的朝向

朝向的选择应能充分考虑到冬季利用太阳能采暖并有效防止冷风侵袭，夏季利用阴影和空气流动降低建筑物表面和室内温度。

当接收面面积相同时，由于方位的差异，其各自所接收到的太阳辐射也不相同。设朝向正南（非磁南）的垂直面在冬季所能接收到的太阳辐射量为 100%，其他方向的垂直面所能接收到的太阳辐射量如图 3-4 所示。从图中看出，当集热面的朝向偏离正南的角度超过 30°时，其接收到的太阳能量就会急剧减少。因此，为了尽可能多地接收太阳热，应使建筑物的方位限制在偏离正南 ± 30°以内。最佳朝向是南向，以及东西 15°朝向范围。建筑物应满足最佳朝向范围，并使建筑内的各主要空间尽可能有良好的朝向，以使建筑争取更多的太阳辐射。超过了这一限度，不但影响冬季太阳能的采暖效果，而且会造成其他季节的过热现象。

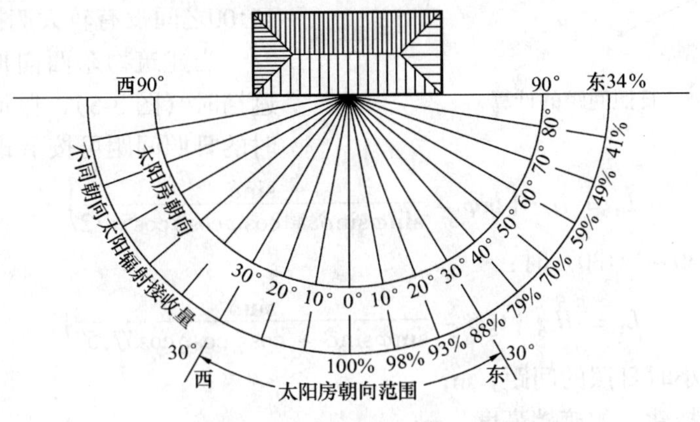

图 3-4　不同方向的太阳辐射量

在限制建筑的方位偏离正南 30°以内的前提下，还应考虑气象因素的影响，结合当地的气象特点，对建筑的朝向作些微小的调整。表 3-1 为部分地区一天内太阳能最佳利用时段以及朝向调整。如果该地区冬季常有晨雾出现，这时以略偏西为好；反之若下午常出现云天，则略偏东为佳。当建筑物受场地的限制无法避开遮挡时，也应把遮挡作为确定朝向的一个考虑因素，可通过适当调整集热面的朝向来避开和减少上午或下午遮挡的影响。但遮挡的面积也不能过大，处于 9:00 ~ 15:00之间的遮挡应小于 10%，否则对集热效率影响太大，不利于太阳能的利用。

部分地区一天内太阳最佳利用时段及朝向调整　　**表 3-1**

地　　区	季节分布特点	最佳利用时段	朝向调整
甘肃西部、内蒙古巴盟西部、青海海西州大部	秋强夏弱	中午	正南
青海南部、西藏大部	冬强夏弱	上午	南略偏东
青海南西部	冬前强后弱	上午	南略偏东
内蒙古乌盟、巴盟、伊盟大部	春强秋弱	上午	南略偏东
山西北部、河北北部、辽宁大部	春强夏弱	中午	正南
河北大部、北京、天津、山东西北一角	秋强夏弱	中午	正南
陕北、陇东大部	春强秋弱	下午	南略偏西
青海东部、甘肃南部、四川西部	冬强秋弱	中午	正南

3. 日照间距设计合理

日照间距是指前后两排建筑之间，为保证后排建筑在规定的时日获得所需日照量而保持的一定建筑间距。一定的日照间距是建筑充分得热的条件，但是间距太大又会造成用地浪费。一般以

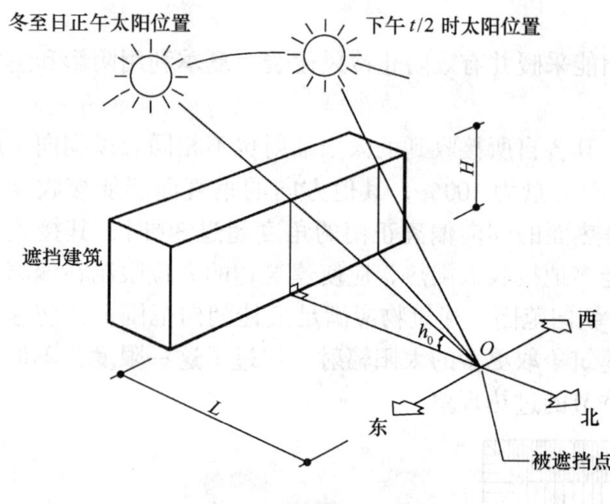

图 3-5　日照间距的计算

建筑类型的不同来规定不同的连续日照时间，以确定建筑的最小间距。

常规建筑一般按冬至日正午的太阳高度角确定日照间距，这就会造成冬至前后持续较长时间的日照遮挡。通常冬季 9:00～15:00之间 6h 中太阳所产生的辐射量占全天辐射总量的90%左右，若前后各缩短半小时（9:30～14:30），则降为 75%左右。因此，太阳能建筑日照间距应保证冬至日正午前后共 5h 的日照，并且在 9:00～15:00之间没有较大遮挡。

当建筑物东西向形体较长，受正南方遮挡时（图 3-5），保证正午前后总计 t 小时的日照间距可按下式简略计算：

$$L_t = H \cdot \left(\mathrm{tg}\varphi - \frac{\sin\delta}{\sin\varphi\sin\delta + \cos\varphi\cos\delta\cos 5t/2} \right)$$

当 $t = 5$h（即 9:30～14:30）时：

$$L_t = H \cdot \left(\mathrm{tg}\varphi - \frac{\sin\delta}{\sin\varphi\sin\delta + \cos\varphi\cos\delta\cos 37.5°} \right)$$

式中　L_t——保证 t 小时日照的间距，m；

H——南侧遮挡建筑的遮挡高度，m；

φ——所在地区的地理纬度；

δ——冬至日太阳赤纬角，$\delta = -23°27'$。

太阳能建筑前方遮挡建筑遮挡高度 H 应自太阳房南集热面的底边算起，有三种情况：

(1) 集热面底边在首层室内地面标高处［图 3-6（a）］；

(2) 集热面底边在首层室内地面标高以上［图 3-6（b）］；

(3) 集热面底边在首层室内地面标高以下［图 3-6（c）］。

如果一天的日照时数少于 6h，太阳能的利用价值会大大下降。因此设计太阳能建筑时应尽可能地利用自然条件，避免因遮挡造成的有效日照时数缩短，以至于建筑采暖负荷增加。拟建建筑向阳的前方应无固定的遮挡，避免周围地形、地物（包括附近建筑物）对建筑物在冬季的遮阳。景观地区、开敞空间、停车场等公共空间集中设置，减少阴影区。建筑南面栽种的落叶乔木虽然在夏季可以起到良好的遮荫作用，但是在冬季剩余的枝干也会遮挡 30%～60%的阳光。所以，建筑南面的树木高度最好总是控制在太阳能采集边界的高度以下（图 3-7），或者剪掉低矮的枝叶，既可以遮挡夏季阳光，又可以在冬季让阳光照射到建筑的南墙上（图

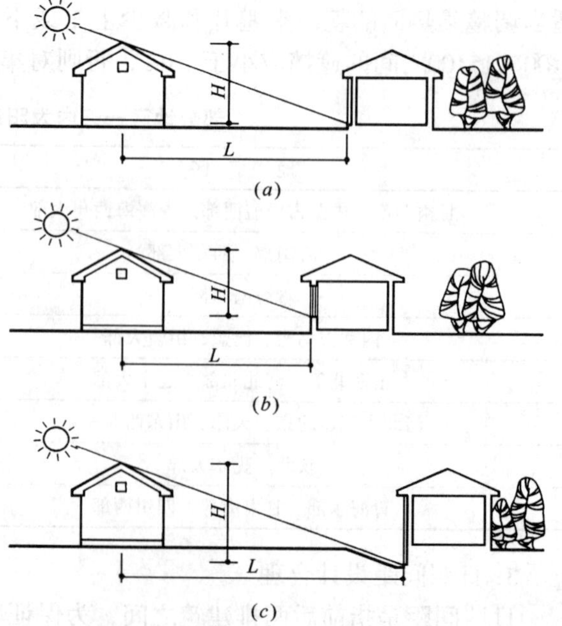

图 3-6　太阳能建筑日照间距的确定

3-8)。

4. 设置防风屏障，减少热能损失

冬季防风不仅能提高户外活动空间的舒适度，同时也能减少建筑由冷风渗透引起的热损失。研究表明，当风速减小一半时，建筑由冷风渗透引起的热损失减少到原来的25%。因此，室外冬季防风很关键。

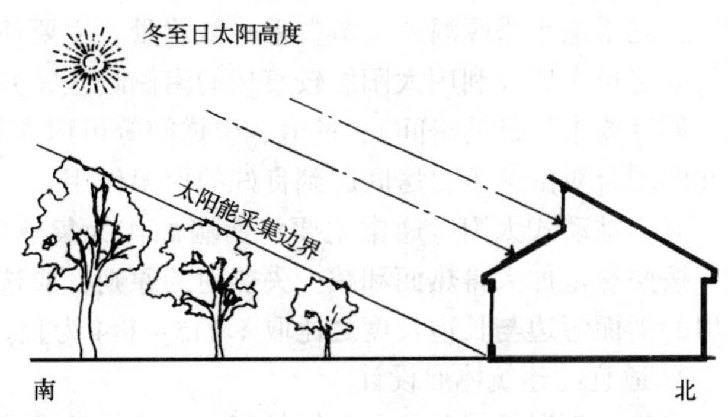

图3-7 太阳能采集边界控制南向树木高度

建筑物布局紧凑，建筑间距控制在1∶2（前排建筑高度与两排建筑间距之比）的范围内，可以使后排建筑避开寒风侵袭。另外，在组团中，将较高建筑背向冬季寒风，能够减少冷风对低矮建筑和庭院的侵袭，有利于创造适宜的微气候。

在冬季上风向处，利用地形或周边建筑物、构筑物及常绿植被为建筑物竖立起一道风屏障，避免冷风的直接侵袭，有效减少冬季的热损失。一个单排、高密度的防风林（穿透率为36%），距4倍建筑高度处，风速会降低90%，同时可以减少被遮挡的建筑物60%的冷风渗透量，节约常规能源的15%。适当布置防风林的高度、密度与间距会收到很好的挡风效果。

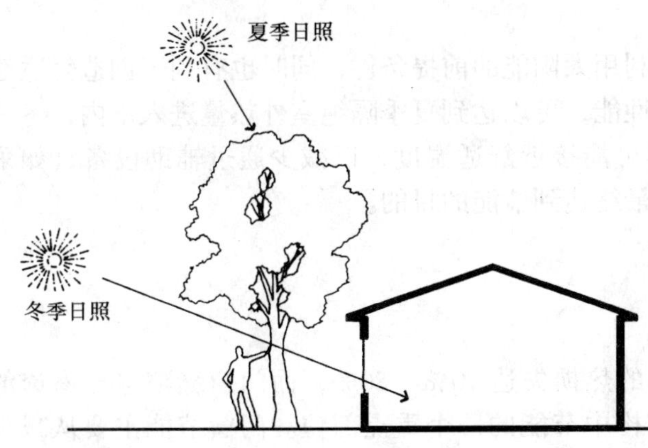

图3-8 修剪掉南向树木的低矮树枝可以冬夏兼顾

5. 利用自然环境调节微气候

改造和利用现有地形及自然条件，能够调节场地中的微气候。例如植被在夏季提供阴影，并利用蒸腾作用产生凉爽的空气流；而不同的介质和界面反射或吸收太阳光的情况不同，据此可改善日照情况。因此应当提高绿化率，减少硬质地面。另外，落叶乔木的冬夏变化、水环境的合理设计，都能改变建筑的外部热环境。

以住宅区为例，夏季室外环境温度升高1℃，建筑制冷能耗增加10%。因此，合理的规划不仅要保证建筑的合理朝向和间距，还要保证住宅区的绿化率和绿化均匀度，从而达到建筑遮阳、降低环境温度的目的。

3.2 建筑设计要求

在建筑设计的过程中，要自始至终地贯彻生态理念，不仅要有机地结合太阳能各项技术措施，更要让建筑本身节能、绿色、环保。

3.2.1 设计原则

1. 合理的建筑平面设计

在平面设计时要考虑到建筑的采暖、降温、采光等多方面的要求。既要满足主要房间能在冬季直接获取太阳热量，又要实现夏季的自然通风（最好是对流通风）降温，还要最大限度地利用自然采光，降低人工照明的能耗，改善室内光环境，满足生理和心理上的健康需求。

在建筑物平面的内部组合上，应根据自然形成的北冷南暖的温度分区来布置各种房间。这种布局有利于缩小采暖温差，节省采暖蓄热量。主要使用房间（人们长时间停留，温度要求较高的房间）尽量布置在利用太阳能较直接的南侧暖区，并尽量避开边跨；一些次要房间（人停留时间短、温度要求较低的房间）、过道、楼梯间等可以布置在北面或边跨，形成温度阻尼区。北侧诸房间的围合对南侧主要房间起到良好的保温作用。

对于被动式太阳房通常主要将南墙面作为集热面来集取热量，而东、西、北墙面作为失热面。按照尽量加大得热面和减少失热面的原则，应选择东西轴长、南北轴短的平面形状。建议太阳房的平面短边与长边长度之比取1:1.5～1:4为宜，并根据实际设计需要取值。

2. 适宜的建筑体形设计

建筑平面形状越凹凸，形体越复杂，建筑外表面积越大，能耗损失越多。研究表明，体形系数每增大0.01，耗热量指标约增加2.5%。应通过对建筑体积、平面和高度的综合考虑，选择适当的长宽比，实现对体形系数的合理控制，确定建筑各面尺寸与其有效传热系数相对应的最佳节能体形。同时也要注意在组团设计中，建筑形体与周边日照的关系，尽量实现冬季向阳、夏季遮阳的效果。

3. 热工性能良好的围护结构设计

加强建筑的保温隔热，这是现代建筑充分利用太阳能的前提条件，同时也有利于创造舒适健康的室内热环境。改善建筑物围护结构的热工性能，可以达到夏季隔绝室外热量进入室内，冬季防止室内热量泄出室外，使建筑物室内温度尽可能接近舒适温度，以减少通过辅助设备（如采暖、制冷设备）来达到合理舒适室温的负荷，最终达到节能的目的。

3.2.2 设计要点

1. 合理的门窗设计

在整个建筑物的热损失中，围护结构传热的热损失达70%～80%，而门窗缝隙空气渗透的热损失则占20%～30%。所以，门窗是围护结构中节能的一个重点部位。门窗节能主要从减少渗透量、传热量和太阳能辐射三个方面进行。

（1）减少渗透量可以减少室内外冷热气流的直接交换而增加设备负荷，可通过采用密封材料增加窗户的气密性。

（2）减少传热量是防止室内外因温差的存在而引起的热量传递。建筑物的窗户由镶嵌材料（玻璃）和窗框、扇型材组成。为此，要加强节能型窗框（如塑性窗框、隔热铝型框等）和节能玻璃（如中空玻璃、热反射玻璃、低辐射镀膜玻璃等）等技术的推广和应用，减小窗户的整体传热系数，降低传热量。还要根据建筑使用要求选择热工性能好的玻璃，减少由玻璃的热量散失。中空塑钢门窗是目前采用较普遍的一种节能门窗，不仅防噪隔声功能显著，防雨水渗漏能力强，空气渗透量小，更主要的是塑钢门窗的导热系数极低，隔热效果明显优于铝材，在采暖和制冷上，能耗要低30%～50%，室内空调的启动次数明显减少，耗电量也显著减少。

（3）在减少太阳能辐射方面，应该结合窗户的方位和建筑外观，利用混凝土、木材、铝合金、铝塑板等多种材料，设计出形式各异、色彩丰富的遮阳构件。采取的形式应当有利于夏季最大限度遮挡阳光，而冬季不影响阳光直射入室内。色彩则应当以浅色为主，便于反射阳光。

另外，应合理控制各立面的窗墙面积比，确定门窗的最佳位置、尺寸和形式。南向窗户在满足夏季遮阳要求的条件下，面积尽量增大，以增加吸收冬季太阳辐射热；北向窗户在满足夏季对流通风要求的条件下，面积尽量减小，以降低冬季的室内热量散失。尽量限制使用东西向门窗。

冬季为了防风，建筑的主要出入口一般应设置门斗。门斗的形式多样，南门斗可做成凹式、凸式或端角式；东西门斗在东西山墙处做成凸式，并将外门向南向；北门斗可做成凹式、凸式或端角式，并尽可能将外门改为东向。图3-9为不同建筑平面的多种门斗形式。

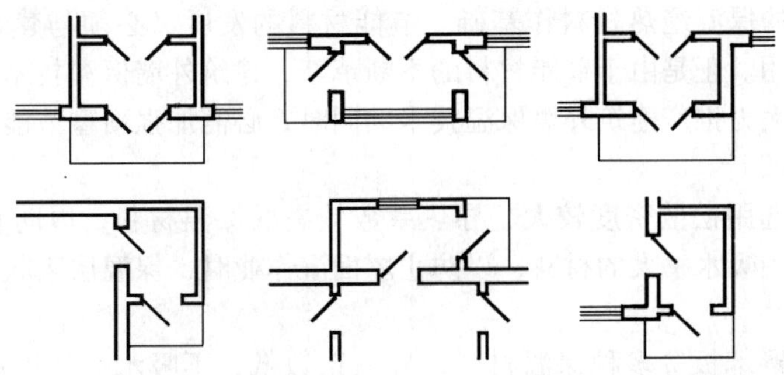

图 3-9　多种门斗的形式

2. 外墙保温隔热设计

在建筑设计中，应遵守减少失热面和争取朝阳面的基本原则。对于墙体，可采取降低北向房间层高和减少东、西、北墙外侧坡大的斜屋顶的坡度。外墙饰面选用浅色调，有利于夏季降温。

墙体材料方面，多年以来，我国一般采用单一材料，如空心砌块墙体、加气混凝土墙体等。单一材料导热系数大，一般为高效保温材料的 20 倍以上，由于建筑节能的需要，新型复合墙体已经出现，复合墙体主要通过在墙体主体结构上增加一层或几层复合的绝热保温材料来改善整个墙体的热工性能。复合墙体很好地发挥了两种材料的长处，既不会使墙体过厚，能承重，保温效果又好，因此，发达国家新建建筑已基本上采用了此种方式。我国要达到节能 65% 的要求，除部分采用加厚的加气混凝土单一墙体外，使用复合墙体将是大势所趋。根据复合材料与主体结构位置的不同，墙体保温包括内保温、外保温、夹芯保温等。

外墙内保温是将保温材料置于外墙体内侧，做法有增强石膏复合聚苯保温板、聚合物砂浆复合聚苯保温板、增强水泥复合聚苯保温板及内墙贴聚苯灰抹粉刷石膏等。建筑外墙内保温技术的缺点是占用较多使用面积，由于圈梁、楼板、构造柱等会引起热桥，热损失较大，容易引起开裂，延误施工速度，影响居民的二次装修和吊挂饰物，也容易破坏建筑外墙内保温结构。虽然适合旧建筑改造，但在新建建筑中技术上还缺少合理性。

外墙外保温技术则是在主体墙结构外侧，固定一层保温材料和保护层，是目前大力推广的一种建筑保温节能技术。做法有聚苯板薄抹灰外墙保温、聚苯板现浇混凝土外墙保温、聚苯颗粒浆料外墙保温等。建筑外墙外保温具有以下优点：

(1) 保护主体结构，延长建筑物的寿命。由于保温层在围护结构外侧，极大地减少了自然界温度、湿度、紫外线等对主体结构的影响。

(2) 适用范围广，技术含量高。外墙外保温不仅适用于北方冬季保暖地区的建筑，也适用于南方夏季隔热地区的空调建筑；不仅适用于新建的工程，也适用于旧楼改造。同时，在对旧楼改造时，不影响居民在室内的正常生活和工作。

(3) 保温效果明显。由于保温层在围护结构外侧，可以消除热桥造成的热损失。为此，可使用较薄的保温材料，节能效果较高。

(4) 有利于室温保持稳定。由于蓄热能力较大的结构层在墙体内侧，当室内受到不稳定热作用时，室内空气温度上升或下降，墙体结构层能够吸收或释放热量，有利于室温保持稳定。

(5) 墙体潮湿情况得到改善。由于保温层在墙体外侧，主体结构材料处于保温层的内侧，只要选择合适的保温材料，在墙体内部一般不会发生冷凝现象，故无需设置隔汽层。

(6) 增加房屋使用面积。由于保温层在墙体外侧，其保温、隔热效果优于内保温，故可使主体结构墙体减薄，从而增加建筑的使用面积。

另外，外墙保温技术的发展是以发展新型节能材料为前提的，所以在建筑外墙保温技术发展的同时，必须有足够的保温绝热材料作基础。节能材料的发展又必须与建筑外墙保温技术相结合，才能真正发挥作用。正是由于节能材料的不断革新，建筑外墙保温技术的优越性才日益受到人们重视。为此，在大力推广建筑外墙保温技术的同时，必需加强新型节能材料的开发利用。

3. 屋面保温隔热设计

屋面保温层不宜选用松散密度较大、导热系数较高的保温材料，以防止屋面质量、厚度过大。同时，也不宜选用吸水率大的材料，以防止屋面湿作业时，保温层吸收大量水分，降低保温效果。

屋面可采用挤塑聚苯板等多种保温材料，导热系数低，不吸水，强度高，施工方便，成本低，工艺简单，经济效益明显，是建筑屋面中一种理想的节能材料。另外，还可以设置架空通风屋面、坡屋面、绿化屋面等。绿化屋面不仅有利于屋顶的保温与隔热，而且赏心悦目，美化环境。

4. 活动保温装置

太阳能建筑的南向，往往设有各种类型的太阳能集热构件，如直接受益窗、集热蓄热墙、日光间等。当它们受到阳光照射时是得热构件；而当无阳光照射（阴天或夜间）时就会变成失热构件。集热构件上的玻璃窗和玻璃盖板的传热系数都很大，通过它损失的热量约占整个房屋传导热损失的1/4～1/3。因此，在集热构件上架设活动保温装置，尤其是在夜晚使用是十分必要的。对于其他朝向的房间，为采光通风需要开设一些小面积窗，在整个采暖期内的任何时间里都是热损失较大的失热构件（热阻值相当于保温墙体热阻的1/15～1/10）。因此，在这些窗上加设活动保温装置更不可少。

活动保温装置按其安装位置，可分为装在玻璃外侧、内侧及两层玻璃之间三种。按其材料和构造，主要分为保温窗和保温帘两类。保温窗由硬质复合保温窗扇和窗框组成。保温窗扇由面料和芯料复合而成。面料起保护芯料和装饰作用，有塑料壁纸、胶合板、装饰板、镀锌薄钢板、铝板等。芯料有纤维状、粒状、块状三种，常用的有玻璃棉、矿渣棉、岩棉、膨胀珍珠岩、聚苯乙烯泡沫塑料（板或散粒）、聚氨酯泡沫塑料（硬质或软质）。保温帘由软质或硬质复合帘、启闭装置和密封导槽组成。

5. 充分利用日照环境，进行合理构造设计

对于向阳部分，可结合建筑造型利用垂直绿化遮阳，以减少炎热夏季的阳光直射（建筑遮阳可减少夏季空调能耗23%～32%），而且还能够创造丰富的建筑形象，创造宜人的建筑光影环境。

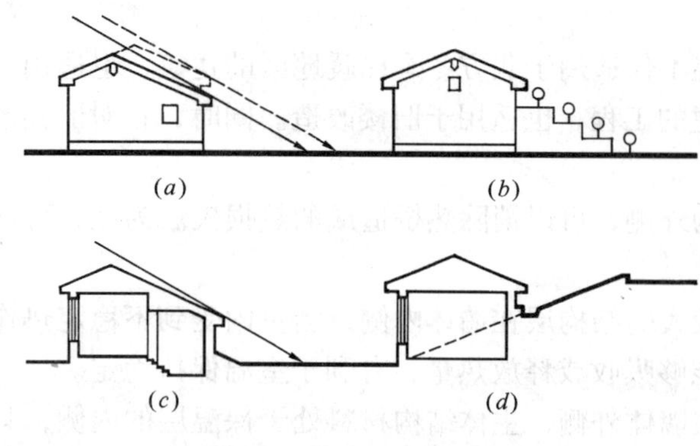

图3-10 北侧的处理

对于背阴部分，则应该有效降低能耗，改善环境。如果北侧的次要房间面积都不大，则应尽量降低北侧房间层高，使纯失热面的北墙面积减小［图3-10（*a*）］；减小北侧房间的开窗面积，由于这些房间对自然采光的要求相对较低，故应大大减小其窗面积，以减少冬季冷风的渗透；在地下水位低的干燥地区，北侧房间可以在外侧堆土台［图3-10（*b*）］，或者卧入土中［图3-10（*c*）］，或利用向阳坡地形，将北墙嵌入土坡［图3-10（*d*）］，以取得减小北墙面积及北侧阴影区的效果，有利于北墙的保温。

在建筑内部，如果建筑进深较大，则应设置风口，利用天井、楼梯、烟囱、中厅等加强热压通风或风压通风，实现夏季降温。

3.3　太阳能建筑一体化设计

3.3.1　设计原则

太阳能集热器、采光板、光电板等作为后期添加的设备随意安装，不仅在造型上很难与建筑结合，影响美观，而且容易破坏建筑结构和设备系统，在防水、保温、隔声等方面有所损失，出现得不偿失的尴尬局面，极大地影响太阳能技术的推广和应用。因此，在建筑设计之初就要做好统筹规划，使各项技术措施成为建筑不可缺少的一部分。

太阳能与建筑结合的优点和优势包括：太阳能技术与建筑的结合能有效地减少建筑能耗，从而有效地减少占总能耗 30% 的建筑能耗；太阳能与建筑结合，电池板和集热器安装在屋顶或屋面上，不需要额外占地，节省了土地资源；太阳能与建筑结合，就地安装、就地发电上网和供应热水，不需要另外架设输电线路和热水管道，降低对市政配套的依赖，同时也减少了对市政建设的压力；太阳能产品没有噪声，没有排放，不消耗任何燃料，公众易于接受。对于住宅区，则可以采用新技术提供 24 小时热水供应以及成为小型的独立电站；节约配套设施（锅炉房）的用地，同时能降低配套设施（锅炉房）对周边房产的价格影响；降低物业运营成本，增加物业收益。

3.3.2　设计要点

我国的太阳能真空管集热技术在国际上处于领先水平，新型太阳能集热器的试制成功，使太阳能热水器可直接作为建筑构件，在屋顶、墙面和阳台应用。例如斜坡和平顶镶嵌式太阳能热水器集热板均可紧贴屋面或作为屋面组成部分，加之先进的自控装置的应用，还能使太阳能热水器具有调节水量、流量、补充冷水、平衡自来水和热水流量等功能。

屋顶光伏发电系统和与建筑结合的太阳能热水系统的共同点是其太阳能采集部件、光伏系统的太阳电池板和太阳能热水系统的集热器，都可以安装在屋顶上，都需要在屋顶预留安装位置以及电路和水管的进出管路，要注意电池板和集热器的安装对建筑的功能和景观以及城市景观的影响。相比之下，太阳能热水系统与建筑结合的难度要大一些，主要原因是进出水管与屋顶的结合较难处理。

太阳能系统与建筑的结合需做到同步设计、同步施工。一体化结合至少有四个方面的要求：在外观上，合理摆放光伏电池板和太阳能集热器，无论是在屋顶还是在立面墙上，应实现两者的协调与统一；在结构上，要妥善解决光伏电池板和太阳能集热器的安装问题，确保建筑物的承重、防水等功能不受影响，还要充分考虑光伏电池板和太阳能集热器抵御强风、暴雪、冰雹等的能力；在管路布置上，建筑物中都要事先留出所有管路的通口，合理布置太阳能循环管路以及冷热水供应管路，尽量减少在管路上的电量和热量的损失；在系统运行上，要求系统可靠、稳定、安全，易于安装、检修、维护，合理解决太阳能与辅助能源的匹配以及与公共电网的并网问题，尽可能实现系统的智能化全自动控制。

太阳能集热板、光电板与建筑结合有如下几种形式：

(1) 采用普通太阳能电池组件或集热器，安装在倾斜屋顶原来的建筑材料之上［图 3-11（*a*）］

(2) 采用特殊的太阳能电池组件或集热器，作为建筑材料安装在斜屋顶上［图 3-11（*b*）］。

(3) 采用普通太阳能电池组件或集热器，安装在平屋顶原来的建筑材料之上［图 3-11（*c*）］。

(4) 采用特殊的太阳能电池组件或集热器，作为建筑材料安装在平屋顶上［图 3-11（*d*）］。

(5) 采用普通或特殊的太阳能电池组件或集热器，作为幕墙安装在南立面上［图 3-11（*e*）］。

（6）采用特殊的太阳能电池组件或集热器，作为建筑幕墙镶嵌在南立面上［图 3-11（*f*）］。

（7）采用特殊的太阳能电池组件或集热器，作为天窗材料安装在屋顶上［图 3-11（*g*）］。

（8）采用普通或特殊的太阳能电池组件或集热器，作为遮阳板安装在建筑上［图 3-11（*h*）］。

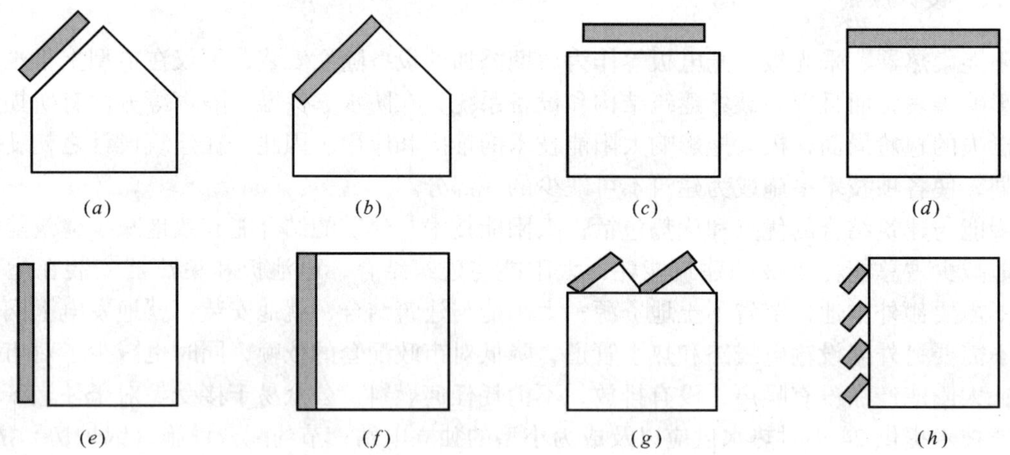

图 3-11　太阳能集热板、光电板与建筑的结合形式

第 4 章　太阳能采暖技术设计

我国太阳能资源非常丰富，理论上讲我国太阳能每年辐照量可以达到 17000 亿 t 标准煤。我国地处北半球，南北距离和东西距离都在 5000km 以上。在我国广阔的土地上，有着丰富的太阳能资源。大多数地区年平均日辐射量能达到 $4kW \cdot h/m^2$ 以上，西藏日辐射量最高达 $7kW \cdot h/m^2$。年日照时数大于 2000h。与同纬度的其他国家相比优越得多。据资料统计，在我国北方地区，建筑采暖能耗占当地全社会总能耗的 20%以上，采暖期空气中的二氧化碳排放量明显高于非采暖期；全国城市居民空调的安装率已从 1991 年的 0.71%发展到 1999 年的 24.48%，建筑用能已达全社会能源消费量的 27.6%（发达国家的建筑用能一般占全社会能源消费量的 1/3 左右）。尽管我国人均用能不及世界人均能耗水平的一半，但能源消费总量已位居世界第二。随着我国经济持续快速稳定增长，建设事业发展迅速。到 2010 年，城镇人均建筑面积将达到 $26m^2$，农村人均建筑面积将达到 $30m^2$。居住面积的增加、舒适度要求的提高，对新能源的开发利用提出了更高的要求。太阳能采暖技术可分为太阳能空气采暖、太阳能热水采暖。本章仅对此两种常见的太阳能采暖技术在建筑中的设计等相关问题进行了阐述。

4.1　太阳能空气采暖设计

根据是否利用机械的方式获取太阳能，把通过适当的建筑设计无需机械设施获取太阳能的空气采暖技术称为被动式太阳能采暖设计；而需要机械设备获取太阳能的空气采暖技术称为主动式太阳能采暖设计。我国建筑能耗中采暖能耗占很大比例，而被动式太阳能技术投资低、效果好，可以节约大量的化石能源。主被动相结合的太阳能技术设计已成为当前建筑设计不可缺少的一部分（图 4-1）。

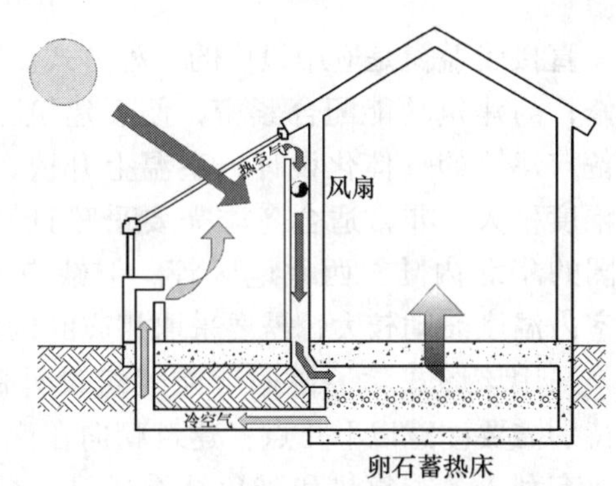

图 4-1　主被动混合系统：利用风扇将阳光间的暖空气送入室内

4.1.1　被动式太阳能建筑设计

4.1.1.1　被动式太阳房的采暖原理及分类

被动式采暖设计，是通过建筑朝向和周围环境的合理分布、内部空间和外部形体的巧妙处理、以及建筑材料和结构构造的恰当选择，使其在冬季能集取、保持、储存、分布太阳热能，从而解决建筑物的采暖问题。被动式太阳能建筑设计的基本思想是控制阳光和空气在恰当的时间进入建筑并储存和分配热空气。其设计原则是要有有效的绝热外壳和足够大的集热表面，室内布置尽可能多的储热体，以及主次房间的平面位置合理。

被动式设计应用范围广、造价低，可以在增加少许或几乎不增加投资的情况下完成，在中小型建筑或住宅中最为常见。美国能源部指出，被动式太阳能建筑的能耗比常规建筑的能耗低 47%，比相对较旧的常规建筑低 60%。但是该项设计更适合新建项目或大型改建项目，因为整个被动式系统是建筑系统中的一个部分，应该与整个建筑设计完全融合在一起，并且在方案初期进行整合设计。我国青海省刚察县泉吉邮电所是一座早期试建的被动式太阳房，一直使用很好。

当地海拔 3301m，冬季采暖期长达 7 个月，最冷时气温低到 – 22 ~ 15℃。在不使用辅助能源的情况下，太阳房内的温度一般可维持 10℃以上。该房于 1979 年建成，造价比当地普通房屋略高，但每年能节省大量采暖用煤，经济上是合算的，并且舒适度远远超过该地区同类普通建筑。

被动式太阳房的形式有多种，分类方法也不一样。就基本类型而言，目前有两类分类方式：一种是按传热过程分类，另一种是按集热形式分类。

按照传热过程的区别，被动式太阳房可分为两类：(1) 直接受益式，指阳光透过窗户直接进入采暖房间；(2) 间接受益式，指阳光不直接进入采暖房间，而是首先照射在集热部件上，通过导热或空气循环将太阳能送入室内。

按照集热形式的基本类型，被动式太阳房可分为五类：直接受益式、集热蓄热墙式、附加阳光间式、蓄热屋顶池式、对流环路式。下面我们就以集热方式的基本类型对其原理进行简要介绍。

4.1.1.2 被动式太阳能建筑基本集热方式的类型及特点

1. 直接受益式

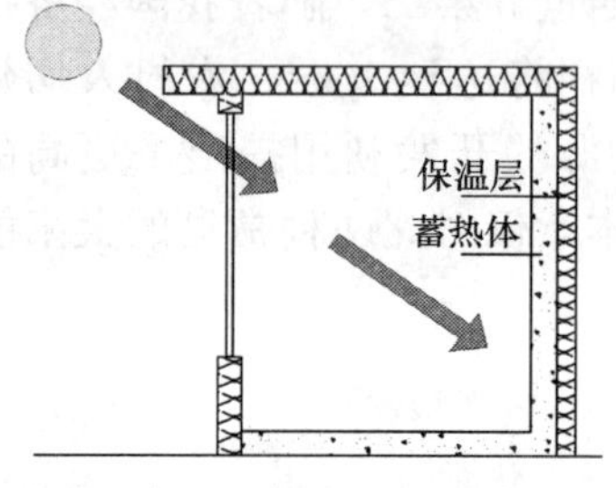

图 4-2 直接受益式的基本形式

这是较早采用的一种太阳房（图 4-2、图 4-3），南立面是单层或多层玻璃的直接受益窗，利用地板和侧墙蓄热。也就是说，房间本身是一个集热储热体，在日照阶段，太阳光透过南向玻璃窗进入室内，地面和墙体吸收热量，表面温度升高，所吸收的热量一部分以对流的方式供给室内空气，另一部分以辐射的方式与其他围护结构内表面进行热交换，第三部分则由地板和墙体的导热作用把热量传入内部蓄存起来。当没有日照时，被吸收的热量释放出来，主要加热室内空气，维持室温，其余则传递到室外。图 4-4 提出了利用屋顶开窗获取太阳辐射（即直接受益窗）的保温措施。

直接受益窗是应用最广的一种方式。其特点是：构造简单，易于制作、安装和日常的管理与维修；与建筑功能配合紧密，便于建筑立面处理，有利于设备与建筑的一体化设计；室温上升快、一般室内温度波动幅度稍大。非常适合冬季需要采暖且晴天多的地区，如我国的华北内陆、西北地区等。但缺点是白天光线过强，且室内温度波动较大，需要采取相应的构造措施。

采用该形式除了遵循节能建筑设计的平面设计要点，应特别需要注意以下几点：建筑朝向在南偏东、偏西 30°以内，有利于冬季集热和避免夏季过热；根据热工要求确定窗口面积、玻璃种类、玻璃层数、开窗方式、窗框材料和构造；合理确定窗格划分，减少窗框、窗扇自身遮挡，保证窗的密闭性；最好与保温帘、遮阳板相结合，确保冬季夜晚和夏季的使用效果。

直接受益式的太阳能集热方式非常适于与立面结合，往往能够创造出简约、现代的立面效果。设计者应根据建筑设计的条件进行选择，避免流于形式。

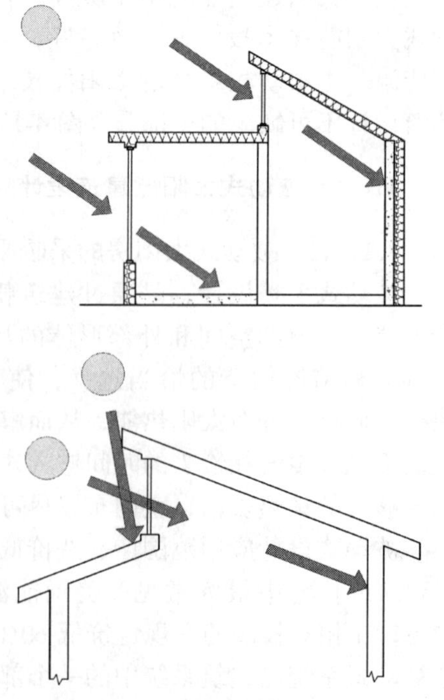
图 4-3 利用高侧窗直接受益

2. 集热蓄热墙式

1956 年，法国学者 Trombe 等提出了一种集热方案，在直接受益式太阳窗的后面筑起一道重型结构墙。图 4-5 就是

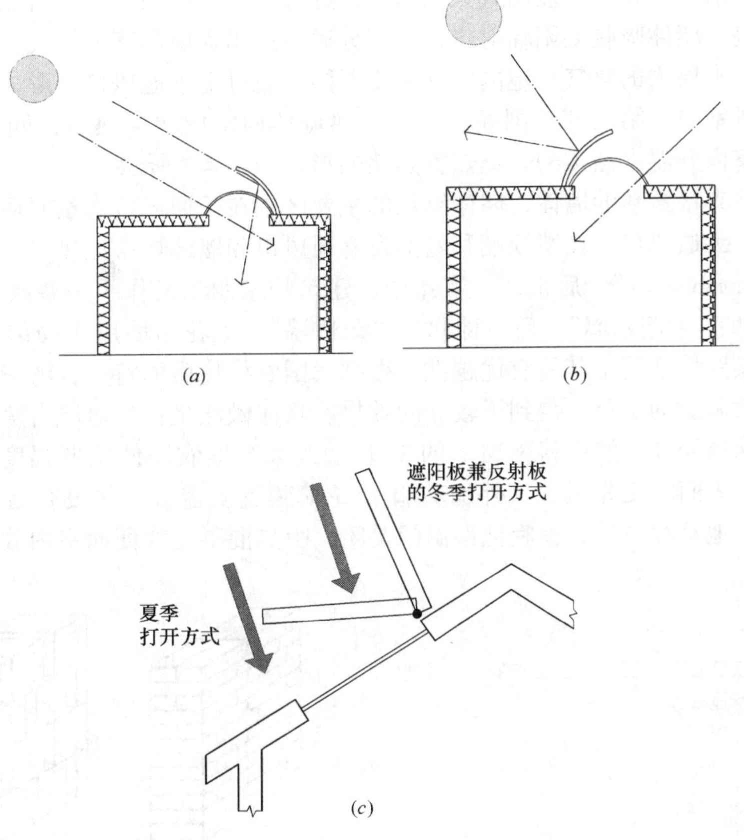

图 4-4　直接受益式天窗反射板

(*a*) 冬季利用反射板增强光照；(*b*) 夏季反射板遮挡直射，漫射光采光；

(*c*) 坡屋顶天窗冬夏季开启方式

(*a*)

(*b*)

图 4-5　有通风口的集热蓄热墙

(*a*) 集热蓄热墙正面；(*b*) 集热蓄热墙背面

以此为依据制作的产品模型，利用重型结构墙的蓄热能力和延迟传热的特性获取太阳的辐射热。这种形式的太阳房在供热机理上与直接受益式不同，属于间接受益太阳能采暖系统。阳光透过玻璃照射在集热墙上，集热墙外表面涂有吸收涂层以增强吸热能力，其顶部和底部分别开有通风孔，并设有可开启活门。在这种被动式太阳房中，透过透明盖板的阳光照射在重型集热墙上，墙的外表面温度升高，墙体吸收太阳辐射热，一部分通过透明盖层向室外损失；另一部分加热夹层内的空气，从而使夹层内的空气与室内空气密度不同，通过上下通风口而形成自然对流，由上通风孔将热空气送进室内；第三部分则通过集热蓄热墙体向室内辐射热量，同时加热墙内表面空气，通过对流使室内升温（图 4-6）。集热蓄热墙的形式如图 4-7 所示。

对于利用结构直接蓄热的墙体，墙体结构的主要区别在于通风口。按照通风口的有无和分布情况，分为三类：无通风口，在墙顶端和底部设有通风口和墙体均布通风口。我们通常把前两种称为"特朗勃（Trombe）墙"，后来，在实用中，建筑师米谢尔又作了一些改进，所以也在太阳能界称之为"特朗勃-米谢尔墙"。后一种称为"花格墙"。把花格墙用于局部采暖，是我国的一项发明，理论和实践均证明了其具有优越性。根据我国农村住房的特点，清华大学在北京郊区进行了旧房改建为太阳房的试验，得到了较好的效果。具体做法是：先对原有房屋的后墙、侧墙和屋顶进行必要的保温处理，然后将南窗下的 37 坎墙改成当地农民使用低强度等级 37mm 混凝土块砌筑的花格墙，表面涂无光黑漆，外加玻璃-涤纶薄膜透明盖板，并设有活动保温门。这种墙体在日照下能较多地蓄存热量，夜晚把保温门关闭，吸热混凝土块便向室内放热。

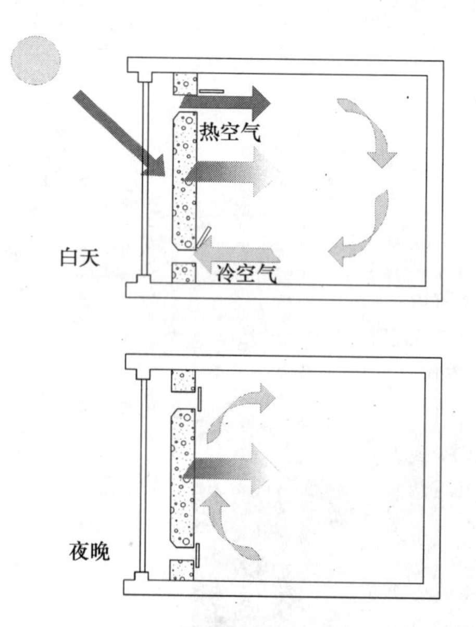

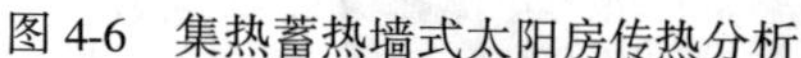

图 4-6 集热蓄热墙式太阳房传热分析

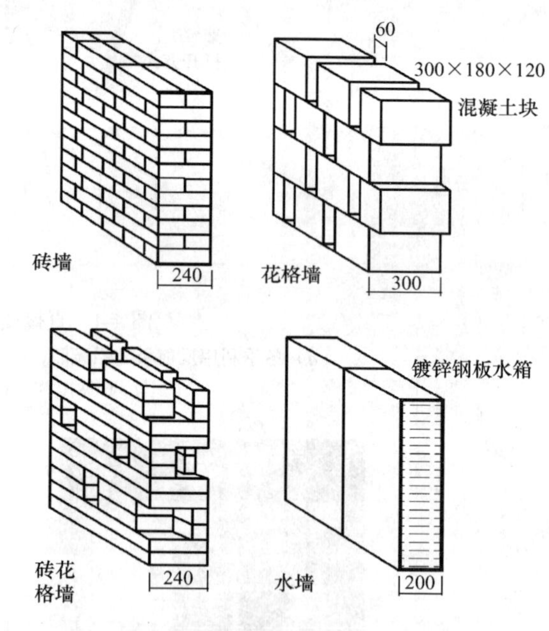

图 4-7 集热蓄热墙的形式

这种集热蓄热墙式太阳房已成为目前广泛应用的被动式太阳房采暖形式之一。集热蓄热墙式与直接受益式相结合，既可充分利用南墙集热，又可与建筑结构相结合，并且室内昼夜温度波动较小。墙体外表面涂成深色、墙体与玻璃之间的夹层安装波形钢板或透明热阻材料都可以提高系统集热效率。可通过模拟计算或选择经验数值确定空气间层的厚度及通风口的尺寸（在设置通风口的情况下），这是影响集热效果的重要数值。

集热蓄热墙是间接受益式的一种方式。其特点是：在充分利用南墙面的情况下，能使室内保留一定的南墙面，便于室内家具的布置，可适应不同房间的使用要求；与直接受益窗结合使用，既可充分利用南墙集热，又能与砖混结构的构造要求相适应：用砖石等材料构成的集热蓄热墙，墙体蓄热在夜间向室内辐射，使室内昼夜温差波幅小；在顶部设置夏季向室外的排气口，可降低室内温度。

最早的集热墙是半米厚、在上下两端开孔的混凝土墙，外表面涂黑。50 多年来，集热墙无论在材料上、结构上，还是在表面涂层上，都有了很大改进。现在的设计往往在向阳侧设置带玻璃罩的储热墙体，墙体可选择砖（推荐厚度 240 ~ 360mm）、土坯（推荐厚度 300 ~ 400mm）、混凝土（推荐厚度 200 ~ 300mm）、石料、水等储热性能好的材料，以及利用化学能储热的相变蓄热材料。

水墙结构上的主要区别取决于蓄水容器的壳体形状，有箱式和圆筒式等，相变蓄热材料也已经有所运用，并且厚度上最小可以做到 150mm，对于节能省地和节约建筑成本都很有优势和发展前途。但由于技术要求较高，水墙在国内的实际工程中应用还比较少。

集热墙外表面涂有吸收层，与集热墙体本身相比，吸收率增大，但伴随表面黑度的增大，墙的长波辐射热损失也有所增多，部分地抵消了吸收率提高所产生的增益，总起来说，采用涂层能使蓄热墙效果增强，为了在提高吸收率的同时降低表面黑度，人们开始研究采用选择性涂层，实验表明，采用选择性涂层的效果非常显著。现在选择性涂层已经广泛应用于太阳能热水器集热器的制作。

在室内，蓄热体设置在阳光直射到的地方是最理想的。地板是最佳位置，但地板面积往往被家具遮挡，所以，蓄热体也可以配置在东、西、北墙或内墙。对于南向房间，进深不大于窗户顶端离地面高度的 2.5 倍就可以保证阳光进入整个房间，若窗户平均高 2.1m，那么房间的最大进深应为 4.2 ~ 5.5m。根据国外试验和经验推荐，以砖石材料砌筑的墙和地面至少要 10cm 厚。这些蓄热体的室外一侧必须保温，阳光能够直接照射到蓄热体室内一侧的表面积应不小于玻璃面积的 4 倍。对表面颜色的要求有下述选择：砖石地面选用深色；砖石墙面可选用任何颜色；所有的轻质结构都涂上浅颜色；不要在地面上铺设“从墙到墙”的大地毯。

集热蓄热墙的设计要求：

（1）综合建筑性质、结构特点与立面处理的需要，并在保证足够集热面积的前提下，确定其立面组合形式。

（2）合理选定集热蓄热墙的材料与厚度，并注意选择吸收率高、耐久性强的吸热涂层。

（3）结合当地气候条件、解决好透光外罩的透光材料、层数与保温装置的组合设计，即外罩边框的构造做法，边框构造应便于外罩的清洗和维修。

（4）合理确定对流风口的面积、形状与位置，保证气流通畅。为便于日常使用与管理，要考虑风门逆止阀的设置。

（5）选择恰当的空气间层宽度，为加快间层空气升温速度，可设置适当的附加装置。

（6）注意夏季排气口的设置，防止夏季过热。

（7）集热蓄热墙整体与细部的构造设计，应在保证装置严密、操纵灵活和日常管理维修方便的前提下，尽量使构造简单，施工方便，造价经济。

3. 附加阳光间式

在向阳侧设透光玻璃构成阳光间接受日光照射，阳光间与室内空间由墙或窗隔开，蓄热物质一般分布在隔墙内和阳光间地板内。因而从向室内供热来看，其机理完全与集热墙式太阳房相同，是直接受益式和集热蓄热式的组合。随着对建筑造形要求的提高，这种外形轻巧的玻璃立面普遍受到欢迎。阳光间的温度一般不要求控制，可结合南廊、入口门厅、休息厅、封闭阳台等设置，用来养花或栽培其他植物，所以附加阳光间式太阳房有时也称为附加温室式太阳房［图 4-8（*a*）］。

与集热墙式被动式太阳房相比，该形式具有集热面积大、升温快的特点，与相邻内侧房间组织方式多样，中间可设砖石墙、落地门窗或带槛墙的门窗；但由于附加阳光间将增大透明盖层的面积，使散热面积增大，因而降低所收集阳光的有效热量。在阳光间结构上做些改进，也可以收到较好的效果。例如，在隔断墙顶部和底部都均匀的开设通风口［图 4-8（*b*）］，如果能在上通

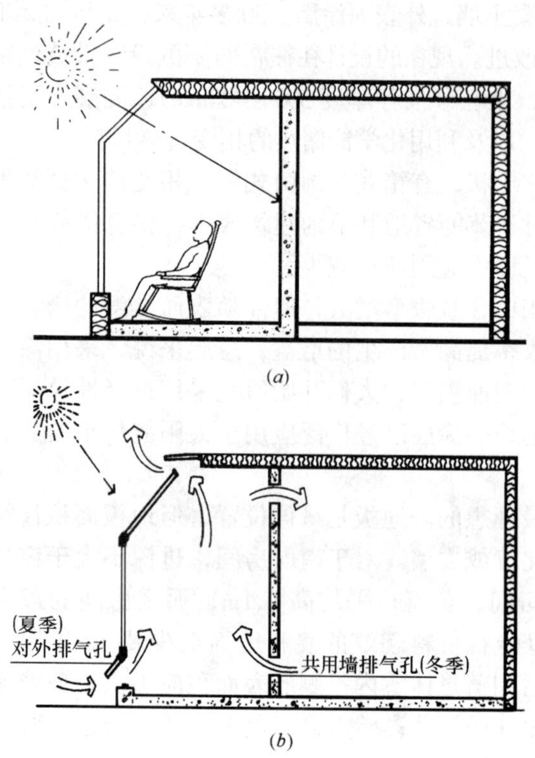

图 4-8　附加阳光间

(*a*) 附加阳光间基本形式；(*b*) 开设内外通风窗有效改善冬夏季工况（通风口可以用门窗代替）

风口安装风扇，加快能量向室内传输，可避免能量过多的散失。阳光间内中午容易过热，应该通过门窗或通风窗合理组织气流或将热空气及时导入室内。只有解决好冬季夜晚保温和夏季遮阳、通风散热的问题，才能减少因阳光间自身缺点带来的热工方面的不利影响。冬季的通风也很重要，因为种植植物等原因，阳光间内湿度较大，容易出现结露现象。夏季可以利用室外植物遮阳或安装遮阳板、百叶帘，开启甚至拆除玻璃扇。

阳光间的平面设计可以采用“抱合式”平面布置，即把阳光间放在南侧中央，类似多层住宅凹阳台的形式，这样不但使阳光间的东西两侧有较好的保暖性能，也可以防止夏季西晒使室温过高。阳光间的基本形式见表 4-1。

结合南立面设计，还可以把阳光间作成暖廊式，与普通的阳光间相比，较大地减少了玻璃面积，因而减少了热损耗；与集热墙式被动式太阳房相比，只是空气夹层加宽了。因此，这种暖廊式被动式太阳房的性能和传热原理更类似于集热墙式被动式太阳房。

在多层建筑中还可以使用反向阳光间被动式太阳能空气采暖系统。它通过置于屋顶和地面的风管实现建筑的南向阳光间太阳能的热向北部阳光间的自然传递。南部阳光间受热的空气上升，进入置于屋顶的风管，并通过这些风管流向北部阳光间；同时，南部阳光间置换出的空气被北向房间内由地面风管流向南部阳光间的较冷空气代替。由于系统还可用于东西阳光间之间，建筑物不受相对于太阳朝向的限制。

阳光间的基本形式　　**表 4-1**

对　流　式	直　射　式	混　合　式
阳光间与内窗之间的公共墙体的作用与集热蓄热墙相同，应开设上下通风口，以便组织好内外空间的热气流循环	落地窗作用同直接受益窗，设部分开启扇，以组织内外空间的热气流循环，也可设门连通内外空间	公共墙上可开窗和设槛墙，使内室既可得到阳光直射，又有槛墙蓄热之效益。窗开启扇设孔以组织热气流循环

附加阳光间式直接受益与间接受益系统的结合其特点是：集热面积大，阳光间内室温上升快；阳光间可结合南廊、门厅、封闭阳台设置，室内阳光充足，可做多种生活空间，也可作为温

室种植花卉，美化室内外环境；阳光间与相邻内层房间之间的关系变化比较灵活，既可设砖石墙，又可设落地门窗或带槛墙的门窗，适应性较强；阳光间内中午容易过热，应采取通畅的气流组织，将热空气及时传送到内层房间；夜间热损失大，阳光间内室温昼夜波动大，应注意透光外罩玻璃层数的选择和活动保温装置的设计。

阳光间设计的注意事项：

(1) 组织好阳光间内热空气与室内的通畅循环，防止在阳光间顶部产生“死角”。

(2) 处理好地面与墙体等位置的蓄热。

(3) 合理确定透光外罩玻璃的层数，并采取有效的夜间保温措施。

(4) 注意解决好冬季通风除湿问题，减少玻璃内表面结霜和结露。

(5) 采取有效的夏季遮阳、隔热降温措施。

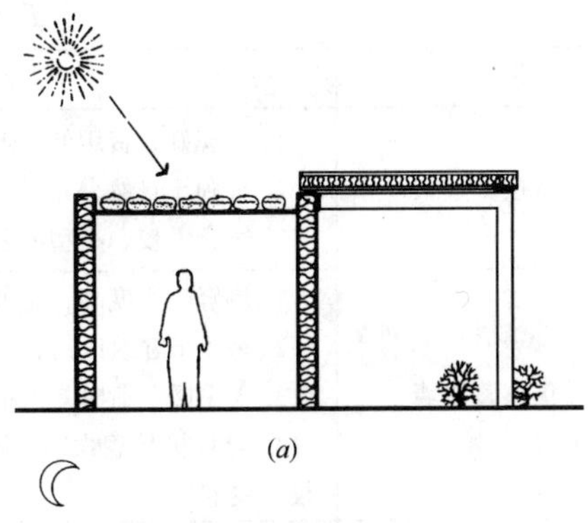

(a)

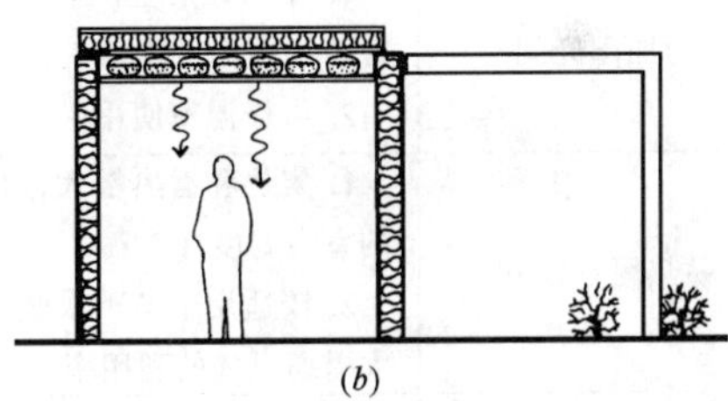

(b)

图4-9 蓄热屋顶池式
(a) 蓄热屋顶池式冬季白天工况；(b) 蓄热屋顶池式冬季夜晚工况

4. 蓄热屋顶池式

屋顶池式太阳房兼有冬季采暖和夏季降温两种功能，适用于冬季不太寒冷、夏季较热的地区。从向室内的供热特征上看，这种形式的被动太阳房类似于不开通风口的集热墙式被动式太阳房。不过它的蓄热物质被放在屋顶上，通常是有吸热和储热功能的贮水塑料袋或相变材料，其上设可开闭的隔热盖板，冬夏兼顾。冬季采暖季节，晴天白天打开盖板，将蓄热物质暴露在阳光下，吸收太阳热；夜晚盖上隔热盖板保温，使白天吸收了太阳能的蓄热物质释放热量，并以辐射和对流的形式传到室内（图4-9）。夏季，白天盖上隔热盖，阻止太阳能通过屋顶向室内传递热量；夜间移去隔热盖，利用天空辐射、长波辐射和对流换热等自然传热过程降低屋顶池内蓄热物质的温度，从而达到夏季降温的目的。这种太阳房在冬季采暖负荷不高而夏季又需要降温的情况下使用比较适宜。但由于屋顶需要有较强的承载能力，隔热盖的操作也比较麻烦，实际应用还比较少。

该形式适合冬季不太寒冷且纬度低的地区。因为纬度高的地区冬季太阳高度角太低，水平面上集热效率也低，而且严寒地区冬季水易冻结。另外系统中的盖板热阻要大，蓄水容器密闭性要好。使用相变材料，热效率可提高。目前，在所有的太阳能采暖方式中，用空气做介质的系统相对而言技术简单成熟、应用面广、运行安全、造价低廉。

5. 对流环路式

这种被动式太阳房由太阳能集热器（大多数为空气集热器）和蓄热物质（通常为卵石地床）构成，因此也被称为卵石床蓄热式被动太阳房。安装时，集热器位置一般要低于蓄热物质的位置。在太阳房南墙下方设置空气集热器，以风道与采暖房间及蓄热卵石床相通。集热器内被加热的空气，借助于温差产生的热压直接送入采暖房间，也可送入卵石床蓄存，而后在需要时再向房间供热（图4-10）。

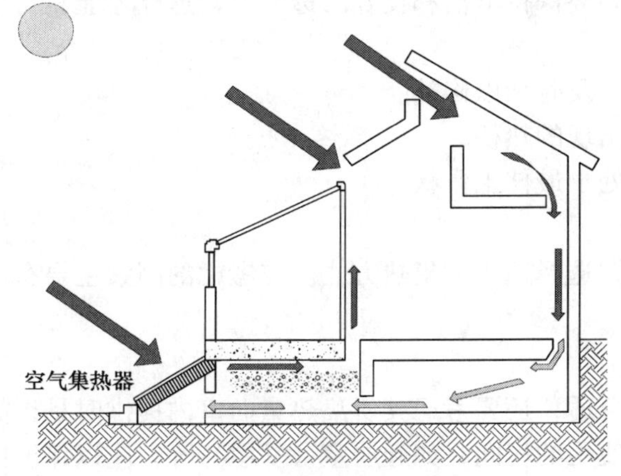

图4-10 对流环路式被动太阳房示意图

它的特点是：构造较复杂，造价较高；集热和蓄热量大，且蓄热体的位置合理，能获得较好的室内温度环境；适用于有一定高差的南向坡地。

在此，把多种空气加热系统作横向比较，便于在作不同类型的节能建筑设计时，可以根据实际情况加以选择（表 4-2）。

五种太阳能空气加热系统的比较　表 4-2

系　统	优　点	缺　点
直接受益式	1. 景观好，费用低，效率高，形式很灵活； 2. 有利于自然采光； 3. 适合学校、小型办公室等	1. 易引起眩光； 2. 可能发生过热现象； 3. 温度波动大
集热蓄热墙	1. 热舒适程度高，温度波动小； 2. 易于旧建筑改造，费用适中； 3. 大采暖负荷时效果很好； 4. 与直接受益式结合限制照度级效果很好，适合于学校、住宅、医院等	1. 玻璃窗较少，不便观景； 2. 不便自然采光； 3. 阴天时效果不好
附加阳光间	1. 作为起居空间有很强的舒适性和很好的景观性，适合居住用房、休息室、饭店等； 2. 可作温室使用	1. 维护费用较高； 2. 对夏季降温要求很高； 3. 效率低
蓄热屋顶池式	1. 集热和蓄热量大，且蓄热体位置合理，能获得较好的室内温度环境； 2. 较适用于冬季采暖，夏季需降温的湿热地区，可大大提高设施的利用率	1. 构造复杂； 2. 造价很高
对流环路式	1. 集热和蓄热量大，且蓄热体位置合理，能获得较好的室内温度环境； 2. 适用于有一定高差的南向坡地	1. 构造复杂； 2. 造价较高

以上介绍的被动式太阳房的五种基本类型都有其各自的优点和不足。设计者可以根据情况博取众长，多方案组合形成新的系统。由两个或两个以上基本类型被动式太阳能采暖混合而成的新系统称为混合式系统。混合式系统在实践中显出了它的优势，已成为被动式太阳房发展的主要趋势。不仅如此，今后主被动式相结合的太阳房也将是发展的趋势。

6. 被动式太阳能采暖房的管理和维修

（1）为保证太阳能建筑的使用安全，在设计时应注意尽量避免大面积玻璃窗受到的来自各方面的机械损伤。

（2）使用者应经常对玻璃窗进行擦洗，以便始终保持清洁和良好的透明度，这样才能获得最大的得热效率。

（3）经常检查门窗是否气密，发现损坏之处，及时加以修补。

（4）经常检查并及时消除各部位隔热层可能出现的热桥。

（5）注意各通风孔道的开闭情况，保持系统处于最佳工作状态。

4.1.1.3 被动式太阳能建筑集热方式的选择

设计师在进行建筑设计时，应根据实际情况，选择适当的集热方式。应考虑的因素主要有以下几个方面：

1. 房间使用性质因素

选用一种集热方式，并不只是集热越多就越合适，还要考虑其所集热量向室内提供时是否能与房间所需的用热情况相吻合。对于主要在白天使用的房间，如起居室（堂屋）等，应以保证白天的用热环境为主，如选用直接受益窗或附加阳光间就能比较有利。它不但能蓄存一定的热量延迟到夜间供热，同时也能在白天部分向室内供热，使室内温度保持在一定水平上。

(1) 对于起居室、办公室、教室等主要在白天使用的房间，应首先考虑选用直接受益窗或附加阳光间。在气象条件较差地区可适当增加集热蓄热墙。直接受益窗必须附加有效的保温装置。在一般情况下应以直接受益窗为主，辅以其他集热方式。

(2) 对于卧室一类主要在夜间使用的房间以及地区，可考虑选用集热蓄热墙式；为满足采光要求，选用一定量的直接受益窗是必不可少的。当直接受益窗采用散热透过材料或反射百叶帘来提高室内四壁的蓄热量时，可适当加大直接受益窗的面积，并配合使用保温装置，使系统具有较高的集热效率。

2. 自然因素

包括地理因素和气象因素。某地的太阳能多少与太阳照射的时间和太阳高度角有很大关系，由于太阳高度角是由纬度影响的，因此我们在这里讲的地理因素主要是指当地的纬度情况。一般来说越靠近赤道阳光就越充沛，可利用的太阳能就越多，但是就太阳能采暖的问题来说，四季如春的地方不需要冬季采暖。相反，纬度越高的地区冬季越寒冷，热能耗也高，对太阳能辐射量要求则更高一些；另外，同一纬度的地区由于离海洋的远近差别造成了迥异的气候条件。比如说同一纬度，滨海城市由于阴雨天气较多，太阳能设备的利用效率就相对内陆干旱少雨的地区来说要小很多。

不同的气象条件对每一种集热方式工作状态的好坏具有直接的影响。充分考虑气象因素能更好地发挥不同集热方式的优点，避免其缺点。如直接受益窗受气象变化的影响而导致室温波动较大，因此它较适用于那些在采暖期连续阴天较少出现，且持续时间短的地区选用，尤其更适用于在采暖期、室外最低气温相对较高的地区；如能配合使用保温帘则可较好地发挥其集热效率高的特长。在采暖期连续阴天出现相对较多的地区，以选用热稳定性好的集热蓄热墙集热方式，因为当连续阴天出现时，它能比直接受益窗使室内损失的热量更少。

3. 经济因素

选用集热方式必须考虑经济的可能性。利用太阳能可能会增加首次投资费用。因此选用集热方式既要考虑眼前的经济能力，更要考虑将来的经济回报和能源发展趋势。

4. 其他因素

太阳房的设计除了以上几点主要因素外，还受到其他一些因素的影响，如使用者对节能建筑的认识程度、政府的态度以及当地建筑设计的抗震要求。直接受益式太阳房在南墙上开窗洞面积通常很大，这对于地震区的砖混结构建筑（尤其楼房），按抗震结构设计要求，开窗面积受到一定的限制，以致往往难以达到较好的采暖要求。而集热蓄热墙的墙体部分既可作为集热蓄热构件，同时又是防震所需的结构体，具有一定的承载力。因此，在地震区建太阳房应充分利用防震结构墙体来设置集热蓄热墙（或附加阳光间）等集热方式，以便同时满足集热和抗震要求。

4.1.1.4　蓄热体

1. 蓄热体的作用和要求

在被动式太阳房中需设置一定数量的蓄热体。它的主要作用是在有日照时吸收并储存一部分过剩的太阳辐射热；而当白天无日照时或在夜间（此时室温呈下降趋势）向室内放出热量，以提高室内温度，从而大大减小室温的波动。同时由于降低了室内平均温度，所以也减少了向室外的散热。蓄热体的构造和布置将直接影响集热效率和室内温度的稳定性。对集热体的要求是：蓄热成本低（包括蓄热材料及储存容器）；单位容积（或重量）的蓄热量大；对储存器无腐蚀或腐蚀作用小；资源丰富，就地取材；容易吸热和防热；耐久性高。

2. 蓄热体材料类别及性能

蓄热材料分为显热和潜热两大类：

（1）显热类蓄热材料：显热是指物质在温度上升或下降时吸收或放出热量，在此过程中物质本身不发生任何其他变化表4-3。显热类蓄热材料有水、热媒等液体及卵石、砂、土、混凝土、砖等固体。它们的蓄热量取决于材料的容积比热值（$V \cdot C_p$）。

常用显热蓄热材料的某些性能　　表4-3

材料名称	表观密度 ρ_0 (kg/m²)	比热容 C_p [kJ/(kg·℃)]	容积比热 $V \cdot C_p$ [kJ/(m³·℃)]	导热系数 λ [W/(m·K)]
水	1000	4.20	4180	2.10
砾石	1850	0.92	1700	1.20～1.30
沙子	1500	0.92	1380	1.10～1.20
土（干燥）	1300	0.92	1200	1.90
土（湿润）	1100	1.10	1520	4.60
混凝土块	2200	0.84	1840	5.90
砖	1800	0.84	1920	3.20
松木	530	1.30	665	0.49
硬纤维板	500	1.30	628	0.33
塑料	1200	1.30	1510	0.84
纸	1000	0.84	837	0.42

注：水的容积比热量大，且无毒无腐蚀，是最佳的显热蓄热材料，但需有容器。而卵石、混凝土、砖等蓄热材料的容积比热比水小得多，因此在蓄热量相同的条件下，所需体积就要大得多，但这些材料可以作为建筑构件，不需要容器或对这方面的要求较低。

（2）潜热类蓄热材料：潜热蓄热又称相变蓄热或溶解热蓄热，是利用某些化学物质发生相变时吸收或放出大量热量的性质来实现蓄热的。相变材料具有在一定温度范围内改变其物理状态的能力。

相变材料一般有两种：

1）固体⇔液体：物质由固态溶解成液态时吸收热量；相反，物质由液态凝结成固态时放出热量。

2）液体⇔气体：物质由液态蒸发成气态时吸收热量；相反，物质由气态冷凝成固态时放出热量。

在实际应用中多使用第一种形式，因为第二种形式在物质蒸发时体积变化过大，对容器的要求很高。潜热蓄热体的最大优点是蓄热量大，即蓄存一定能量的质量少，体积小（如以重量比表示，潜热蓄热体为1时，水为5，岩石为25；如按容积比，则为1:8:17）。缺点是有腐蚀性，对容器要求高，须全封闭，造价较高。国内采用的相变材料主要是十水合硫酸钠（芒硝）$Na_2SO_4 \cdot 10H_2O$加添加剂。

以固－液相变为例，在加热到熔化温度时，就产生从固态到液态的相变，熔化的过程中，相变材料吸收并储存大量的潜热；当相变材料冷却时，储存的热量在一定的温度范围内要散发到环境中去，进行从液态到固态的逆相变。在这两种相变过程中，所储存或释放的能量称为相变潜热。物理状态发生变化时，材料自身的温度在相变完成前几乎维持不变，形成一个宽的温度平台，虽然温度不变，但吸收或释放的潜热却相当大。

相变材料主要包括无机PCM、有机PCM和复合PCM三类。其中，无机类PCM主要有结晶水合盐类、熔融盐类、金属或合金类等；有机类PCM主要包括石蜡、醋酸和其他有机物。近年来，复合相变储热材料应运而生，它既能有效克服单一的无机物或有机物相变储热材料存在的缺点，又可以改善相变材料的应用效果以及拓展其应用范围。因此，研制复合相变储热材料已成为储热材料领域的热点研究课题。但是混合相变材料也可能会带来相变潜热下降，或在长期的相变过程中容易变性等缺点。

相变储能建筑材料兼备普通建材和相变材料两者的优点，能够吸收和释放适量的热能；能够和其他传统建筑材料同时使用；不需要特殊的知识和技能来安装使用蓄热建筑材料；能够用标准生产设备生产；在经济效益上具有竞争性。

相变储能建筑材料应用于建材的研究始于 1982 年，由美国能源部太阳能公司发起。20 世纪 90 年代以 PCM 处理建筑材料（如石膏板、墙板与混凝土构件等）的技术发展起来。随后，PCM 在混凝土试块、石膏墙板等建筑材料中的研究和应用一直方兴未艾。1999 年，国外又研制成功一种新型建筑材料——固液共晶相变材料，在墙板或轻型混凝土预制板中浇注这种相变材料，可以保持室内温度适宜。另外欧美有多家公司利用 PCM 生产销售室外通讯接线设备和电力变压设备的专用小屋，可在冬、夏季均保持适宜的工作温度。此外，含有 PCM 的沥青地面或水泥路面，可以防止道路、桥梁、飞机跑道等在冬季深夜结冰。

相变材料与建筑材料的复合工艺，即 PCM 与建材基体的结合工艺，目前主要有以下几种方法：①将 PCM 密封在合适的容器内；②将 PCM 密封后置入建筑材料中；③通过浸泡将 PCM 渗入多孔的建材基体（如石膏墙板、水泥混凝土试块等）；④将 PCM 直接与建筑材料混合；⑤将有机 PCM 乳化后添加到建筑材料中。国内建筑节能建材企业已经成功地将不同标号的石蜡乳化，然后按一定比例与相变特种胶粉、水、聚苯颗粒轻骨料混合，配制成兼具蓄热和保温功能、可用于建筑墙体内外层的相变蓄热浆料。同时在开发的还有相变砂浆、相变腻子等产品。

相变材料在建筑围护结构中也有所应用。现代建筑向高层发展，要求所用围护结构为轻质材料。但普通轻质材料热容较小，导致室内温度波动较大。这不仅会造成室内热环境不舒适，而且还增加空调负荷，导致建筑能耗上升。目前，采用的相变材料的潜热达到 170J/g 甚至更高，而普通建材在温度变化 1℃时储存的同等热量将需要 190 倍相变材料的质量。因此，复合相变建材具有普通建材无法比拟的热容，对于房间内的气温稳定及空调系统工况的平稳是非常有利的。

用于建筑围护结构的相变建筑材料的研制，选择合适的相变材料至关重要，应具有以下几个特点：①熔化潜热高，使其在相变中能贮藏或放出较多的热量；②相变过程可逆性好、膨胀收缩性小、过冷或过热现象少；③有合适的相变温度，能满足需要控制的特定温度；④导热系数大，密度大，比热容大；⑤相变材料无毒，无腐蚀性，成本低，制造方便。

在实际研制过程中，要找到满足这些理想条件的相变材料非常困难。因此，人们往往先考虑有合适的相变温度和有较大相变潜热的相变材料，而后再考虑各种影响研究和应用的综合性因素。

就目前来说，现存的问题主要在相变储能建筑材料耐久性以及经济性方面。耐久性主要体现在以下三个方面：相变材料在循环过程中热物理性质的退化问题；相变材料易从基体的泄漏问题；相变材料对基体材料的作用问题。经济性主要体现在：如果要最大化解决上述问题，将导致单位热能储存费用的上升，必将失去与其他储热法或普通建材竞争的优势。相变储能建筑材料经过 20 多年的发展，其智能化功能性的特点毋庸置疑。随着人们对建筑节能的日益重视，环境保护意识的逐步增强，相变储能建筑材料必将在今后的建材领域大有用武之地，也会逐渐被人们所认知，具有非常广阔的应用前景。

3. 蓄热体设计要点

(1) 墙、地面蓄热体应采用容积比热大的材料，如砖、石、密实混凝土等；也可专设水墙或盒装相变材料蓄热。

(2) 蓄热体应尽量使其表面直接接收阳光照射。

（3）砖石材料作墙地面蓄热体时应达100mm厚（>200mm时增效不大）。对水墙则体积越大越好，壳应薄、导热好。

（4）蓄热地面及水墙容器应用黑、深灰、深红等深色。

（5）蓄热地面上不应铺整面地毯，墙面也不应挂壁毯。对相变材料蓄热体和公共墙水墙，应加设夜间保温装置。

（6）蓄热墙的位置应设在容易接受太阳照射到的地方（图4-11）。

被动式太阳房设计离不开玻璃的使用，但是玻璃在夜间是否采取保温措施对被动式太阳房的蓄热效果，特别是对直接受益式系统的采暖保证率影响很大；在无夜间保温的情况下，玻璃的层数对建筑蓄热材料保持室内温度能起到较大的帮助作用，但是有夜间保温的情况下，增加玻璃的层数则没有太明显的效果，而实验数据表明活动的保温设施是太阳房集热蓄热的有效措施。

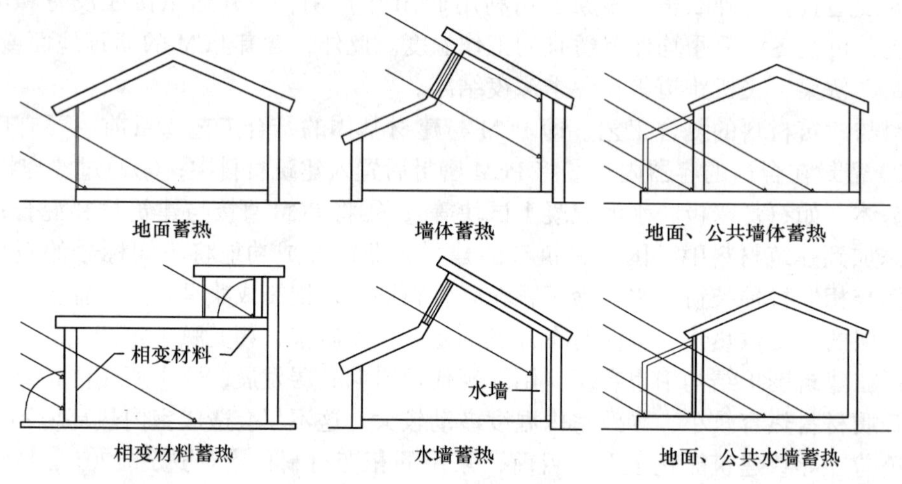

图4-11　蓄热体位置

4.1.1.5　热工设计和经济评价

1. 被动式太阳房热工设计简介

根据具体条件和要求不同，被动式太阳房的热工设计可分为精确法和概算法两种。

精确法是基于房间热平衡建立起的波动太阳房动态数学模型，逐时地模拟太阳房热工性能的方法。利用动态数学模型可以分析影响太阳房热工性能的因素，预测其长期节能效应，以及对太阳房的构件和整体进行优化设计。随着科学技术的进步，有很多软件都可以用来建立数学模型精确分析数值，因此这种方法常使用计算机软件进行模拟。

概算法是根据已知条件，通过查图表（这些图表是在某一特定条件下，将按标准计算方法得出的数据绘制成由参数变化的函数关系曲线图或表）和简单计算求得所需值。例如，已知太阳房所在地区的太阳能辐射值、采暖期度-日值、太阳能集热方式、集热面积、保温构造、活动保温装置及其性能，以及蓄热特性等条件，既可以通过查图表和简单计算的方法求得该太阳房的节能率（*SSF*），也可设定节能率指标的条件下，以同样的方式求得所需集热面积（*A*）等。在求得太阳房节能率后，也就可以通过公式算出采暖期内所需辅助热量 Q_f。这种方法的优点是简便易行，缺点是不够精确，有少量误差；且当条件不符合制定图表的有关规定时，无法利用图表。

负荷集热比（*LCR*）法是最常用的概算方法之一。负荷集热比是太阳房热负荷系数（*BLC*）与太阳房集热面积（*A*）两个数值之比。*LCR* 是影响太阳能供热总特性的一个最重要的可调参数，它影响在一定室外气象条件下的室内温度变化和太阳房的节能率。不同地区的 *LCR* 与 *SSF* 的关系是不同的，它取决于太阳入射量和采暖期度-日值。此方法使用的图表主要是 *SSF* 与 *LCR*

的函数关系曲线图或表。

计算步骤：

1）计算 *BLC*（太阳房热负荷系数）；

2）计算 *LCR*（负荷集热比）；

3）利用 *SSF*（太阳房的节能率）与 *LCR* 函数关系曲线或表，由 *LCR* 查出 *SSF* 值；

4）由公式计算出采暖期内所需辅助热量 Q_f 的值；

各种值的计算公式如下：

$$BLC = (\Sigma KF + GC_p)24 \tag{4-1}$$

$$LCR = BLC/A \tag{4-2}$$

$$Q_f = (1 - SSF)DDy \cdot BLC \tag{4-3}$$

式中　$G = V \cdot n \cdot \gamma$——每小时室内换气量，kg/h；

n——房间换气次数；

γ——室外气温条件下的空气容量，kg/m^3；

K，F——外围护结构（不包括集热面）的传热系数和传热面积；

C_p——比热容，kJ/（kg·℃）；

V——房间体积，m^3；

DDy——某一地区的采暖期度-日值；DDy 等于采暖期天数内每一个室外日平均温度低于室内设计温度的差值的总和，可查表获得（见附录B）。

2．太阳房热性能评价指标

（1）太阳能保证率（太阳能贡献率）*SHF*：太阳房内在一定设计基准温度（指根据人的舒适性指标和实际可达到的采暖水平而设定的室内最低温度）所需的热量（供热负荷）中，由太阳能获热量所占的百分率，如计算公式（4-4）：

$$SHF = \frac{\text{太阳房总净太阳能得热值}}{\text{太阳房维持设计基准温度时的总耗热量}} \times \% \tag{4-4}$$

（2）太阳房节能率 *SSF*：太阳房与对比房在达到同等设计基准温度的条件下相比，太阳房总能量与对比方采暖负荷总能量之间的百分比。对比方式在实际评价中选取一栋与太阳房建筑面积、建筑布局相当的非太阳能采暖的常规房屋。在使太阳房与对比房控制在相同的设计基准温度的条件下，实际测量或计算所得出两者所消耗热量后，即可由公式（4-5）求得 *SSF*：

$$SSF = 1 - \frac{\text{太阳房辅助热量}}{\text{对比房的热负荷}} = \frac{\text{太阳房总节能量}}{\text{对比房的热负荷}} \times \% \tag{4-5}$$

（3）热舒适度：根据国际标准ISO7730，热舒适被定义为，人对周围热环境所做的主观满意度评价。由于人的个体差异，一种满足所有人舒适要求的热环境是不可能存在的。因此，任何室内气候必须尽可能地满足大部分人群的舒适要求。根据ISO7730的规定，有以下三种方式来描述人对周围热环境的热舒适度（或热不舒适度）：

①PMV（Predicted Mean Vote）热环境综合评价指标；

②PPD（Predicted Percentage of Dissatisfied）不满意百分比的预测数；

③DR（Draught Rating）气流风险，指出了气流的紊流强度对于气流感知的重要性。

其中PMV和PPD用来表述整个人体的热舒适度（或热不舒适度），而DR则用来表述人体的某些特定区域的热舒适度（或热不舒适度）。大量研究成果表明，影响人体热感觉一共有以下6

个因素：其中环境参数有4个，包括干球温度、空气相对湿度、风速、平均辐射温度；个体参数有2个，包括人体活动强度、衣着热阻。对于上述6个参数可使用测量仪表获得。测量仪表对最低及期望值要求全部作出了明确的规定。

3. 太阳房经济性评价指标

常用来作为评价指标的有：寿命期内的资金节省 SAV 和回收年限 n，前者指在保证维持相同的热舒适性和设计基准温度的条件下，太阳房的增投资（采取太阳能采暖措施比普通房增加的投资）在寿命期内比普通房的采暖运行费的资金节省。后者指太阳房的增投资，以每年节省采暖运行费产生的经济效益偿还年限。两者的计算方法如式（4-6）：

（1）资金节省

$$SAV = PI\left(LE \cdot CF - A \cdot DJ\right) - A \tag{4-6}$$

式中 PI——折现系数，常用取值为4%；

LE——太阳房相对普通房的年节能量，kJ/年；

CF——常规燃料价格，此处为煤价，元/kJ；

A——总增投资，元；

DJ——维修费用系数，即每年用于系统维修的费用占总投资的百分率。

以上条件的计算如式（4-7）~式（4-10）

折现系数

$$PI = \frac{1}{d - e}\left[1 - \left(\frac{1 + e}{1 + d}\right)^{N_e}\right] \tag{4-7}$$

式中 d——年市场折现率，此处为银行贷款利率，常用取值为5%；

e——年燃料价格上涨率，常用取值为0；

N_e——经济分析年限，此处为寿命期年限，常用取值为20年。

太阳房年节能量计算如式（4-8）：

$$LE = Q_{UQ} - Q_U \tag{4-8}$$

式中 Q_{UQ}——当地典型普通房年辅助能量；

Q_U——被动式太阳房年辅助能量，即未使用房间空气温度不低于舒适温度的下限而消耗的辅助热量的能量。当室温高于舒适度的上限时，利用自然通风降温，而不消耗任何常规能源。辅助能耗可由式（4-9）计算：

$$Q_U = L \cdot (1 - SHF) \tag{4-9}$$

式中 L 为被动式太阳房的热负荷。

常规燃料价格

$$CF = CF'/q \cdot EFF \tag{4-10}$$

式中 CF'——煤价，元/kg；

q——标煤发热量，kJ/kg标准煤，常用取值为29260kJ/kg标准煤；

EFF——火炉效率，%，常用取值为50%。

总增投资 A =（太阳房的围护结构保温费用 + 集热构件费用 + 南向普通砖墙费用）－普通住房南向结构及门窗费用。

换言之，资金节省（SAV）即被动式太阳房总初投资与相同规模的普通住房总初投资的差值。

（2）回收年限

$$n = \frac{In\left[1 - PI(d - e)\right]}{In\left(\frac{1 + e}{1 + d}\right)} \tag{4-11}$$

回收年限 n，即为使资金节省计算公式中的 $SAV=0$ 时的 N_e 值，也即当 $PI=A/(CF\cdot LE-A\cdot DJ)$ 时，由折现系数计算公式求出的 N_e 值。

4.1.1.6　应用实例

1. 雷根斯堡住宅

德国的雷根斯堡住宅顺应周边环境面向花园，南侧倾斜的玻璃屋顶一直延伸到地面，形成的南向阳台和温室不但能够直接利用太阳能，而且创造了联系内外环境的过渡空间。常用房间位于北部绝热性能好的、较封闭的服务空间和南面能直接利用太阳能的缓冲区之间。可移动的玻璃隔断可使起居空间扩大至温室。厚重的楼地板和温室底部的砾石都能在白天储存热量，夜晚释放热量。过多的热量可通过通风口释放出去。院落中的大树夏季起到了遮阳的作用（图 4-12、图 4-13）。

图 4-12　雷根斯堡住宅

2. 山西省榆社县东汇乡卫生院

2002 年起世界银行向我国提供了 75 万美元的赠款，实施了农村卫生院被动式太阳能采暖建筑全球环境基金项目。该项目在青海、甘肃和山西的国家级贫困县共建成 29 个被动式太阳能采暖乡镇卫生院，旨在改善卫生院条件，减少对环境的污染。图 4-14 为使用附加阳光间和集热蓄热墙的山西省榆社县东汇乡卫生院。

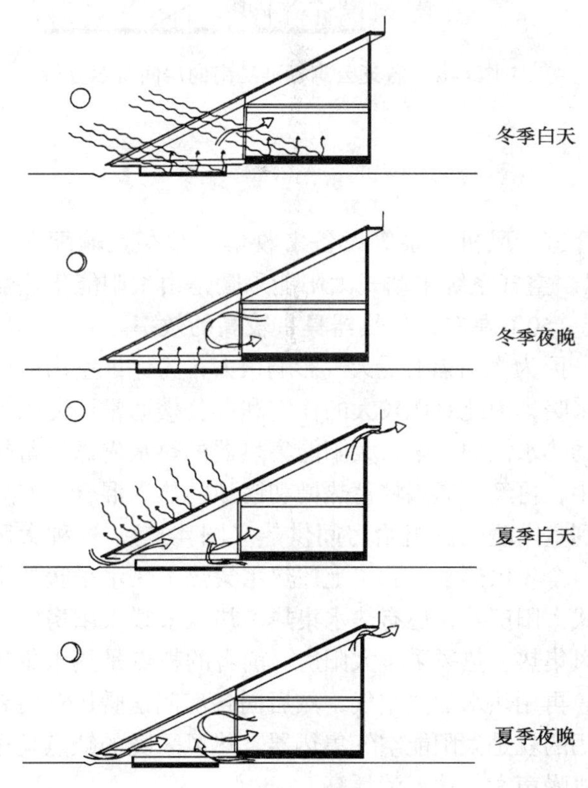

图 4-13　雷根斯堡住宅热量流动示意图

3. 山东建筑大学生态公寓南向房间的被动式太阳能采暖

充分考虑到被动式太阳能采暖各种形式的特点，山东建筑大学生态公寓在南向房间采用了直接受益式这种最简单便捷的采暖方式。南向房间采用了较大的窗墙面积比，外墙窗户尺寸由 1800mm × 1500mm 扩大至 2200mm × 2100mm，比值达到 0.39，以直接受益窗的形式引入太阳热能。通过图 4-15 和图 4-16 的日照分析能够计算得出，扩大南窗并安装遮阳板后，房间在秋分至来年春分的过渡季节和采暖期期间得到的太阳辐射量多于原设计，而在夏至到秋分这段炎热季节里得到的太阳辐射量少于原设计。另外，由于原方案中卧室通过封闭阳台间接获取光照，采暖期直接得热会折减。通过模拟，生态公寓的南向房间在白天可获得采暖负荷的 25% ~ 35%左右。虽然窗墙面积比超过了我国《民用建筑节能设计标准（采暖居住建筑部分）》（JGJ 26-95）中推荐的 0.35 的数值，但是由于采用了低传热系数的塑料中空窗，增大的窗户面积在夜间只有有限的热量损失，加装保温帘进一步加强夜间保温效果会更好，而且挤塑板作外保温墙体也保证了建筑物耗热量不会增加。

图 4-14　山西省榆社县东汇乡卫生院

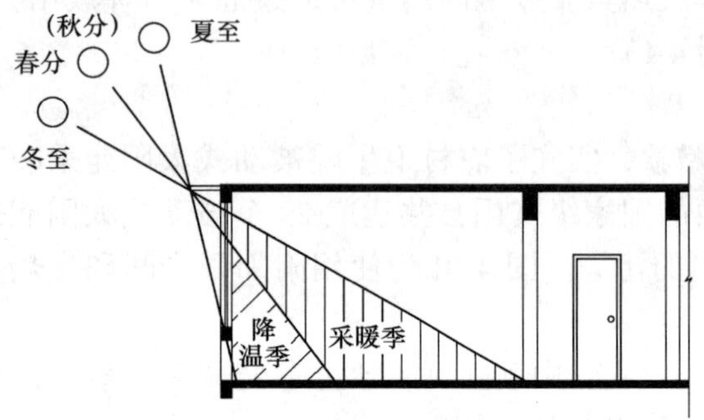

图 4-15　生态公寓标准层南向房间日照分析

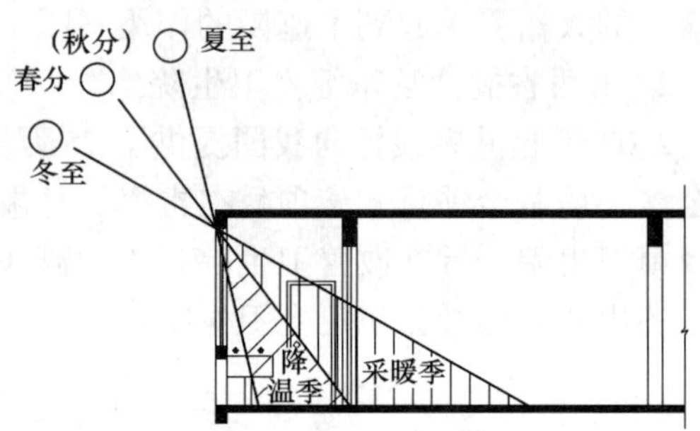

图 4-16　普通公寓标准层南向房间日照分析

4.1.2　主动式太阳能建筑设计

4.1.2.1　主动式太阳能建筑概述

主动式太阳能建筑利用集热器、蓄热器、管道、风机及泵等设备来收集、蓄存及输配太阳能，系统中的各部分均可控制而达到需要的室温。空气系统主动式太阳能采暖是由太阳能集热器加热空气直接用来采暖，要求热源的温度比较低，50℃左右，集热器具有较高的效率。

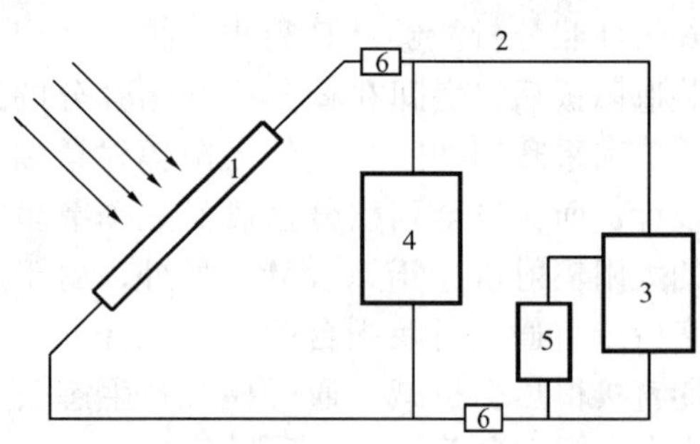

图 4-17　主动式太阳能采暖系统图
1—太阳能集热器；2—供热管道；3—散热设备；4—贮热器；5—辅助热源；6—风机或泵

因为太阳辐射受天气影响很大，为保证室内能稳定采暖，因此对比较大的住宅和办公楼通常还需配备辅助热水锅炉。来自太阳能集热器的热水先送至蓄热槽中，再经三通阀将蓄热槽和锅炉的热水混合，然后送到室内暖风机组给房间供热（图 4-17）。这种太阳房可全年供热水。除了上述热水集热、热水采暖的主动式太阳房外，还有热水集热、热风采暖太阳房以及热风集热、热风采暖太阳房。前者的特点是热水集热后，再用热水加热空气，然后向各房间送暖风；后者采用的就是太阳能空气集热器。热风采暖的缺点是送风机噪声大，功率消耗高。

一般说来，主动式太阳能建筑能够较好地满足住户的生活要求，可以保证室内采暖和供应热水的要求，甚至可以达到制冷空调的目的。但设备投资高，需要消耗辅助能源，而且所有的热水集热系统都需要有防冻措施，这些都导致目前主动式太阳能建筑在我国难以推广应用。主动式太阳能建筑是通过高效集热装置来收集获取太阳能，然后由热媒将热量送入建筑物内的建筑形式。

它对太阳能的利用效率高，不仅可以采暖、供热水，还可以供冷，而且室内温度稳定舒适，日波动小，在发达国家应用非常广泛。但因为它存在着设备复杂、先期投资偏高，阴天有云期间集热效率严重下降等缺点，在我国一直未能得到推广。

风机驱动空气在集热器与储热器之间不断的循环。将集热器所吸收的太阳能热量通过空气传送到储热器存放起来或者直接送往室内。风机的作用是驱动建筑物内空气的循环，建筑物内冷空气通过它输送到储热器中与储热介质进行热交换，加热空气并送往建筑物进行采暖。若空气温度太低，则需使用辅助加热装置。此外，也可以让建筑物中的冷空气不通过储热器，而直接通过集热器加热以后，送入建筑物内。

集热器是太阳能采暖的关键部件。应用空气作为集热介质时，首先需有一个能通过容积流量较大的结构。空气的容积比热较小。而水的容积比热较大。其次，空气与集热器中吸热板的换热系数要比水与吸热板的换热系数小得多。因此，空气集热器的体积和传热面积都要求很大。

当集热介质为空气时，储热器一般使用砾石固定床，砾石堆有巨大的表面积及曲折的缝隙。当热空气流通时，砾石堆就储存了由热空气所放出的热量。通入冷空气就能把储存的热量带走。这种直接换热器具有换热面积大、空气流通阻力小及换热效率高的特点，而且对容器的密封要求不高，镀锌铁板制成的大桶、地下室、水泥涵管等都适合于装砾石。砾石的粒径以 2 ~ 2.5cm 较为理想，用卵石更为合适。但装进容器以前，必须仔细洗刷干净，否则灰尘会随暖空气进入建筑屋内。这里砾石固定床既是储热器又是换热器，因而降低了系统的造价。

这种系统的优点是集热器不会出现冻坏和过热情况，可直接用于热风采暖，控制使用方便。缺点是所需集热器面积大。

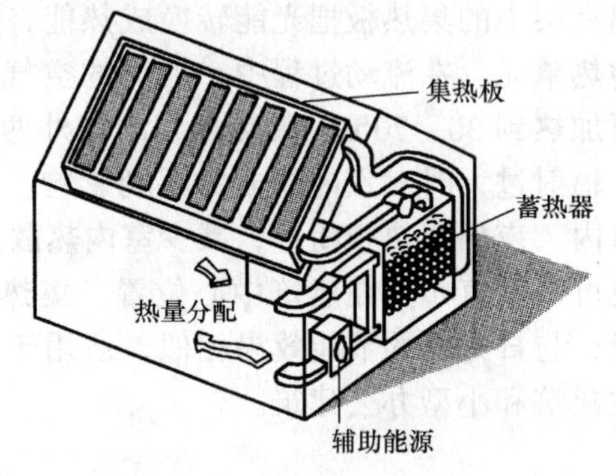

图 4-18　空气集热器传统形式

4.1.2.2　空气集热器式

在建筑的向阳面设置太阳能空气集热器，用风机将空气通过碎石蓄热层送入建筑物内，并与辅助热源配合（图 4-18）。由于空气的比热小，从集热器内表面传给空气的传热系数低，所以需要大面积的集热器，而且该形式热效率较低。

4.1.2.3　集热屋面式

把集热器放在坡屋面、用混凝土地板作为蓄热体的系统，例如日本的 OM 阳光体系住宅（图 4-19）。冬季，室外空气被屋面下的通气槽引入，积蓄在屋檐下，被安装在屋顶上的玻璃集热板加热，上升到屋顶最高处，通过通气管和空气处理器

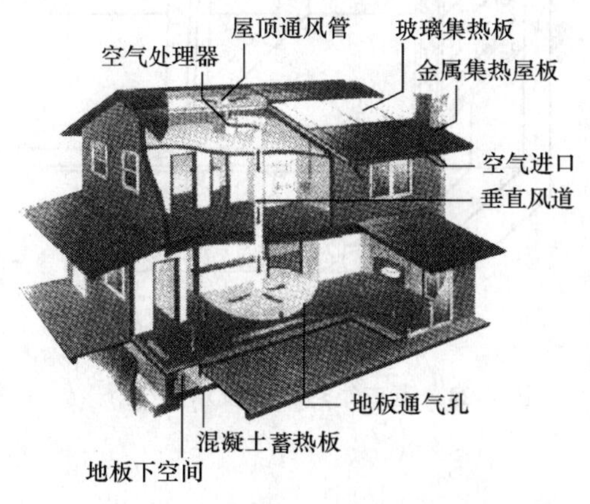

图 4-19　OM 阳光住宅技术体系

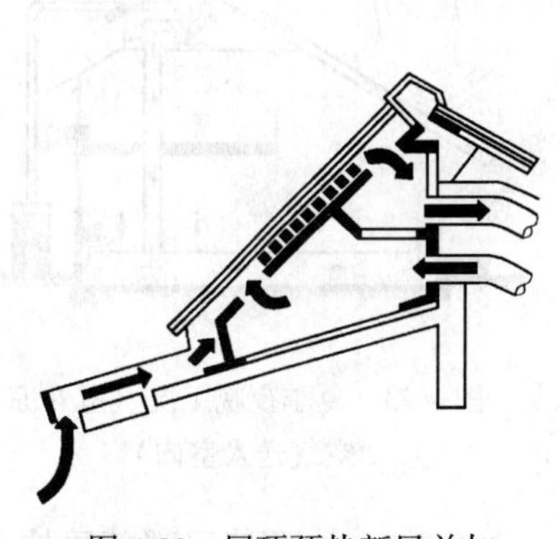
图 4-20　屋顶预热新风并加热室内空气

进入垂直风道转入地下室，加热室内厚水泥地板，同时热空气从地板通风口流入室内（图 4-21）。该系统也可在加热室外新鲜空气的同时加热室内冷空气（图 4-20），但是需要在室内上空设风机和风口，把空气吸入并送到屋面集热板下。夏季夜晚系统运行与冬季白天相同，但送入室内的是冷空气，起到降温作用。夏季白天集聚的热空气能够加热生活热水（图 4-22、图 4-23）。

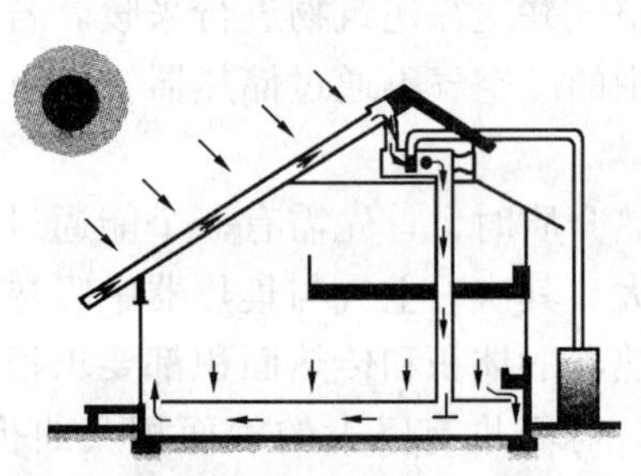

图 4-21　冬季白天工况（加热室外空气送入室内）

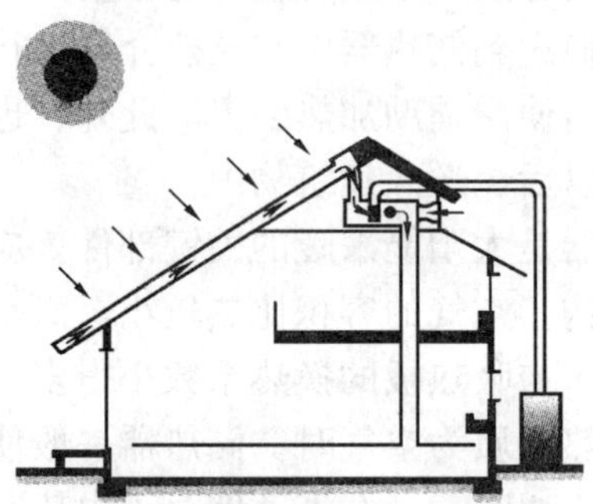

图 4-22　夏季白天工况（热空气送入热水箱）

4.1.2.4　窗户集热板式

该系统由玻璃盒子单元、百叶集热板、蓄热单元、风扇和风管等组合而成（图 4-24）。玻璃夹层中的集热板把光能转换成热能，加热空气，空气在风扇驱动下沿风管流向建筑内部的蓄热单元。在流动过程中，加热的空气与室内空气完全隔绝。集热单元安装在向阳面，空气可加热到 30～70℃。集热单元的内外两层均采用高热阻玻璃，不但可以避免热散失，还可防止辐射过大时对室内造成的不利影响。不需要集热时，集热板调整角度，使阳光直接入射到室内。夜间集热板闭合，减少室内热散失。蓄热单元可以用卵石等蓄热材料水平布置在地下，也可以垂直布置在建筑中心位置。集热面积约占建筑立面的 1/3，最多可节约 10% 的供热能量，与日光间的节能效果相似，适用于太阳辐射强度高、昼夜温差大的地区内低层或多层居住建筑和小型办公建筑。

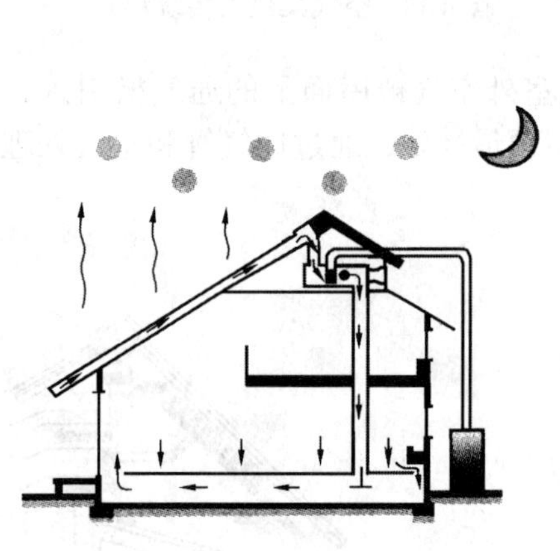

图 4-23　夏季夜晚工况（室外凉空气送入室内）

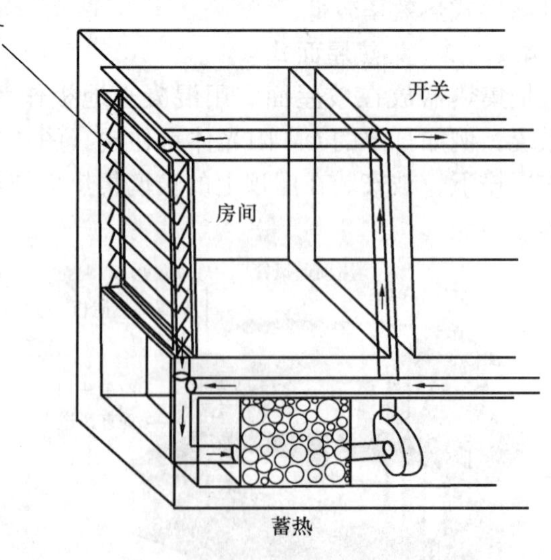

图 4-24　窗户集热板系统示意

4.1.2.5　太阳墙采暖新风技术

1. 太阳墙系统的组成和工作原理

太阳墙系统由集热和气流输送两部分系统组成，房间是蓄热器。集热系统包括垂直墙板、遮雨板和支撑框架。气流输送系统包括风机和管道。太阳墙板材覆于建筑外墙的外侧，上面开有小孔，与墙体的间距由计算决定，一般在 200mm 左右，形成的空腔与建筑内部通风系统的管道相连，管道中设置风机，用于抽取空腔内的空气（图 4-25）。

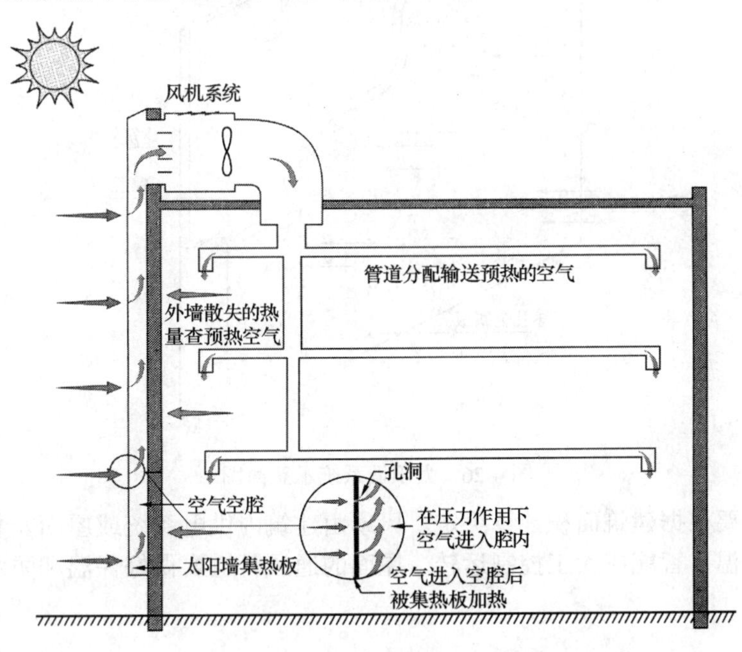

图 4-25　太阳墙系统工作原理

冲压成型的太阳墙板在太阳辐射作用下升到较高温度，同时太阳墙与墙体之间的空气间层在风机作用下形成负压，室外冷空气在负压作用下通过太阳墙板上的孔洞进入空气间层，同时被加热，在上升过程中再不断被太阳墙板加热，到达太阳墙顶部的热空气被风机通过管道系统送至房间。与传统意义上的集热蓄热墙等方式不同的是，太阳墙对空气的加热主要是在空气通过墙板表面的孔缝时，而不是空气在间层中上升的阶段。太阳墙板外表面为深色（吸收太阳辐射热），内表面为浅色（减少热损失）。在冬季天气晴朗时，太阳墙可以把空气温度提高 50℃左右。夜晚，墙体向外散失的热量被空腔内的空气吸收，在风扇运转的情况下被重新带回室内。这样既保持了新风量，又补充了热量，使墙体起到了热交换器的作用。夏季，风扇停止运转，室外热空气可从太阳墙板底部及孔洞进入，从上部和周围的孔洞流出，热量不会进入室内，因此不需特别设置排气装置（图 4-26）。

太阳墙板材是由 1～2mm 厚的镀锌钢板或铝板构成，外侧涂层具有强烈吸收太阳热、阻挡紫外线的良好功能，一般是黑色或深棕色，为了建筑美观或色彩协调，也可以使用其他颜色，主要的集热板用深色，装饰遮板或顶部的饰带用补充色。为空气流动及加热需要，板材上打有孔洞，孔洞的大小、间距和数量应根据建筑物的使用功能与特点、所在地区纬度、太阳能资源、辐射热量进行计算和试验确定，能平衡通过孔洞流入的空气量和被送入距离最近的风扇的空气量，以保证气流持续稳定均匀，以及空气通过孔洞获得最多的热量。不希望有空气渗透的地方，例如接近顶部处，可使用无孔的同种板材及密封条。板材由钢框架支撑，用自攻螺栓固定在建筑外墙上（图 4-27～图 4-29）。

应根据建筑设计要求来确定所需的新风量，尽量使新风全部经过太阳墙板；如果不确定新风量的大小，则应以最大尺寸设计南向可利用墙面及墙窗比例，达到预热空气的良好效果。一般情况下，每平方米的太阳墙空气流量可达到 22～44m^3/h。

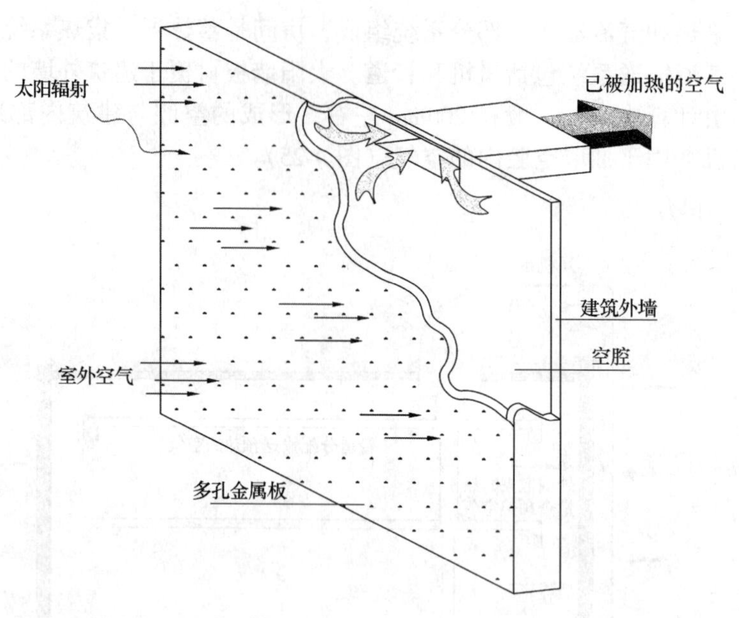

图 4-26　太阳墙系统示意简图

风扇的个数需要根据建筑面积计算决定。风扇由建筑内供电系统或屋面安装的太阳能光电板提供电能，根据气温，智能或人工控制运转。屋面的通风管道要做好保温和防水。

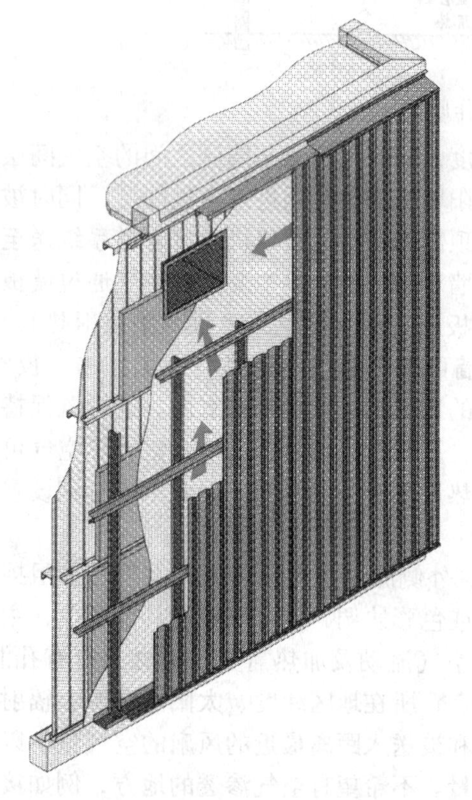

图 4-27　附于钢结构外墙的太阳墙

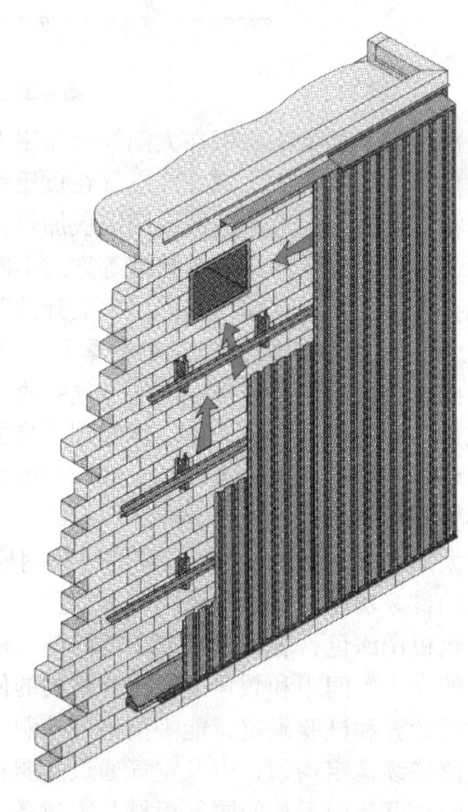

图 4-28　附于砖结构外墙的太阳墙

太阳墙理想的安装方位是南向及南偏东或西 20°以内，也可以考虑在东西墙面上安装。坡屋顶也是设置太阳墙的理想位置，它可以方便地与屋顶的送风系统联系起来。

2. 太阳墙系统的运行与控制

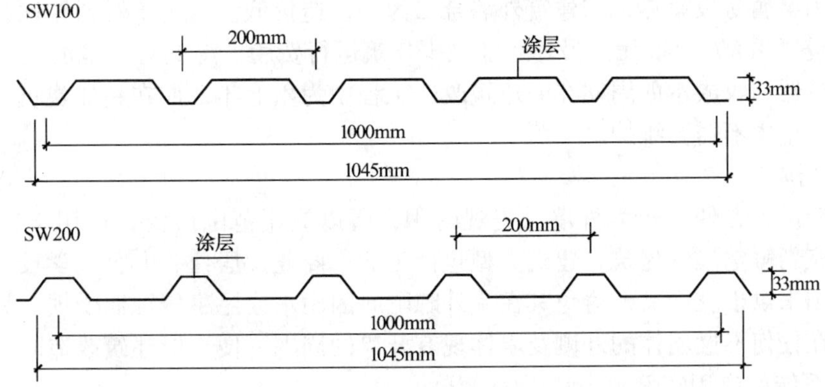

图 4-29　太阳墙两种类型的断面

只依靠太阳墙系统采暖的建筑，在太阳墙顶部和典型房间各安装一个温度传感器。冬季工况以太阳墙顶部传感器的设定温度为风机启动温度（即设定送风温度），房间设定温度为风机关闭温度（即设定室温），当太阳墙内空气温度达到设定温度时，风机启动向室内送风；当室内温度达到设定室内温度后或者太阳墙内空气温度低于设定送风温度时，风机关闭停止送风，当室内温度低于设定室温送风温度且高于设定送风温度时，风机启动继续送风。夏季工况，当太阳墙中的空气温度低于传感器设定温度时，风机启动向室内送风；当室温低于设定室温或室外温度高于设定送风温度时，风机停止工作；当室温高于设定室温同时室外温度低于太阳墙顶部传感器设定温度时，风机启动继续送风。

当太阳墙系统与其他采暖系统结合，同时为房间供热时，除在太阳墙顶部和典型房间中安装温度传感器外，在其他采暖系统上也装设温控装置（如在热水散热器上安装温控阀）。太阳墙提供热量不够的部分由其他采暖系统补足。也可以采用定时器控制，每天在预定时段将热（冷）空气送入室内。

3. 太阳墙系统的特点

太阳墙使用多孔波形金属板集热，并与风机结合，与用传统的被动式玻璃集热的做法相比，有自己独到的优势和特点。

（1）热效率高

研究表明，与依靠玻璃来收集热量的太阳能集热器相比，该种太阳能集热系统效率更高。因为玻璃会反射掉大约 15% 的入射光，削减了能量的吸收，而用多孔金属板能捕获可利用太阳能的 80%，每年每平方米的太阳墙能得到 2GJ（2×10^{9}J）的热量。另外，根据房间不同用途，确定集热面积和角度，可达到不同的预热温度，晴天时能把空气预热到 30℃以上，阴天时能吸收漫射光所产生的热量。

（2）良好的新风系统

目前对于很多密闭良好的建筑来说，冬季获取新风和保持室内适宜温度很难兼得。而太阳墙可以把预热的新鲜空气通过通风系统送入室内，合理通风与采暖有机结合，通风换气不受外界环境影响，气流宜人，有效提高了室内空气质量，保持室内环境舒适，有利于使用者的身体健康，与传统的特朗勃墙（Trombe，室内空气多次循环加热）相比，这也是优势所在。

太阳墙系统与通风系统结合，不但可以通过风机和气阀控制新风流量、流速及温度，还可以利用管道把加热的空气输送到任何位置的房间。如此一来，不仅南向房间能利用太阳能采暖，北向房间同样能享受到太阳的温暖，更好地满足了建筑取暖的需要，这是太阳墙系统的独到之处。

（3）经济效益好

该系统使用金属薄板集热，与建筑外墙合二为一，造价低。与传统燃料相比，每平方米集热墙每年减少采暖费用 80～240 元。另外还能减少建筑运行费用、降低对环境的污染，经济效益很好。太阳墙集热器回收成本的周期在旧建筑改造工程中为六七年，而在新建建筑中仅为 3 年或更短时间，而且使用中不需要维护。

（4）应用范围广

因为太阳墙设计方便，作为外墙，美观耐用，所以应用范围广泛，可用于任何需要辅助采暖、通风或补充新鲜空气的建筑，建筑类型包括工业、商业、居住、办公、学校、军用建筑及仓库等，还可以用来烘干农产品，避免其在室外晾晒时因雨水或昆虫侵蚀而受损。另外，该系统安装简便，能安在任何不燃墙体的外侧及墙体现有开口的周围，便于旧建筑改造。

4. 太阳墙系统的应用实例

位于美国科罗拉多州丹佛市的联邦特快专递配送中心（FedEx），因工作需要有大量卡车穿梭其中，所以建筑对通风要求很高。在选择太阳能集热系统时，中心在南墙上安装了 465m^2 铝质太阳墙板，太阳墙所提供的预热空气的流量达到 76500m^3/h。这些热空气通过 3 个 5 马力的风机进入 200m 长的管道，然后分配到建筑的各个房间。该系统每年可节省大约 7 万 m^3 天然气，节约资金 12000 美元。另外，红色的太阳墙与建筑其他立面上的红色色带相呼应，整体外观和谐美观（图 4-30）。

图 4-30　美国丹佛市联邦特快专递配送中心

在生产过程中补充被消耗的气体是工业设备的一个重要需求。加拿大多伦多市 ECG 汽车修理厂的设备需要大量新鲜空气来驱散修理汽车时产生的烟气。该厂使用了太阳能加热空气系统，在获得所需新鲜空气的同时也节省了费用。ECG 的太阳墙通风加热系统从 1999 年 1 月开始运行。公司的评估报告表明该系统使公司每年天然气的使用量减少 11000m^3，相当于至少减少 20t 二氧化碳的排放量，运行第一年就为公司节省了 5000～6000 美元（图 4-31）。

图 4-31　加拿大多伦多市 ECG 汽车修理厂

纽约中心公园动物医院旧建筑改造，在南墙面上安装了 95m^2 的太阳墙板，可预热空气达到 17～30℃，并通过 3 套风机系统使诊室的换气量达到每小时 4 次，手术室每小时 8 次，满足了使用要求。每年能节省费用 2000 美元（图 4-32）。

图 4-32　纽约中心公园动物医院

奥地利 Karnten 城木材加工厂为干燥木材，在南向屋面上安装了呈 45°倾角的太阳墙板，面积达 $100m^2$。木材放在室内带孔金属板上，预热的空气通过管道被输送到金属板下方，由孔溢出。管道内风扇达到 $7200m^3/h$ 的输送能力，可提供的烘干温度超过 60℃，烘干效果很好（图 4-33）。

图 4-33　奥地利 Karnten 城木材加工厂木材烘干

图 4-34 和图 4-35 分别是采用了太阳墙系统的公寓和住宅建筑。

图 4-34　加拿大多伦多温莎公寓（目前世界上最高的太阳墙）

图 4-35　加拿大居住建筑

4.2 太阳能热水采暖设计

太阳能热水采暖通常是指以太阳能为热源，通过集热器吸收太阳能，以水为热媒，进行采暖的技术。它与太阳能空气采暖的最主要区别是热媒不同。近年来，为弥补太阳能不稳定的缺点，太阳能热泵等新型太阳能技术也逐渐发展起来。

4.2.1 太阳能热水辐射采暖

太阳能热水辐射采暖的热媒是温度为 30 ~ 60℃的低温热水，这就使利用太阳能作为热源成为可能。按照使用部位的不同，可分为太阳能顶棚辐射采暖、太阳能地板辐射采暖等几类，本文仅介绍目前使用较为普遍的太阳能地板辐射采暖。

4.2.1.1 特点

传统的供热方式主要是散热器采暖，即将暖气片布置在建筑物的内墙上，这种采暖方式存在以下几方面的不足：

（1）影响居住环境的美观程度，减少了室内空间。

（2）房间内的温度分布不均匀。靠近暖气片的地方温度高，远离暖气片的地方温度低。

（3）供热效率低下。

（4）散热器采暖的主要散热方式是对流，这种方式容易造成室内环境的二次污染，不利于营造一个健康的居住环境。

（5）在竖直方向上，房间内的温度分布与人体需要的温度分布不一致，使人产生头暖脚凉的不舒适感觉。

与传统采暖方式相比，太阳能地板辐射采暖技术主要具有以下几方面的优点（图 4-36）：

图 4-36 传统采暖方式与太阳能地板辐射采暖室内温度分布对比
（*a*）传统采暖；（*b*）太阳能地板辐射采暖

（1）降低室内设计温度

影响人体舒适度的因素之一为室内平均辐射温度。当采用太阳能地板辐射采暖时，由于室内围护结构内表面温度的提高，所以其平均辐射温度也要加大，一般室内平均辐射温度比室温高 2 ~ 3℃。因此要得到与传统采暖方式同样的舒适效果，室内设计温度值可降低 2 ~ 3℃。

（2）舒适性好

以地板为散热面，在向人体和周围空气辐射换热的同时，还向四周的家具及外围护结构内表面辐射换热，使壁面温度升高，减少了四周表面对人体的冷辐射。由于具有辐射强度和温度的双重作用，使室温比较稳定，温度梯度小，形成真正符合人体散热要求的热环境，给人以脚暖头凉的舒适感，可使脑力劳动者的工作效率提高。

（3）适用范围广

解决了大跨度和矮窗式建筑物的采暖需求，尤其适用于饭店、展览馆、商场、娱乐场所等公共建筑以及对采暖有特殊要求的厂房、医院、机场和畜牧场等。

(4) 可实现分户计量

目前我国采暖收费基本上是采用按采暖面积计费的方法。这种计费方法存在很多弊端，导致了能源的极大浪费。最合理的计费方法应该是按用户实际用热量来核算。要采用这种计费方法，就必须进行单户热计量，而进行单户热计量的前提是每个用户的采暖系统必须能够单独进行控制，这点对于常规的散热器采暖方式来说是不容易做到的（必须经过复杂的系统改造）。而太阳能地板辐射采暖一般采用双管系统，以保证每组盘管供水温度基本相同。采用分、集水器与管路连接，在分水器前设置热量控制计量装置，可以实现分户控制和热计量收费。

(5) 卫生条件好

室内空气流速较小，平均为 0.15m/s，可减少灰尘飞扬，减少墙壁面或空气的污染，消除了普通散热器积尘面挥发的异味。

(6) 高效节能

供水温度为 30 ~ 60℃，使利用太阳能成为可能，节约常规能源。室内设计温度值如（1）所述，可降低 2 ~ 3℃。根据有关资料介绍，室内温度每降低 1℃可节约燃料 10 %左右，因此太阳能地板辐射采暖可节约燃料 20% ~ 30%。如（4）所述，若采用按热表计量收费来代替按采暖面积收费，又可节约能源 20% ~ 30%。

(7) 扩大房间的有效使用面积

采用暖气片采暖，一般 $100m^2$ 占有效使用面积达 $2m^2$ 左右，而且上下立横管诸多，给用户装修和使用带来诸多不便。采用太阳能地板辐射采暖，管道全部在地面以下，只用一个分集水器进行控制，解决了传统采暖方式的诸多问题。

(8) 使用寿命长

太阳能低温地板采暖，塑料管埋入地板中，如无人为破坏，使用寿命在 50 年以上，不腐蚀、不结垢，节约维修和更换费用。

4.2.1.2　原理及系统组成

太阳能地板辐射采暖是一种将集热器采集的太阳能作为热源，通过敷设于地板中的盘管加热地面进行采暖的系统，该系统是以整个地面作为散热面，传热方式以辐射散热为主，其辐射换热量约占总换热量的 60% 以上。

典型的太阳能地板辐射采暖系统（图 4-37）由太阳能集热器、控制器、集热泵、蓄热水箱、辅助热源、供回水管、止回阀若干、三通阀、过滤器、循环泵、温度计、分水器、加热器组成。

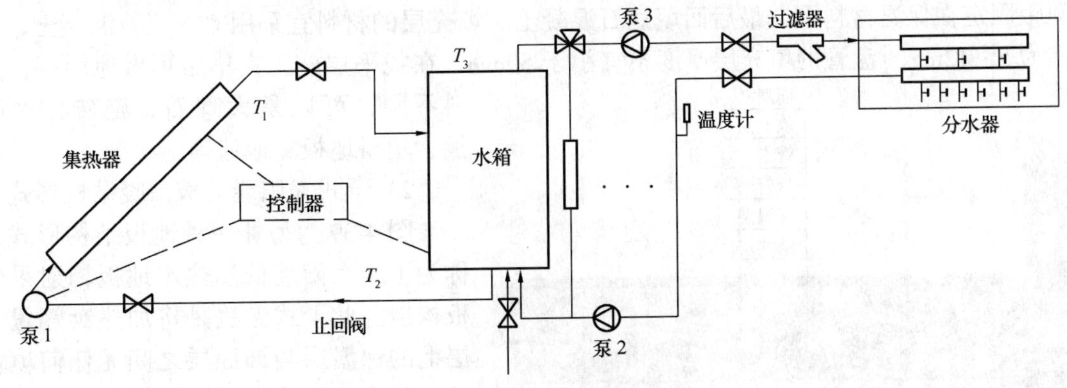

图 4-37　太阳能地板辐射采暖系统图

当 $T_1 > 50$℃时，控制器就启动水泵，水进入集热器进行加热，并将集热器的热水压入水箱，水箱上部温度高，下部温度低，下部冷水再进入集热器加热，构成一个循环。当 $T_1 < 40$℃时，

水泵停止工作，为防止反向循环及由此产生的集热器的夜间热损失，则需要一个止回阀。当蓄热水箱的供水水温 $T_3>45$℃时，可开启泵 3 进行采暖循环。和其他太阳能的利用一样，太阳能集热器的热量输出是随时间变化的，它受气候变化周期的影响，所以系统中有一个辅助加热器。

当阴雨天或是夜间太阳能供应不足时，可开启三通阀，利用辅助热源加热。当室温波动时，可根据以下几种情况进行调节：如果可利用太阳能，而建筑物不需要热量，则把集热器得到的能量加到蓄热水箱中去；如果可利用太阳能，而建筑物需要热量，把从集热器得到的热量用于地板辐射采暖；如果不可利用太阳能，建筑物需要热量，而蓄热水箱中已储存足够的能量，则将储存的能量用于地板辐射采暖；如果不可能利用太阳能，而建筑物又需要热量，且蓄热水箱中的能量已经用尽，则打开三通阀，利用辅助能耗对水进行加热，用于地板辐射采暖。尤其需要指出，蓄热水箱存储了足够的能量，但不需要采暖，集热器又可得到能量，集热器中得到的能量无法利用或存储，为节约能源，可以将热量供应生活用热水。

蓄热水箱与集热器上下水管相连，供热水循环之用。蓄热水箱容量大小根据太阳能地板采暖日需热水量而定。在太阳能的利用中，为了便于维护加工，提高经济性和通用性，蓄热水箱已标准化。目前蓄热水箱以容积分为 500L 和 1000L 两种，外形均为方形。容积 500L 的水箱外形尺寸为：778mm × 778mm × 800mm，容积为 1000L 的水箱外形尺寸为：928mm × 928mm × 1300mm。

太阳能集热器的产水能力与太阳照射强度、连续日照时间及气温等密切相关。夏季产水能力强，大约是冬季的 4 ~ 6 倍。而夏季却不需要采暖，洗浴所需的热水也较冬季少。为了克服此矛盾，可以尝试把太阳能夏季生产的热水保温储存下来留在冬季及阴雨季节使用，这样不仅可以发挥太阳能采暖系统的最佳功能，而且还可以大大减少辅助热能的使用。在目前技术条件下，最佳的方案就是把夏季太阳能加热的热水就地回灌储存于地下含水岩层中。然而该技术还需进一步研究和探讨。

4.2.1.3 地板结构形式

地板结构形式与太阳能地板辐射采暖效果息息相关，这里从构造做法和盘管辐射方式两方面进行阐述。

（1）构造做法

按照施工方式，太阳能地板辐射采暖的地板构造做法可分为湿式和干式两类。

1）湿式太阳能地板采暖结构形式

图 4-38 为湿式太阳能地板采暖结构的示意图。在建筑物地面基层做好之后，首先敷设高效保温和隔热的材料，一般用的是聚苯乙烯板或挤塑板，在其上铺设铝箔反射层，然后将盘管按一定的间距固定在保温材料上，最后回填豆石混凝土。填充层的材料宜采用 C15 豆石混凝土，豆石粒径宜为 5 ~ 12mm。盘管的填充层厚度不宜小于 50mm，在找平层施工完毕后再做地面层，其材料不限，可以是大理石、瓷砖、木质地板、塑料地板、地毯等。

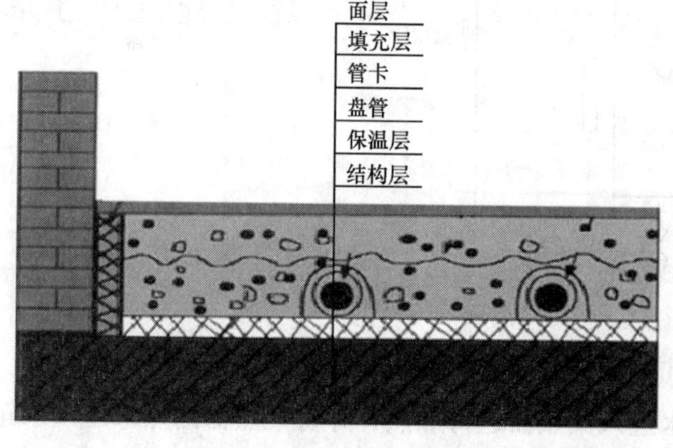

图 4-38　湿式太阳能地板采暖地板构造示意图

2）干式太阳能地板采暖结构形式

图 4-39 为另外一种地板结构形式，被称为干式太阳能低温热水地板辐射采暖地板构造。此干式做法是将加热盘管置于基层上的保温层与饰面层之间无任何填埋物的空腔中，因为它不必破坏地面结构，因此可以克服湿式做法中重量大、维修困难等不足，尤其适用于建筑物的太阳能地板辐射采暖改造，为太阳能地板辐射采暖在

我国的推广提供了新动力，从而丰富和完善了该项技术的应用，是适应我国建筑条件和住宅产品多元化需求的有益探索和实践。

（2）盘管敷设方式

如图 4-40 所示，太阳能地板辐射采暖系统盘管的敷设方式分为蛇形和回形两种，蛇形敷设又分为单蛇形、双蛇形和交错双蛇形敷设 3 种；回形敷设又分为单回形、双回形和对开双回形敷设三种。

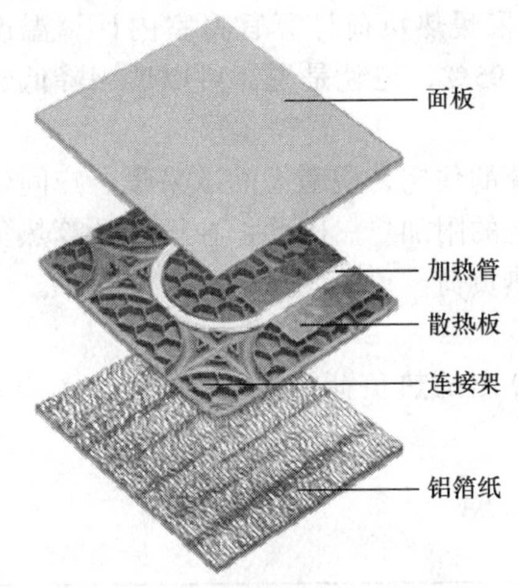

图 4-39　干式太阳能地板采暖地板构造示意图

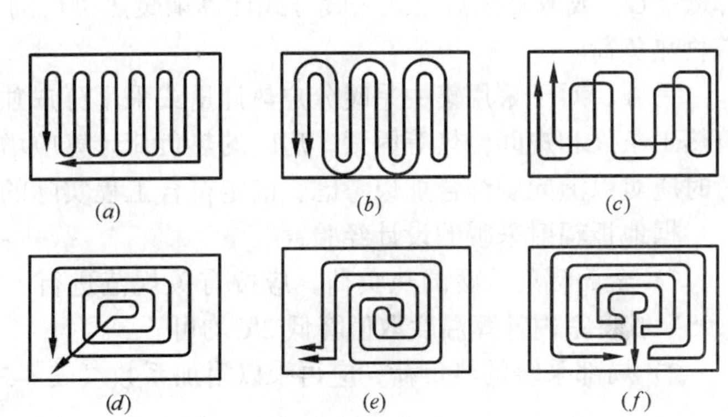

图 4-40　盘管敷设方式

（a）单蛇形；（b）双蛇形；（c）交错双蛇形；（d）单回形；（e）双回形；（f）双开双回形

影响盘管敷设方式的主要因素是盘管的最小弯曲半径。由于塑料材质的不同，相同直径盘管最小弯曲半径是不同的。如果盘管的弯曲半径太大，盘管的敷设方式将受到限制。而满足弯曲半径的同时也要使太阳能地板辐射采暖的热效率达到最大。对于双回形布置，经过板面中心点的任何一个剖面，埋管是高低温管相互间隔布置，存在“零热面”和“均化”效应，从而使这种敷设方式的板面温度场比较均匀，且铺设弯曲度数大部分为 90°弯，故铺设简单也没有埋管相交问题。

4.2.1.4　主要设计参数的确定

（1）地板表面平均温度

太阳能地板辐射采暖地板表面温度的确定是根据人体舒适感、生理条件要求，参照《地面辐射采暖技术规程》（JGJ 142-2004）来确定的，具体推荐数值见表 4-4。

太阳能地板辐射采暖的地板表面温度取值　　**表 4-4**

不同使用情况	地板表面平均温度	地板表面平均温度最高限值
1. 经常有人停留的地面	24～26℃	28℃
2. 短期有人停留的地面	28～30℃	32℃
3. 无人停留的地面	35～40℃	42℃
4. 游泳池及浴室地面	30～35℃	35℃

（2）供回水温度

在太阳能地板辐射采暖设计中，从安全和使用寿命考虑，民用建筑的供水温度不应超过 60℃，供回水温差不宜超过 10℃。

（3）供热负荷

太阳能地板辐射采暖系统由盘管经地面向室内散热，由于受到填充层、面层的影响，提高了传热热阻，大大降低了盘管的散热量。一般来讲，同种地板装饰层的厚度越小，地板表面的平均温度就越高，但均匀性差；厚度越大，地板表面的平均温度将会降低，同时均匀性得到了加强。地面散热量则随着厚度的增加而有所下降，但下降的数额较少。因此，在确定热负荷时要适当考虑这些因素的影响。

另一方面，由于太阳能地板辐射采暖主要以辐射的传热方式进行采暖，形成较合理的温度场分布和热辐射作用，可有2~3℃的等效热舒适度效应。因此采暖热负荷计算宜将室内计算温度降低2℃，或取常规对流式采暖方式计算采暖热负荷的90%~95%，也就是说，可以适当降低建筑物热负荷。

另外，对于采用集中采暖分户热计量或采用分户独立热源的住宅，应考虑间歇采暖、户间建筑热工条件和户间传热等因素，房间的热负荷计算应增加一定的附加量。因此，在设计计算热负荷时应对以上问题综合加以考虑，确定符合工程实际的建筑热负荷。

据地板辐射采暖的设计经验：

1）全面辐射采暖的热负荷，应按有关规范进行。对计算出的热负荷乘以修正系数（0.9~0.95）或将室内计算温度取值降低2℃均可。

2）局部采暖的热负荷，应再乘以附加系数（表4-5）。

局部采暖热负荷附加系数 **表4-5**

采暖面积与房间总面积比值	0.55	0.40	0.25
附加系数	1.30	1.35	1.50

（4）管间距

加热管的敷设管间距，应根据地面散热量、室内计算温度、平均水温及地面传热热阻等通过计算确定。

（5）水力计算

盘管管路的阻力包括沿程阻力和局部阻力两部分。由于盘管管路的转弯半径比较大，局部阻力损失很小，可以忽略。因此，盘管管路的阻力可以近似认为是管路的沿程阻力。

（6）埋深

厚度不宜小于50mm；当面积超过30m^2或长度超过6m时，填充层宜设置间距不超过5m，宽度大于或等于5mm的伸缩缝。面积较大时，间距可适当增大，但不宜超过10m；加热管穿过伸缩缝时，宜设长度不大于100mm的柔性套管。

（7）流速

加速管内水的流速不应小于0.25m/s，且不超过0.5m/s。同一集配装置的每个环路加热管长度应尽量接近，一般不超过100m，最长不能超过120m。每个环路的阻力不宜超过30kPa。

（8）太阳能热水器选择

我国北方寒冷地区的冬季最低温度可达-40℃，因此，选择太阳能热水器应考虑其安全越冬问题。目前国内生产的全玻璃真空管和热管式真空管已经解决了这个问题。

4.2.1.5 设计计算

（1）采暖所需热水量的计算

单位建筑面积采暖所需的小时循环热水流量 G 可按公式（4-12）计算，

$$G = 0.86Q/(C_p \cdot \Delta T) \tag{4-12}$$

式中 G——单位建筑面积采暖所需的小时循环热水流量，kg/(m^2·h)；

Q——单位建筑面积采暖热指标，kJ/(m^2·h)；

C_p——水的定压比热容，4.18kJ/(kg·℃)；

ΔT——采暖供回水温度差,℃。

(2) 太阳能集热器出水量的计算

全玻璃太阳能真空集热管的能量平衡方程（总集热量 = 有效太阳得热量 - 热量损失）可按公式（4-13）计算：

$$MC_p\Delta T = \tau\alpha HA_a - U_L\Delta T\Delta tA_L \tag{4-13}$$

式中　M——单支真空集热管出水量，kg/d；

C_p——水的定压比热容，4.18kJ/(kg·℃)；

ΔT——采暖供回水温差,℃；

τ——真空集热管的太阳透射比；

α——真空集热管涂层的太阳吸收比；

H——太阳辐射量，kJ/(m^2·d)；

A_a——真空集热管的采光面积，m^2；

U_L——真空集热管的热损系数，W/(m^2·℃)；

Δt——累计辐射时间，h；

A_L——单支真空集热管散热面积，m^2。

由式(4-13)得单支全玻璃真空集热管的出水量为

$$M = (\tau\alpha HA_a - U_L\Delta T\Delta tA_L)/(C_p \cdot \Delta T)$$

(3) 太阳能集热器面积的计算

根据《民用建筑太阳能热水系统应用技术规范》(GB 50364—2005)。

1) 直接系统集热器总面积可根据公式（4-14）计算：

$$A_c = \frac{Q_w C_w(t_{end} - t_i)f}{J_T\eta_{cd}(1 - \eta_L)} \tag{4-14}$$

式中　A_c——集热器总面积，m^2；

Q_w——日平均用水量，kg；

C_w——水的定压比热容，4.18kJ/（kg·℃)；

t_{end}——贮水箱内水的设计温度,℃；

t_i——水初始温度,℃；

f——太阳能保证率，宜为 30%～80%；

J_T——当地集热器采光面上的年平均日太阳辐照量，kJ/(m^2·d)；

η_{cd}——集热器年平均集热效率，0.25～0.50；

η_L——蓄水箱和管路的热损失率，0.20～0.30。

2) 间接系统集热器面积可根据公式（4-15）计算：

$$A_{IN} = A_C\left(1 + \frac{F_R U_L A_C}{U_{hx}A_{hx}}\right) \tag{4-15}$$

式中　A_{IN}——间接系统集热器面积，m^2；

$F_R U_L$——集热器总热损系数，W/(m^2·℃)；对平板型集热器，宜取 4～6 W/(m^2·℃)；对真空管集热器，宜取 1～2 W/(m^2·℃)；具体数值应根据集热器产品的实际检测结果而定；

U_{hx}——换热器传热系数，W/(m^2·℃)；

A_{hx}——换热器换热面积，m^2。

4.2.1.6 施工过程

太阳能地板辐射采暖系统的施工安装工作，如果组织不当，会对使用效果造成很大影响。太阳能地板辐射采暖具体施工步骤应当严格划分3个阶段：施工前准备阶段、施工安装阶段、压力试验阶段(图4-41～图4-49)。

图4-41 设置墙柱伸缩缝

图4-42 设保温层

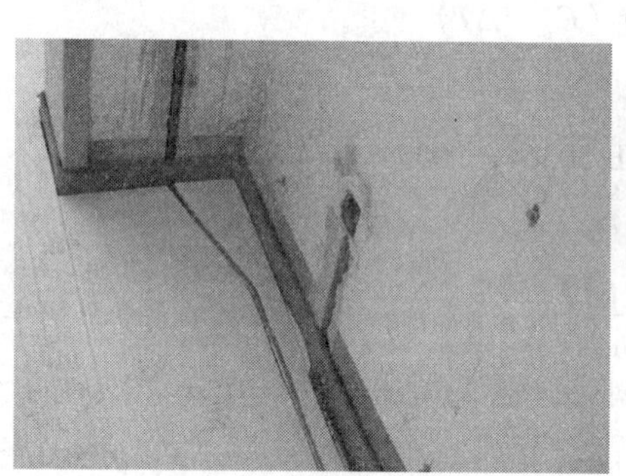

图4-43 处理电路套管

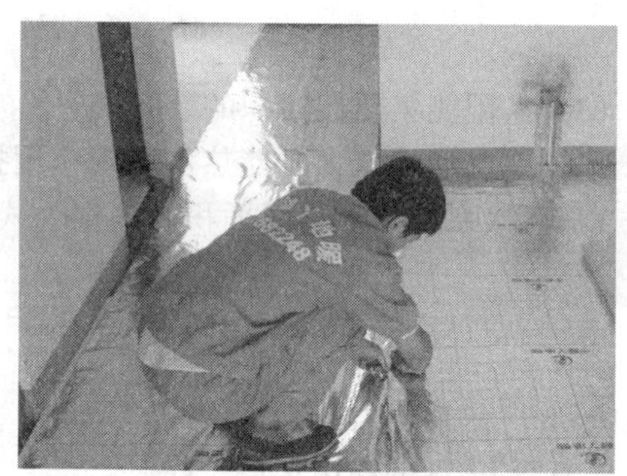

图4-44 铺设反射层

图4-45 铺设盘管

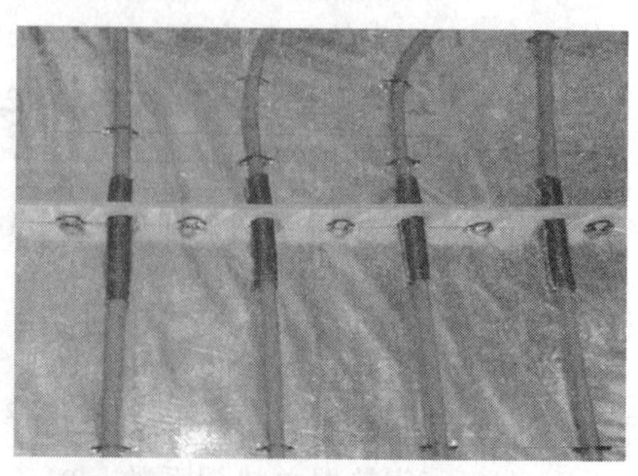

图4-46 伸缩缝设置

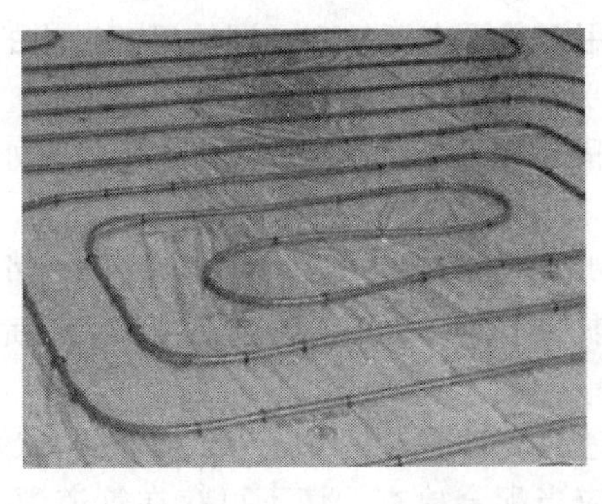

(a)

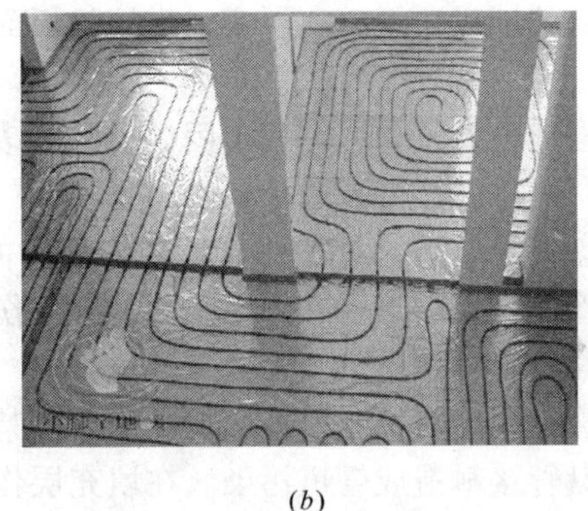

(b)

图 4-47　盘管铺设完成

图 4-48　压力实验

图 4-49　豆石混凝土回填

(1)施工前准备

安装前，参与施工管理和施工作业的项目部组成人员应当充分理解该建筑物的结构，设计蓝图的技术部组成人员应当充分了解该建筑物的结构，设计蓝图的技术要求，编制详尽的施工组织设计，熟悉项目施工的进度和总承包单位的现场各项要求。对需要作业的工作面进行验收和熟悉，清理要铺设太阳能地板辐射采暖系统的施工区域内场地，地表面要平整、干净，无凹凸部位、无其他杂物、积水。涉及到提前预埋隐蔽的各类水、电管线和防水处理的空间应当及时向有关单位提出，并要求在完成隐蔽验收合格的前提下方可施工地暖，以免后期运行时发生不必要的纠纷。地暖敷设前应当先行施工找平层，严格按照工艺要求验收，并保证基层的平整度，待找平层凝固硬化后方可敷设保温层。地暖管布设时应避免环境温度过低和雨天作业。系统工程施工中，一定要避免施工程序在同一作业面上交叉进行。尽可能做到地暖施工时无别的专业人员同时施工、安装，以免影响地暖成品的保护工作。

(2)施工安装

进入现场的施工人员要求一律穿软鞋或布鞋，严禁穿皮鞋或带铁掌类鞋进场。地暖施工安装阶段应当按照定位安装分集水器、敷设保温层、铺设反射层、布设边墙保温带、弹线定位、布设地暖管道、布设护套管、布设伸缩缝的程序工作。

安装施工人员应充分熟悉太阳能地板采暖的各类材料性能，尤其是管材性能，掌握操作要点，严禁盲目施工。管材等物品在搬运过程中要轻拿轻放，要按正确的位置摆放整齐，不得受尖锐物品撞击，不得抛掷或在烈日下暴晒。尤其在严寒季节和雨期施工，更需特别注意遵守有关操作规定。如进驻施工现场与材料存放处温差较大时，应提前将管材在现场放置一定时间，再进行施工。

保温层的铺设要平整、严实，搭接的板面必须用刀裁平直至整齐。即使局部过小的空间亦不可用碎板。

反射层铺设要平整、粘接牢固，反射膜表面除固定 PEX 盘管的塑料卡钉外，各处不得有其他破损。

地暖盘管安装前，对其外观和接头公差的配合应进行细致检查，并清除管件内外污垢及杂物。PEX 管在敷设前须检查外观质量，有外伤、破损的不准许使用。管道系统安装未完成的敞口处，应随时进行封堵。

地暖管道固定时一定要平实、牢固，严禁管道翘起。管道安装过程中，应防止油漆、沥青等有机物与盘管接触造成管道污染。在填充层作业时应当配合检查，切不可存在管道漂起的现象，以免管道上部的混凝土部分厚度不达规范要求影响装修和后续使用。盘管按图纸要求布置间距大小、盘管形式进行放线、盘管铺设，管材弯曲半径大于 300 倍管外径；其间距误差小于 20mm；管卡钉定在保温层上，接缝处或弯曲段酌情适当加密，与分、集水器连接处加波纹套管；穿越膨胀缝、墙体时加波纹套管，两端出墙 100mm。膨胀缝材和边墙保温不可省去，纵伸大于 6m 或 30m^2 的空隙一定要布设。可将 30mm 宽的聚苯乙烯板条按照管间距挖出半圆卡在管道上，用手压实，力求做到直、平、实。边墙膨胀带高度根据设计要求比盘管填充混凝土高度平均大于 60mm。

太阳能地板辐射采暖系统供、回水管路，分水器、太阳能集热器安装完毕后，进行试压(宜采用气压进行)，待确认供回水管道，分、集水器内干净后，再连接盘管；在供水管路上设置过滤器。

(3)压力实验

太阳能地板采暖的施工工作虽然结束，但是试压和验收工作也是不可忽略和缺少的。太阳能地板采暖系统采用的试压，是在管路系统验收合格之后进行的。工程试压均采用压力泵产生气压对管道进行试压。

压力试验必须符合下列要求：对盘管和构件要采取安全有效的固定和保护措施。试验压力值为 0.6MPa。

试压步骤如下：开启压力泵升至一定压力，然后徐徐开启通往低温地板采暖系统分、集水器的连接阀，使 PEX 盘管系统在 15min 充压至 0.6MPa 后，关闭各支路阀门，然后分别开启分、集水器上的各路阀门，然后开启压力泵，往盘管系统内充气，直至压力升至 0.6MPa，稳压 1h 后，观察其渗漏情况，调整至不渗漏为止。稳压 1h 后，补压至 0.6MPa，15min 内压力降不超过 0.05MPa，无渗漏为合格。

4.2.2 太阳能热泵

由于太阳能受季节和天气影响较大，能量密度较低，在太阳辐照强度小、时间少或气温较低、对供热要求较高的地区，普通太阳能供热系统的应用受到很大限制，存在诸多问题。如：白天集热板板面温度的上升导致集热效率下降；在夜间或阴雨天没有足够的太阳辐射时，无法实现连续供热，如采用辅助加热方式，则又要消耗大量的其他能源；启动速度慢，加热周期较长；传统的太阳能集热器与建筑不易结合，在一定程度上影响了建筑的美观；常规的太阳热水器需要在房顶设水箱，在夜间气温较低时，储水箱和集热器向外界散热造成大量的热量损失等。为克服太阳能利用中的上述问题，人们不断探索各种新的、更高效的能源利用技术，热泵技术在此过程中受到了相当的重视。将热泵技术与太阳能装置结合起来，可扬长避短，有效提高太阳能集热器集热效率和热泵系统性能，充分利用两种技术的优势，同时避免了两种技术存在的问题，解决了全天候供热问题，同时实现了使用一套设备解决冬季采暖和夏季制冷的问题，节省了设备初投资，在工程实践中已取得了非常好的使用效果。

4.2.2.1　热泵概述

热泵技术是一种很好的节能型空调制冷供热技术，是利用少量高品位的电能作为驱动能源，从低温热源高效吸取低品位热能，并将其传输给高温热源，以达到泵热的目的，从能质系数低的能源转移为能质系数高的能源(节约高品位能源)，即提高能量品位的技术。根据热源不同，可分为水源、地源、气源等形式的热泵；根据原理不同，又可分为吸收/吸附式、蒸汽喷射式、蒸汽压缩式等形式的热泵。蒸汽压缩式热泵因其结构简单、工作可靠、效率较高而被广泛采用，其工作原理如图 4-50 所示。

如图 4-50 所示，热泵可以看成是一种反向使用的制冷机，与制冷机所不同的只是工作的温度范围。蒸发器吸热后，其工质的高温低压过热气体在压缩机中经过绝热压缩变为高温高压的气体后，经冷凝器定压冷凝为低温高压的液体(放出工质的气化热等，与冷凝水进行热交换，使冷凝水被加热为热水供用户使用)，液态工质再经降压阀绝热节流后变为低温低压液体，进入蒸发器定压吸收热源热量，并蒸发变为过热蒸气，完成一个循环过程。如此循环往复，不断地将热源的热能传递给冷凝水。

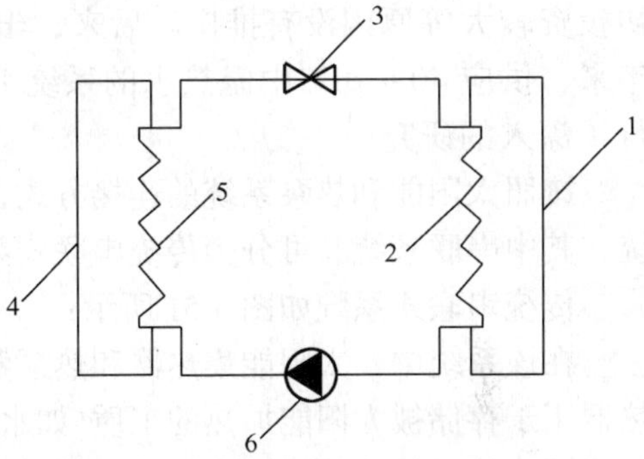

图 4-50　蒸汽压缩式热泵示意图

1—低温热源；2—蒸发器；3—节流阀；4—高温热源；5—冷凝器；6—压缩机

根据热力学第一定律，有：

$$Q_g = Q_d + A$$

根据热力学第二定律，压缩机所消耗的电功 A 起到补偿作用，使得制冷剂能够不断地从低温环境吸热(Q_d)，并向高温环境放热(Q_g)，周而复始地进行循环。因此，压缩机的能耗是一个重要的技术经济指标，一般用性能系数(coefficient of performance，简称 COP)来衡量装置的能量效率，其定义为：

$$\mathrm{COP} = Q_g/A = (Q_d + A)/A = 1 + Q_d/A$$

显然，热泵 COP 永远大于 1。因此，热泵是一种高效节能装置，也是制冷空调领域内实施建筑节能的重要途径，对于节约常规能源、缓解大气污染和温室效应起到积极的作用。

所有形式的热泵都有蒸发和冷凝两个温度水平，采用膨胀阀或毛细管实现制冷剂的降压节流，只是压力增加的不同形式，主要有机械压缩式、热能压缩式和蒸气喷射压缩式。其中，机械压缩式热泵又称电动热泵，目前已经广泛应用于建筑采暖和空调，在热泵市场上占据了主导地位；热能压缩式热泵包括吸收式和吸附式两种形式，其中水—溴化锂吸收式和氨—水吸收式热水机组已经逐步走上商业化发展的道路，而吸附式热泵目前尚处于研究和开发阶段，还必须克服运转间歇性以及系统性能和冷重比偏低等问题，才能真正应用于实际。根据热源形式的不同，热泵可分为空气源热泵、水源热泵、土壤源热泵和太阳能热泵等。国外的文献通常将地下水热泵、地表水热泵与土壤源热泵统称为地源热泵。

4.2.2.2　太阳能热泵概述

蒸汽压缩式热泵在实际应用中也遇到了一定的问题，最为突出的就是当冬季的大气温度很低时，热泵系统的效率比较低。既然太阳能热利用系统中的集热器在低温时集热效率较高，而热泵系统在其蒸发温度较高时系统效率较高，那么可以考虑采用太阳能加热系统来作为热泵系统的热源。太阳能热泵是将节能装置——热泵与太阳能集热设备、蓄热结构连接的新型供热系统，这种系统形式，不仅能够有效地克服太阳能本身所具有的稀薄性和间歇性，而且可以达到节约高位能和减少环境污染的目的，具有很大的开发、应用潜力。随着人们对获取生活用热水的要求日趋提高，具有间断性特点的太阳能难以满足全天候供热。热泵技术与太阳能利用相结合无疑是一种好的解决方法。

这种太阳能与热泵联合运行的思想，最早是由 Jordan 和 Threlkeld 在 20 世纪 50 年代的研究中提出。在此之后，世界各地有众多的研究者相继进行了相关的研究，并开发出多种形式的太阳能热泵系统。早期的太阳能热泵系统多是集中向公共设施或民用建筑供热的大型系统，比如，20 世纪 60 年代初期，Yanagimachi 在日本东京、Bliss 在美国的亚利桑那州都曾利用无盖板的平板集热器与热泵系统结合，设计了可以向建筑供热和供冷的系统，但是由于效率较低、初投资较大等原因没有推广。后来，出现了向用户供应热水的太阳能热泵系统，特别是近些年来，供应 40 ~ 70℃中温热水的系统引起了人们广泛的兴趣，相继有众多的研究者都对此进行了深入的研究。

按照太阳能和热泵系统的连接方式，太阳能热泵系统分为串联系统、并联系统和混合连接系统，其中串联系统又可分为传统串联式系统和直接膨胀式系统。

传统串联式系统如图 4-51 所示：

在该系统中，太阳能集热器和热泵蒸发器是两个独立的部件，它们通过储热器实现换热，储热器用于存储被太阳能加热的工质(如水或空气)，热泵系统的蒸发器与其换热使制冷剂蒸发，通过冷凝将热量传递给热用户。这是最基本的太阳能热泵的连接方式。

直接膨胀式系统如图 4-52 所示：

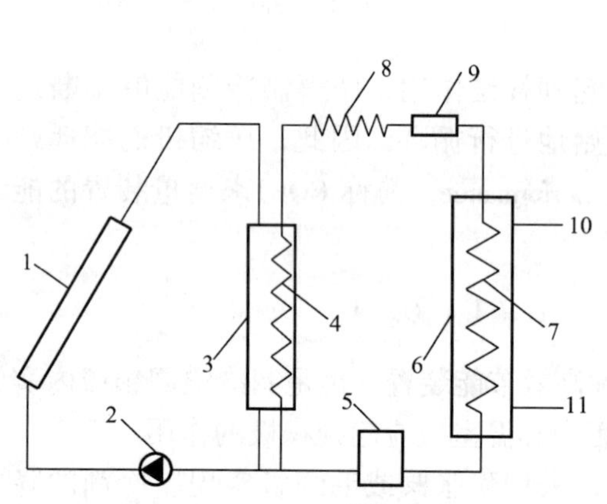

图 4-51　串联式太阳能热泵系统

1—平板式集热器；2—水泵；3—换热器；4—蒸发器；5—压缩机；6—水箱；7—冷凝盘管；8—毛细管；9—干燥过滤器；10—热水出口；11—冷水入口

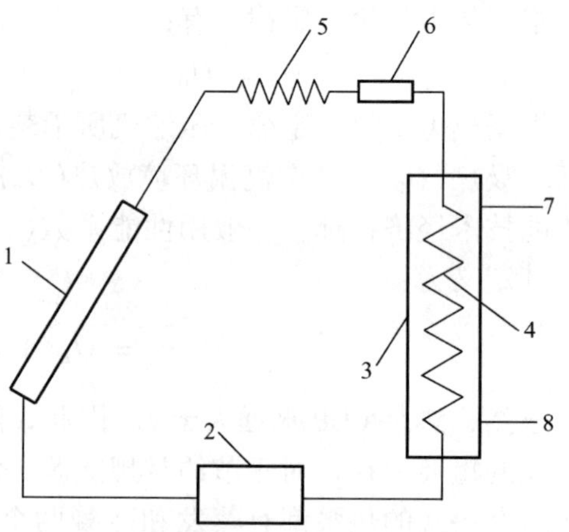

图 4-52　直接膨胀式太阳能热泵系统

1—平板集热器；2—压缩机；3—水箱；4—冷凝盘管；5—毛细管；6—干燥过滤器；7—热水出口；8—冷水入口

该系统的太阳能集热器内直接充入制冷剂，太阳能集热器同时作为热泵的蒸发器使用，集热器多采用平板式。最初使用常规的平板式太阳能集热器；后来又发展为没有玻璃盖板，但有背部保温层的平板集热器；甚至还有结构更为简单的，既无玻璃盖板也无保温层的裸板式平板集热器。有人提出采用浸没式冷凝器(即将热泵系统的冷凝器直接放入储水箱)，这会使得该系统的结构进一步地简化。目前直接膨胀式系统因其结构简单、性能良好，已逐渐成为人们研究关注的对象，并已经得到实际的应用。

并联式系统如图 4-53 所示。该系统是由传统的太阳能集热器和热泵共同组成，它们各自独立工作，互为补充。热泵系统的热源一般是周围的空气。当太阳辐射足够强时，只运行太阳能系统，否则，运行热泵系统或两个系统同时工作。

混合连接系统也叫双热源系统，实际上是串联和并联系统的组合，如图 4-54 所示。

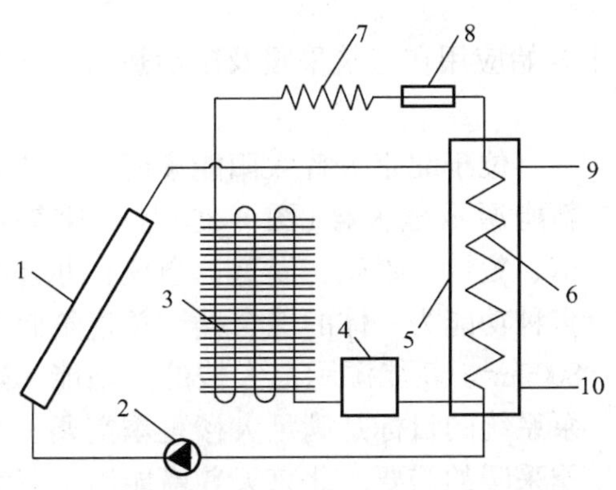

图4-53　并联式太阳能热泵系统

1—平板集热器；2—水泵；3—蒸发器；4—压缩机；5—水箱；6—冷凝盘管；7—毛细管；8—干燥过滤器；9—热水出口；10—冷水入口

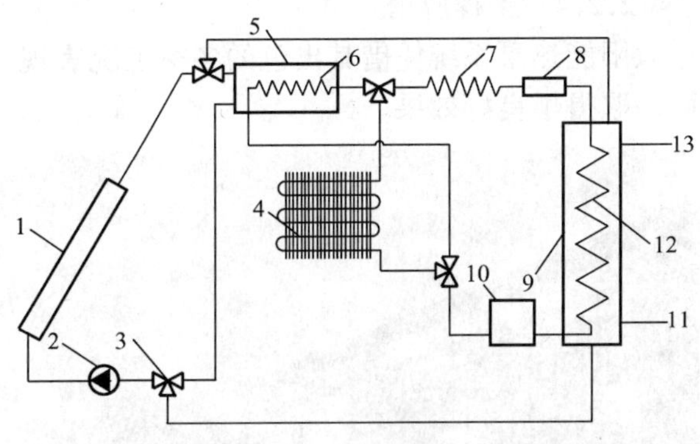

图4-54　混合式太阳能热泵系统

1—平板集热器；2—水泵；3—三通阀；4—空气源蒸发器；5—中间换热水箱；6—以太阳能加热的水或空气为热源的蒸发器；7—毛细管；8—干燥过滤器；9—水箱；10—压缩机；11—冷水入口；12—冷凝盘管；13—热水出口

混合式太阳能热泵系统设两个蒸发器，一个以大气为热源，另外一个以被太阳能加热的工质为热源。根据室外具体条件的不同，有以下3种不同的工作模式：(1)当太阳辐射强度足够大时，不需要开启热泵，直接利用太阳能即可满足要求；(2)当太阳辐射强度很小，以至水箱中的水温很低时，开启热泵，使其以空气为热源进行工作；(3)当外界条件介于两者之间时，使热泵以水箱中被太阳能加热的工质为热源进行工作。

4.2.2.3　太阳能热泵设计要点

集热器是太阳能供热、供冷中最重要的组成部分，其性能与成本对整个系统的运行成功与否起着决定性作用。为此，常在10～20℃低温下集热，再由热泵装置进行升温的太阳能供热系统，是一种利用太阳能较好的方案。即把10～20℃较低的太阳热能经热泵提升到30～50℃，再供热。

解决好太阳能利用的间歇性和不可靠性问题。太阳能热泵的系统中，由于太阳能是一个强度多变的低位热源，一般都设太阳能蓄热器，常用的有蓄热水槽、岩石蓄热器等。热泵系统中的蓄热器可以用于储存低温热源的能量，将由集热器获得的低位热量储存起来，蓄热器有的分别装在热泵低温侧(10～20℃)和高温侧(30～50℃)，有的只装在低温侧。因为只在高温侧一边设置蓄热槽，热泵热源侧的温度变化大，影响热泵工况的稳定性。日照不足的过渡季可简单地用卵石床蓄热。

设计太阳能热泵集热系统时，以下两个主要设计参数是必须计算研究的，一个是太阳能集热器面积；另一个是太阳能集热器安装倾角。

太阳能集热系统设计原则：

1. 太阳能集热器在冬季作用，必须具有良好的防冻性能，目前各类真空管太阳能集热器可基本满足要求，但其他类型的集热器则应具备防冻功能。

2. 太阳能集热器的安装倾角，应使冬季最冷月(1月份)集热器表面上接收的入射太阳辐射量最大。

3. 确定太阳能集热器面积时，应对设计流量下适宜的集热器出水温度进行合理选择，避免确定的集热器面积过大。

4. 必须配置可靠的系统控制设施，以在太阳能供热状态和辅助热源供热状态之间作灵活切换，保证系统正常运行。

在太阳能集热器的选型上，要合理确定冬季热泵供热用太阳能集热量和夏季生活热水用热量以及冬季辅助加热量，做到投资运行最佳效益。

4.2.2.4 工程应用

太阳能热泵系统凭借其出色的冬季工况表现，近年来开始应用在建筑采暖及生活热水制备等领域，取得了良好效果。

图 4-55 北京天普新能源示范楼

位于北京天普太阳能集团工业园的新能源示范大楼(图 4-55)是一座集住宿、餐饮、娱乐、展览、会议、办公等多种功能为一体的综合楼，总建筑面积 8000m²。新能源示范大楼的太阳能、热泵系统的目标是满足大楼夏季空调、冬季采暖的需要。北京天普新能源示范大楼是国内规模最大的利用太阳能采暖、空调的工程。经过夏季试运行及采暖季节运行考验表明，系统工作稳定，可靠性强，达到了初期的设计目标，完全可以满足采暖和空调的要求。该太阳能/热泵采暖空调系统主要有以下特点：(1)将集热器预制成安装模块，实现与建筑的良好结合；(2)利用地源换热器作为太阳能热泵系统的辅助系统，简化了太阳能系统的构成，增加了太阳能空调采暖系统的可靠性；(3)系统设置大容积地下蓄能水池，使太阳能系统实现全年工作，也降低了蓄能的损失；(4)新能源利用率高，具有较强的节能优越性。在采暖季节，利用太阳能和废热的蓄热量接近总蓄热量的 80%，能耗比达到 3.54；(5)环境效益明显，具有污染物排放量很少的环保优势。

系统主要由太阳能集热器阵列、溴化锂制冷机、热泵机组、蓄能水池和自动控制系统等部分组成，优先使用太阳能集热器向储能水池存贮的能量。冬季，通过板式换热器将集热系统收集的热量贮存在蓄能水池；夏季，吸收式制冷机以太阳能集热系统收集的热水为热源，制造冷冻水，作为储能水池的冷源。热泵作为太阳能空调的辅助系统。冬季，当水池温度低于 33℃时或在用电低谷期启动，热泵向蓄能水池供热；夏季，当太阳能制冷无法维持池中水温在 18℃以下时，热泵向蓄能水池供冷，保持水池的温度。

在过渡季节，系统选用不同的工作模式自动启动太阳能部分制冷、制热。春季，系统在蓄冷模式下工作，吸收式制冷机向蓄能水池提供冷冻水，降低蓄能水池的温度为夏季供冷做准备；秋季，系统转换成蓄热模式，太阳能集热系统向蓄能水池供热，提高水池的温度为冬季采暖做准备。不论是冬季还是夏季，空调水系统的热水和冷冻水均由蓄能水池供给。冬季，室内温度低于 18℃时供能泵开启向大楼供热，当室内温度高于 20℃，供能泵关闭；夏季，室内温度高于 27℃时供能泵向大楼供冷，当室内温度低于 23℃，供能泵关闭。建筑全年采用自然通风。

太阳能集热系统采用 U 型管式真空管集热器和热管式真空管集热器，采光面积 812m²。考虑到与建筑一体化问题，集热器在安装前被预制成不同的模块，U 型管集热器和热管集热器由直径 58mm、长 1800mm 的真空管分别预制成 4m×1.2m 和 2m×2.4m 的安装模块。集热器布置在大楼南向坡屋顶，各排集热器并联连接，安装倾角 38°左右。这样布置集热器不仅可以满足集热器的安装要求，又能够保证建筑物造型美观，充分体现出太阳能系统与建筑一体化的特色。在夏季，与建筑结合为一体的集热器还有隔热效果，达到了节能目的。由于太阳能的能量密度低，而且还要受时间、天气等条件的限制，要使空调系统能够全天候的工作，辅助系统是必不可少的。本系统采用了 1 台 GWHP400 地源热泵机组作为辅助系统(制冷能力 464kW，制热能力 403kW)。这样设置主要有以下优点：热泵既能制冷也能制热，不用同时增加锅炉和制冷机，降低了系统的复杂程度，简化了系统设计；热泵启动和停止运转迅速，冬夏运行工况转换方便，便于控制。

为了最大限度地利用太阳能，根据建筑空调的特点，系统设置了储能水池。本系统配置的储能水池容积为 $1200m^3$，比通常的太阳能系统的储水箱要大得多，这是本系统设计的一大特点。大容积蓄能水池能保证水池的蓄能量，可满足建筑的需要；在建筑不需要空调的过渡季节，水池可提前蓄冷、蓄热，为空调季节做准备。蓄能水池能根据季节的要求进行蓄热和蓄冷，集热器全年工作，利用率大大提高。蓄能水池设置在地下，传热温差远远小于与环境的温差，有利于减少储能的损失。

新能源示范大楼的生活热水供应，采用了独立的太阳能热水系统，这样可以避免生活热水系统与空调水系统之间的切换，降低系统复杂程度。太阳能生活热水系统的储热式全玻璃真空管集热模块安装在建筑物的南立面，共安装 48 个集热模块，总采光面积 $206m^2$。模块与建筑融为一体，取消了常规的框架和水箱，模块也起到了良好的隔热保温效果。

将本方案与几种典型热源方案比较，来进行经济性分析。燃煤锅炉使用普通燃煤(热值为20.9MJ/kg)，燃油锅炉以柴油为燃料(热值 42MJ/kg)，燃气锅炉以天然气为燃料(热值为 49.5MJ/kg)；燃煤锅炉、燃油锅炉和燃气锅炉的效率分别取 0.58、0.88 和 0.88。对各种方案的运行费用比较，只针对热源，不包括输配系统和终端设备。为简单起见，不计管理费用和维修费用。按照初期设计热负荷 234950W，冬季热负荷指标取 $30W/m^2$。使用燃煤、燃油和燃气采暖方案的运行天数以 75d 计，每天 24h 运行。用电的价格以高峰，平段和低谷分别为0.5 元/(kW·h)，0.4 元/(kW·h)和 0.3 元/(kW·h)。

通过比较可知，太阳能—热泵系统的采暖费用稍高于燃煤锅炉，低于燃油锅炉和燃气锅炉。由于环境保护的需要，城市中小型燃煤锅炉逐步退出民用建筑采暖领域已是必然趋势，因此太阳能/热泵系统采暖在经济运行方面已显示出优势和潜力。

几种典型采暖方案经济性比较　　**表 4-6**

采暖方案	太阳能/热泵	燃煤锅炉	燃油锅炉	燃气锅炉
能源价格(元)	—	0.22	2.8	1.40
燃料耗量[$kg/(m^2·年)$]	—	16.0	5.3	4.46
冬季采暖费用(元/m^2)	3.57	3.53	14.84	8.68

在采暖期内，各种采暖方案单位面积排放 CO_2 的数量如下：燃煤锅炉 $59.2kg/m^2$，燃油锅炉 $16.54\ kg/m^2$，燃气锅炉 $12.27kg/m^2$，太阳能—热泵系统方案不排放 CO_2。该方案对环境是最友好的。太阳能—热泵系统的运行只使用电能，而其他方案除消耗电能外，均要产生 CO_2 等温室气体，尤其是燃煤锅炉产生的 NO_2、SO_2 等污染物是不容忽视的。由此可见，太阳能—热泵系统用于空调采暖避免了对大气的污染，其环保优势是其他几种方案所不能比拟的。

第 5 章　太阳能建筑通风降温设计

据统计，我国的采暖、空调能耗占建筑总能耗的 50% 以上。在太阳能建筑中，大部分采暖能耗能够通过多种主被动措施解决，不能满足的部分可由多种辅助能源系统提供。实际上，同采暖一样，太阳能建筑的冷负荷也可以通过被动式设计加以解决。通过精心的建筑设计、良好的建造施工以及适宜的材料选择能使几乎所有的地区通过被动降温措施实现建筑的通风降温，大幅减少建筑的空调制冷能耗。

另外，对于太阳能建筑而言，在炎热的夏季，多种主被动采暖措施往往会对室内热环境造成不利影响，因此，为了防止夏季过热，以及在过渡季节有效利用自然通风降温，也有必要对太阳能建筑进行合理的被动式通风降温设计，以营造四季皆宜的室内环境。

与被动式太阳能采暖一样,被动降温设计方法也是根据建筑所在地区的气候特点确定的,需要根据当地室外空气温度、湿度、风速、风向、夏季太阳辐射强度等气候参数以及建筑选址、方位、使用功能等多种因素综合考虑。在设计方法上,我们主要从控制建筑冷负荷以及通风降温两方面解决。

5.1　建筑冷负荷的控制

建筑冷负荷主要由外扰和内扰组成控制建筑冷负荷主要包括减少内热源、减少围护结构传热量以及建筑结构的冷却。

5.1.1　减少建筑内热源

夏季，部分冷负荷来自于内部热源，如人体散热、电气设备散热、炊事散热等，因此，减少冷负荷，很重要的一点就是减少内部热量的产生。但是，人体散热是不可控制的。下面我们主要就照明散热和电器、炊事散热等几点分别说明。

5.1.1.1　照明散热的控制

最常见的室内热源就是照明灯具。以白炽灯为例，这种灯泡的光效率较低，仅为 5% ~ 10%，其余的电能则转化为热能，因此白炽灯又被称为热灯泡。使用高效的节能型荧光灯、新型的 LED 光源都可以有效的降低照明散热量。

另一个可以有效降低照明散热量的措施是局部照明的合理使用。在房间内照明使用频率高的区域或工作区单独配置照明装置，使得居住者可以有选择地打开房间内的部分灯，避免了在只需要对局部区域进行照明时却照亮了整个房间的情况。

另外，充分利用自然光源以及减少不必要的低效率装饰照明，同样可以减少由电光源产生的照明散热量。

5.1.1.2　电器设备及炊事散热的控制

选择节能型低散热量的电器产品可以有效降低电器设备产热。另外，将产热量大的电器布置在相对隔离的区域也可以减少设备产热对室内热环境的影响。

5.1.2　减少围护结构传热量

围护结构传热量是冷负荷的主要组成部分，控制围护结构传热也是减少冷负荷的基本途径。围护结构得热主要包括太阳辐射热量、建筑周围空气与围护结构的对流换热以及空气渗透得热。

因为来自外部的热量能显著增大冷负荷，因此在被动降温的设计中减少围护结构得热至关重要（图 5-1）。通过合理的设计可以有效减少围护结构得热，避免不必要的制冷负荷，减少空调装机投资及运行费用，同时提高室内热舒适度。

图 5-1

与众多早期的被动式太阳房一样，这座太阳房也是基于“南向窗户越多越大越好”理念设计处理的。虽然该设计可以在冬季获得比较理想的采暖效果，但也带来了夏季过热的问题。

5.1.2.1　方位的选择和窗口的布置

减少围护结构得热最有效的方法之一就是选择合适的方位。将北半球的被动式太阳房的东西轴（长轴）尽可能面向（垂直于）南方向放置，可使夏季辐射得热量最小。房屋的方位偏离正南越多，房屋的太阳辐射得热量越大，其冷负荷也越大。

5.1.2.2　慎重使用过高的窗户和天窗

夏季围护结构辐射得热的一大部分都来自透明的玻璃窗。过高的窗户和天窗通常比较难处理（图 5-2）。

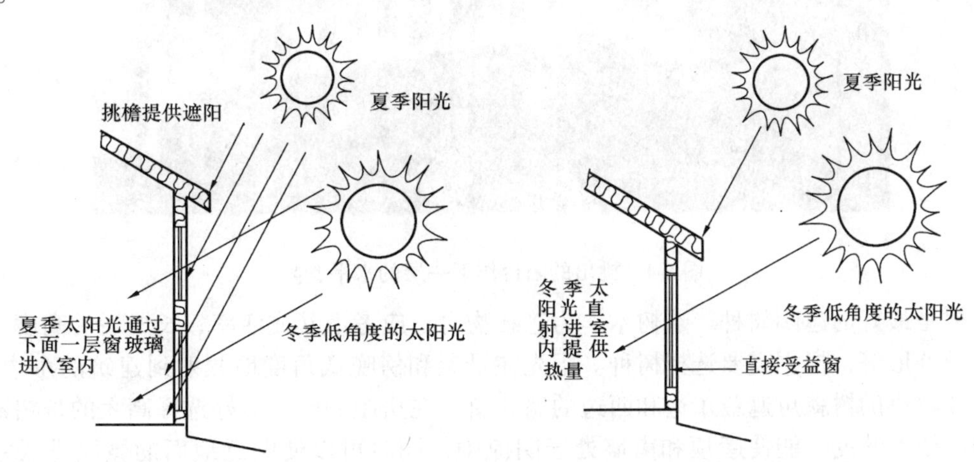

图 5-2

在房屋设有两层通高的玻璃窗的情况下，上面一排直接受益窗，可以通过挑檐阻挡太阳辐射热的进入。然而，由于下面一层的太阳窗没有挑檐来遮蔽，在一年中的大部分时段内太阳光都可进入室内。

在许多两层高的被动式太阳房中，上层的玻璃常常可以由悬挑出的屋檐提供遮阳，而底层的玻璃却没有任何遮挡，这种情况往往会导致过多的太阳光进入室内。

在这种情况下，我们可以采取在其中间高度设置遮阳装置的方法来解决下层窗户的遮阳问

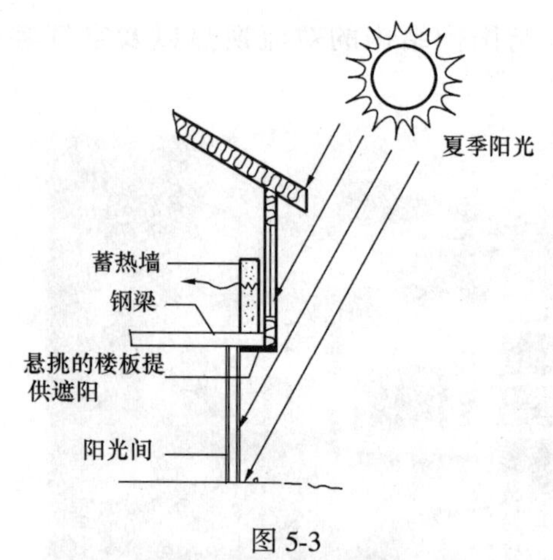

图 5-3

悬挑的楼板有助于在夏季保护下面一排窗户免受太阳光的照射。

题。例如，可将上一层的楼板向外悬挑作为遮阳板（图 5-3）。水平遮阳板也可达到较好的效果（图 5-4）。

天窗在冬季虽然可以获得更多的直射阳光，把阳光引入进深比较大的区域，并为自然通风的组织提供了有利因素，但往往无法做到绝对的密封，因此冬季通过天窗的渗透损失相当大，而且在夏季也给室内热环境带来了非常不利的影响。因此在天窗的使用上要慎重，并保证有足够有效的措施来避免其不利一面的影响。

5.1.2.3 遮阳设计

遮阳是减少围护结构辐射得热的有效措施，在太阳能建筑被动降温设计中是至关重要的。遮阳可以由植物，如树或藤蔓形成，也可以由建筑构件，如挑檐和人工遮阳构件形成。据美国能源部研究报道，综合应用人工和生物遮阳能使室内温度降低至少 10℃。

树和其他植物不仅能阻挡太阳辐射，还能通过树叶的蒸腾作用降低建筑周围的空气温度。树对建筑的降温作用非常有效，且处理的过程不污染环境。这就是有大量树木和其他植物的农村通常比只有少量树木的城市地区更凉爽的原因之一（另外一个主要原因是农村的吸热面如沥青路等比城市少）。

图 5-4 挑出的阳台作下一层的水平遮阳

落叶树是最好的遮阴树种。选树木作为遮蔽物时，应考虑其成活率、长成后的高度、枝条的稠密度以及外形等，根据需要选择树种。阳光在早晨和傍晚低角度地照射到建筑的东边和西边，种植灌木和较小的树就可遮蔽东边和西边的墙和窗。在房屋的南面最好选择高大的带树冠的落叶树。夏季，枝繁叶茂，能使屋顶和南墙处于阴凉中，同时可以使贴近地面的微风进入室内；秋季，叶落枝零，太阳辐射又可透过树杈射向室内作为被动得热量。此外，攀缘植物也能起到很好的遮蔽效果。

种植常绿树，如松树和云杉等也可用来遮阳。不过，要注意选择合适的种植地点，因为常绿树全年都有叶子，如果沿着房屋南墙种植，则可能会对冬季太阳得热造成一定的遮挡。沿房屋北向、西向和东向种植则能够取得良好的效果，但也要考虑避免树木对夏季风的阻挡。

树木和藤蔓能使房屋周围的气温降低至少 5℃。草地也可起到同样的作用，能使气温降低 3～5℃。与裸露的石材地面或混凝土地面相比，草地吸收太阳辐射更少而且能通过蒸腾作用降温。

人工遮阳也是减少夏季太阳辐射得热的有效措施，通常的做法有：外遮阳、遮阳篷、活动百叶、固定百叶、卷帘、屏蔽太阳光的玻璃贴膜和外侧凉廊等（图 5-5）。

(a)

(b)

(c)

图 5-5
外侧凉廊遮蔽窗和墙，帮助保持室内凉爽舒适。

遮阳篷虽然对视线有一定的遮挡，但价格非常低廉，而且安装简便。安装适当的遮阳篷能降低南向窗户 65% 的辐射得热量以及东向窗户 77% 的辐射得热量。遮阳篷的颜色应选择浅色，浅色的遮阳篷不仅能遮蔽阳光，而且对阳光还有较强的反射作用，从而降低遮阳篷周围的空气温度。安装遮阳篷时要确保其顶端与墙面保持一定的距离以利于及时散发遮阳篷下蓄存的热量。

窗户外部的百叶遮阳板（可调的百叶板，可以控制进入窗口阳光量）也能在夏季提供有力的遮阳保护（图 5-6）。百叶板可以垂直布置，也可以水平布置，可在室内调节，也可在室外调节。

固定百叶是由木材或金属制作的、实体或板条状的、仅有开闭两种调节方式的遮阳板，关闭时能够完全阻挡太阳光的进入，并起到阻挡视线的作用（图 5-7）。某些类型的固定百叶还有助于

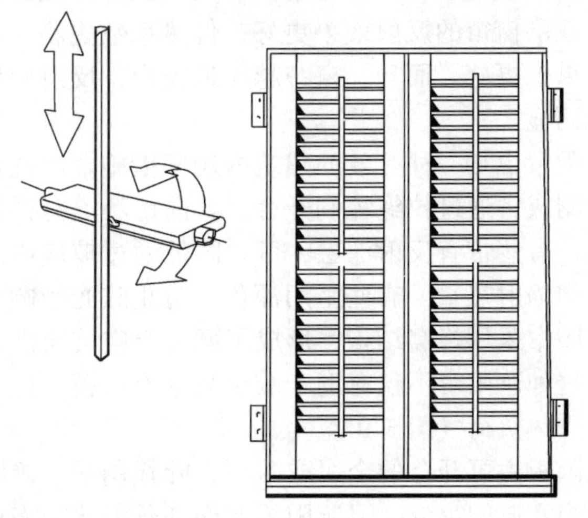
图 5-6
外部可调的百叶窗可降低外部得热量，同时也使部分天然光能进入室内。

图 5-7
外部遮阳百叶可以完全阻挡阳光，同时保证一定的视线和通风。

窗口绝热，有利于冬季保温。

百叶卷帘或织物卷帘造价较高。百叶卷帘由一系列水平的百叶板组成，这些百叶板可沿两侧轨道滑动。不使用时，可将它们卷起来。织物卷帘由抗辐射织物制成，也可以沿两侧轨道滑动（图 5-8）。这两种卷帘的收合都可以在室内控制。

图 5-8
遮阳卷帘可从室内有效控制，它们在夏季阻止了阳光向室内渗透，从而有助于减少内部得热量。

除了实体的遮阳装置，我们还可选择能够屏蔽太阳光的玻璃贴膜来阻挡太阳辐射的过度进入。玻璃贴膜后，在有效降低太阳辐射进入室内的同时，还可以降低眩光且不会遮挡视线（图 5-9）。像其他外部遮阳措施一样，屏蔽阳光的玻璃贴膜有助于保护住户的私密性，且有不同种颜色和材料可供选择。

图 5-9
玻璃贴膜阻止了阳光向室内渗透，同时也使部分天然光能够进入室内。

内遮阳措施主要包括窗帘、遮阳帘和遮阳板。窗帘不仅能阻挡太阳辐射，也能起到一定的装饰作用。浅色的窗帘遮阳效果较好，因为它们对太阳光有较强的反射作用。双层窗帘的反射效果更好，传热系数更小，保温隔热效果也更好。而且，窗帘越靠近窗户，反射和保温效果越明显。

遮阳帘也是一种有效的建筑内遮阳措施，由抗辐射的织物制成，通过拉绳控制开合。目前市场上有许多种遮阳帘，有些带有反射涂层，可以降低通过玻璃渗透进来的太阳辐射热量。有些采用深色，防止眩光影响。还有的遮阳帘采用蜂窝结构，形成了两三个空气层以提高热阻，这种遮阳帘不仅有助于减少夏季冷负荷，也可以减少冬季热负荷（图 5-10）。

遮阳板由可开合的金属或木制百叶板制成，遮阳效率比窗帘和遮阳帘低，但遮阳板允许部分天然光直接进入室内，有利于建筑的自然采光。一些新型的室内遮阳板加设了反射涂层，提高遮阳效率。

内遮阳装置通常比外部遮阳装置更容易调节。它们可通过电机驱动，也可自动控制。电机驱

图 5-10　遮阳帘

动的遮阳装置使用起来更加方便，但价格较高，容易出故障。

尽管内遮阳装置更便于调节，但遮阳效率要低于外遮阳装置，而且内遮阳只是遮挡了直射阳光，大量的辐射热量实际上已经进入室内（图 5-11），结果是大量的热空气会蓄存在内遮阳装置与玻璃之间的空隙内。这些热量绝大部分将会进入室内，增加制冷负荷。因此，在选择遮阳装置时一定要认真比较后合理选取。

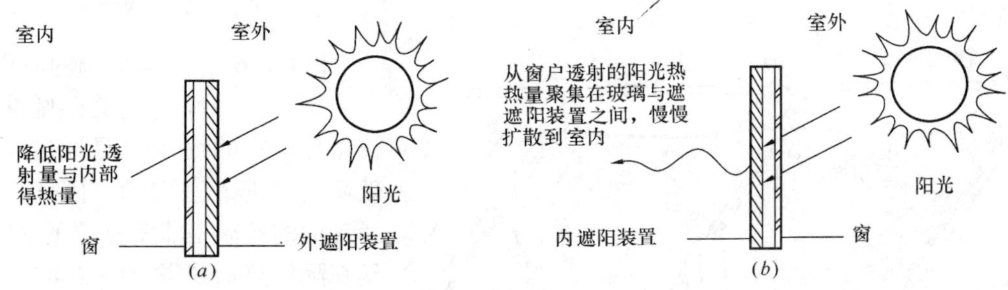

图 5-11　外遮阳装置

（*a*）在降低直射阳光得热量与内部得热量方面比内遮阳装置；（*b*）更有效

5.1.2.4　墙面和屋面颜色的选择

在合理的朝向、方位、窗口布置和遮阳设计的基础上，将围护结构外表面涂成浅色能进一步降低制冷负荷，同时可以提高围护结构的耐久性。

夏季围护结构得热量的绝大部分（约 2/3）来自屋面。改变屋面瓦的颜色可以在一定程度上减少辐射得热，但效果有限，即使在使用白色沥青或玻璃纤维的情况下，屋面也会吸收 70% 的太阳辐射热。因此，将屋面和外墙涂成浅色的措施只能解决部分问题，还需和其他措施结合起来使用。

屋顶的材料和构造做法是影响屋顶得热量的决定因素。例如，如图 5-12 所示，在屋顶和屋架之间形成一个空气间层就可以有效阻止热量进入室内。使用瓦屋顶时，因为在瓦与屋顶板之间形成一个空气间层（图 5-13）也能降低屋顶的传热量。对屋面进行充分的保温，同样能进一步降低进入室内的热量。

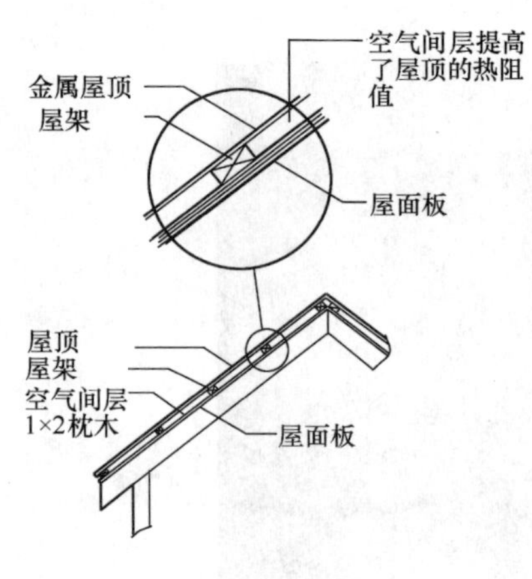

图 5-12

屋架和屋面之间形成空气间层，这些空气间层能降低外部得热量。屋架之间的绝热材料在夏季能进一步降低得热量，冬季能减少热量损失。

图 5-13

屋面通风瓦能形成空气间层，从而降低外部得热量。

5.1.2.5 屋面反射材料

在屋面铺设反射材料可以有效减少屋面辐射得热。如图 5-14 所示，将反射材料（耐久性强的铝箔）钉在屋顶的檩条或贴在屋面板上即可在夏季阻挡辐射热量从屋顶进入室内，这个方法在气候炎热地区最为有效。尽管反射材料的节能优势主要体现在夏季，但在冬季也能通过阻止热量从阁楼散失到室外而减少热损失。对未采取隔热措施的空间如车库等更为有效。据统计，安装反射材料可以使冷负荷降低 8%～12%。因此反射材料的应用是太阳能建筑夏季降温设计的一个重要组成部分。

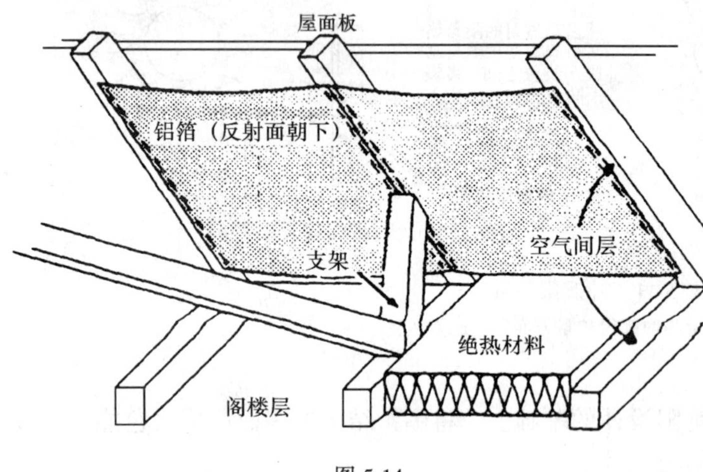

图 5-14

抗辐射材料有助于降低外部得热量，这在气候炎热地区尤其有效。

5.1.2.6 Low-e 玻璃的应用

据美国能源部报道，夏季围护结构得热量中的约 40% 是通过穿过窗户玻璃辐射进入室内的。因此，精心选择合适的玻璃是非常重要的。Low-e 玻璃在降低热量获得方面非常有效。

5.1.2.7 围护结构隔热设计

虽然夏季隔热的要求与冬季保温有所不同，但从冬季采暖考虑出发，太阳能建筑往往在围护结构保温方面做得比较好，已经完全可以满足夏季隔热的要求，良好的围护结构保温设计在夏季隔热方面也发挥了重要的作用。

5.1.2.8 减少空气渗透

从外围护结构的缝隙，如未良好密封的门缝和窗缝进入室内的热量也在外部得热量中占很大比例。这个比例与施工质量有很大关系。

为减少空气渗透得热量，应充分做好太阳能建筑的气密性。可采用设置隔气层、外抹灰等措施，在门窗施工中也要对连接处做好密封，对外围护结构的任何缝隙都要用嵌缝材料填好。避免出现因空气渗透导致整个窗户节能设计失败的情况。

5.1.3　围护结构的冷却

围护结构冷却主要是指通过合理的通风设计，使建筑结构能在夜间迅速冷却，将白天蓄存的热量迅速释放掉，一方面减少了围护结构在夜间对室内的放热，另一方面也扩大了围护结构在白天的蓄热能力。例如在屋顶设置通风层，在白天可以减少热量向室内的传递，夜间又可使屋面迅速冷却，减少了对室内的放热。

5.2　通　风　降　温

对冷负荷的有效控制可以有效改善夏季的室内热环境。在某些地区，控制好冷负荷即可实现太阳能建筑的被动冷却降温。然而，在大多数地区，我们还需要通过多种通风措施来进一步提高室内热舒适度。

5.2.1　自然通风的合理组织

自然通风可以有效地排出室内废热，提高室内热舒适度，这一古老的设计方法已被世界各地使用多个世纪。例如，南方湿热地区，用竹子建造的房屋能提供舒适的室内风场；还有一些建筑的底层架空，进一步加强空气的自然流动。近年来，随着生态建筑的兴起，自然通风被越来越多地应用于设计中，取得了良好的效果。在太阳能建筑设计中，自然通风仍然可以发挥有效作用。

在对太阳能建筑进行合理的自然通风选址后，应考虑单体的自然通风设计。与基地选址一样，单体的自然通风设计同样需要考虑冬夏季的热环境平衡问题。既要避免冬季形成过大的气压差，造成较大的冷风渗透热损失，又要尽可能的在夏季形成穿堂风，来保证夏季通风的通畅。自然通风的组织主要通过合理的空间布局、门窗设置、开窗方式以及通风口（井）的设计来实现。

建筑通风包括从室内排出污浊空气和向室内补充新鲜空气，前者称为排风，后者称为送风。为实现排风和送风所采用的设备装置总体称为建筑通风系统。不论是室内外通风，还是空调送风，都是建筑通风，本质都是室内外的空气交换。

按动力来源，建筑通风技术分为自然通风和机械通风两大类。

自然通风是一种比较经济的通风方式，它不消耗动力，也可获得较大的通风换气量，简单易行，节约能源，有利于环境保护，被广泛应用于工业和民用建筑中。自然通风是当今生态建筑中广泛采用的一项技术措施。与其他相对复杂、昂贵的生态技术相比，自然通风技术已比较成熟且运行成本低。采用自然通风可以取代或部分取代空调制冷系统，从而降低能耗与环境污染，同时更利于人的身体健康。因此在以被动式设计为主的太阳能建筑中，自然通风应该是主要的夏季室内降温方式。

采用自然通风能够节约能源；排除室内废气污染物，消除余热余湿，引入新风，维持室内良好的空气品质，更好地满足人体热舒适，实现有效的被动式制冷。

自然通风可以在不消耗不可再生能源的情况下降低室内温度，带走室内潮湿气体，达到人体舒适度要求；提供新鲜清洁的自然空气，有利于人的身体和心理健康。室内空气品质差很大程度上是因为缺乏足够的新空气，经常使用空调维持恒温的室内环境也会使人的抵抗力下降，引发各种“空调病”，自然通风除了能够把室内污浊的空气排出之外，还能满足人们与大自然接触的心理需求。

自然通风设计，首先应考虑建筑选址和朝向。从大环境出发，充分考虑主导风向和基地地形特点，选择既能遮蔽冬季寒风、在冬季获得充足日照，又能充分利用夏季主导风进行自然通风降温的地点。当地形与环境无法形成有利的风场时，可以利用精心设计的绿化来创造合适的小区风场。经合理布置的绿化，树和灌木能将风直接导入建筑，如图 5-15 所示。即使是柔和微风也能经集聚形成较强的风场，在夜间为太阳能建筑提供足够的自然通风动力。在环境风场的设计中，引导气流通过温度较低的区域，例如通过院子的阴凉区域，可以收到更好的降温效果。基地选址对太阳能建筑的室外热环境、风环境影响极大，尤其是在地形和环境比较复杂的地区，应充分综合考虑各方因素，慎重选址。

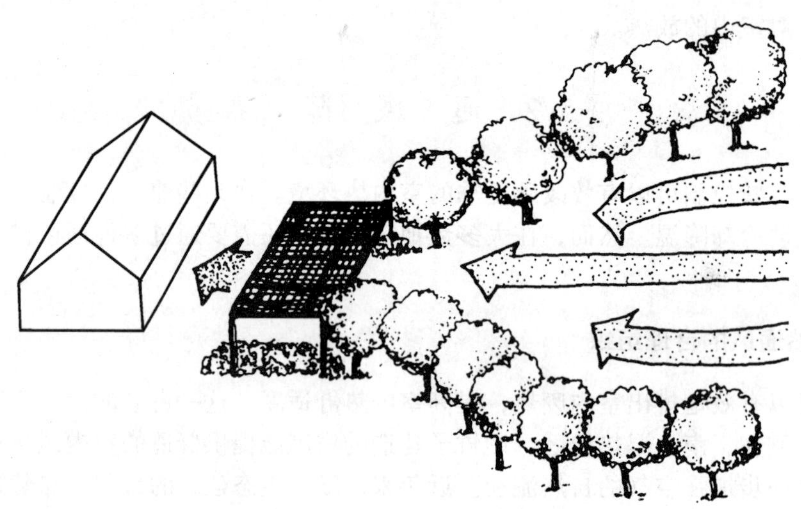

图 5-15　利用绿化强化的风场，并使气流通过设置的绿化降温区域

5.2.1.1　自然通风的原理

自然通风的原理是利用建筑内部空气温度差所形成的热压和室外风力在建筑外表面所形成的风压，从而在建筑内部产生空气流动，进行通风换气。如果在建筑物外围护结构上有一开口，且开口两侧存在压力差，那么根据动力学原理，空气在此压力差的作用下将流进或流出该建筑，这就形成了自然通风，此压力差由室外风力或室内外温差产生的密度差形成。

(1) 热压作用下的自然通风：利用建筑内部空气的热压差，即通常讲的“烟囱效应”来实现建筑的自然通风。利用热空气上升的原理，在建筑上部设排风口可将污浊的热空气从室内排出，而室外新鲜的冷空气则从建筑底部被吸入。热压作用与进、出风口的高差和室内外的温差有关，室内外温差和进、出风口的高差越大，热压作用越明显。在建筑设计中，可利用建筑物内部贯穿多层的竖向空腔——如楼梯间、中庭、拔风井等满足进、排风口的高差要求，并在顶部设置可以控制的开口，将建筑各层的热空气排出，达到自然通风的目的。热压作用下的自然通风更能适应常变的外部风环境和不良的外部风环境。

位于日本横滨的东京煤气公司总部（TOKYO GAS EARTH PORT）的中庭就是利用热压通风原理（图 5-16）。该中庭贯通整个建筑（图 5-17）。办公空间的通风就是利用中庭热空气上升的拔风

图 5-16　日本横滨东京煤气公司总部实景图

图 5-17　日本横滨东京煤气公司总部中庭实景图

效应来取得的。中庭将外界的空气吸入基座层，然后再流经跟中庭相通的各层办公楼面，最后从屋顶的风塔和高层的气窗排出（图 5-18）。

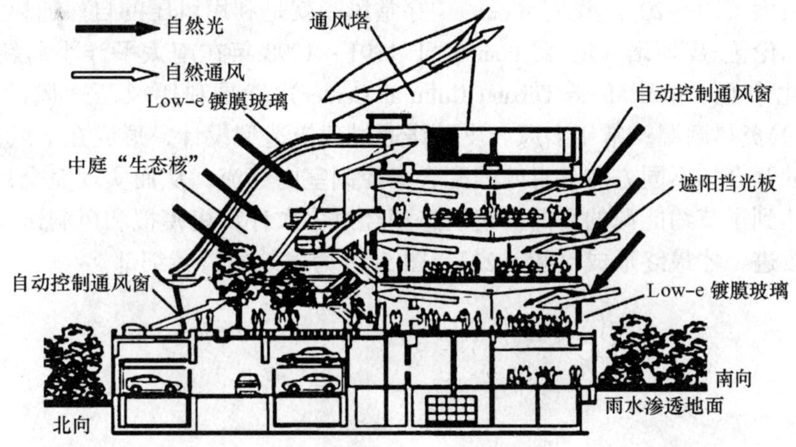

图 5-18　日本横滨东京煤气公司总部热压通风原理图

（2）风压作用下的自然通风

在具有良好的外部风环境的地区，风压可作为实现自然通风的主要手段。在我国大量的非空调建筑中，利用风压促进建筑的室内空气流通，改善室内的空气环境质量，是一种常用的建筑处理方法。风洞试验表明：当风吹向建筑时，因受到建筑的阻挡，会在建筑的迎风面产生正压力。同时，气流绕过建筑的各个侧面及背面，会在相应位置产生负压力（图 5-19）。风压通风就是利

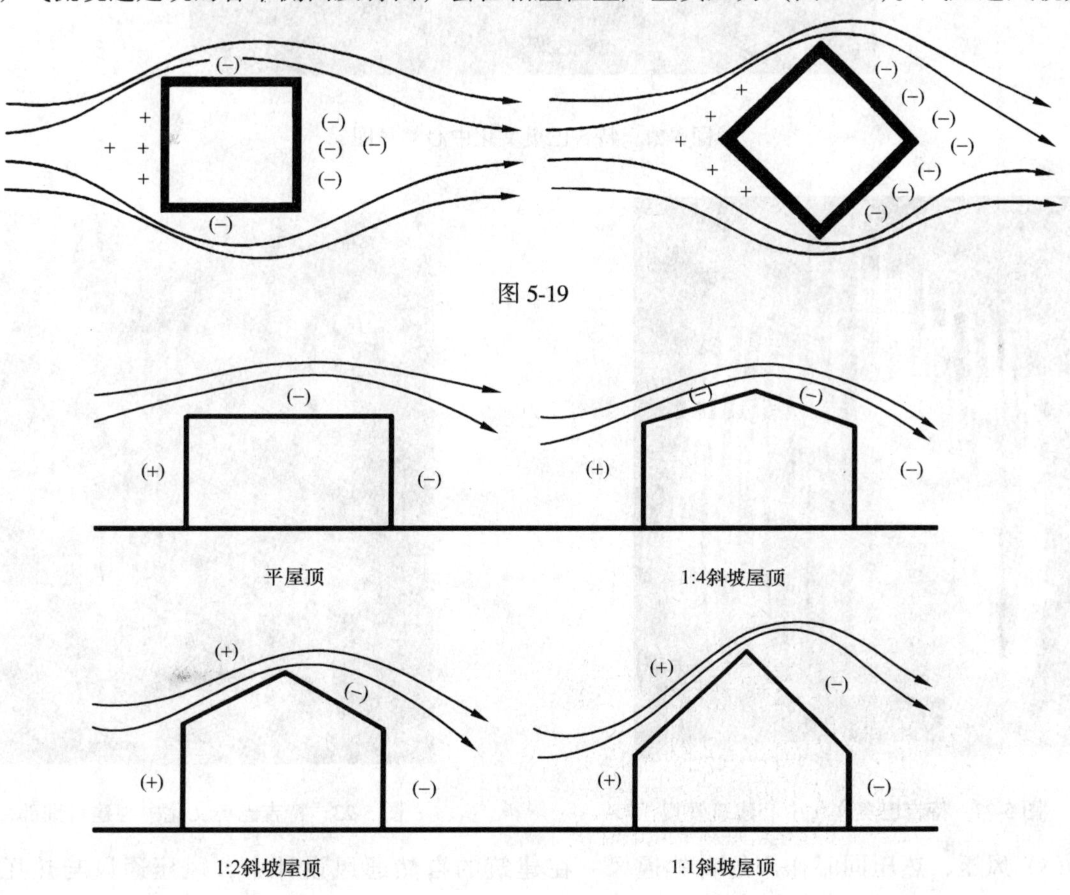

图 5-19

图 5-20

用建筑的迎风面和背风面之间的压力差实现空气的流通。压力差的大小与建筑的形式、建筑与风的夹角以及建筑周围的环境有关。当风垂直吹向建筑的正立面时，迎风面中心处正压最大，在屋角和屋脊处负压最大（图 5-20）。我们常说的“穿堂风”就是利用风压的自然通风。

意大利建筑师伦佐·皮阿诺（Renzo Piano）于 1991 ~ 1998 年在南太平洋小岛新卡利多尼亚设计的特吉巴奥文化中心（Jean Marie Tjibaou Cultural Center）就是利用风压通风的代表作（图 5-21）。南太平洋气候炎热潮湿，常年多风。皮阿诺通过建筑造型设计，形成在下风处的强大负压，再通过调节百叶的开合和不同方向上百叶的配合来控制室内气流，从而实现完全被动式的自然通风、降温降湿，达到了节约能源的目的。建筑造型经过多次计算机模拟和风洞试验，并根据试验结果对形状加以改进，才最终形成（图 5-22）。图 5-23 为建筑的百叶细部。

图 5-21　特吉巴奥文化中心实景图

图 5-22　特吉巴奥文化中心建筑模型

图 5-23　特吉巴奥文化中心建筑细部

（3）风压、热压同时作用的自然通风：在建筑的自然通风设计中，风压通风与热压通风往往是互为补充、密不可分的。一般来说，在建筑进深较小的部位多利用风压来直接通风，而进深较大的部位则多利用热压来达到通风效果。

英国莱彻斯特的德蒙特福德大学女王馆（The Queens Building，De Montfort University，1989~1993），是利用风压、热压同时作用自然通风的一个例子（图5-24）。建筑面积1万多平方米，建筑师是肖特·福特及其合作伙伴（Short Ford & Associates）。由于建筑比较庞大，因此建筑师将建筑分成一系列小体块，既在尺度上与周围古老的街区相协调，又能形成一种有节奏的韵律感，同时还可以进行自然通风。建筑进深较小的实验室、办公室利用风压通风；而进深较大的报告厅等房间则依靠热压效应（烟囱效应）进行通风（图5-25）。

图5-24　德蒙特福德大学女王馆

（4）机械辅助式自然通风：对于一些大型体育场馆、展览馆、商业设施等，由于通风路径（或管道）较长，单纯依靠自然的风压、热压往往不足以实现自然通风，而对于空气和噪声污染比较严重的大城市，直接自然通风不利于人体健康。在以上情况下，常常采用一种机械辅助式自然通风系统。

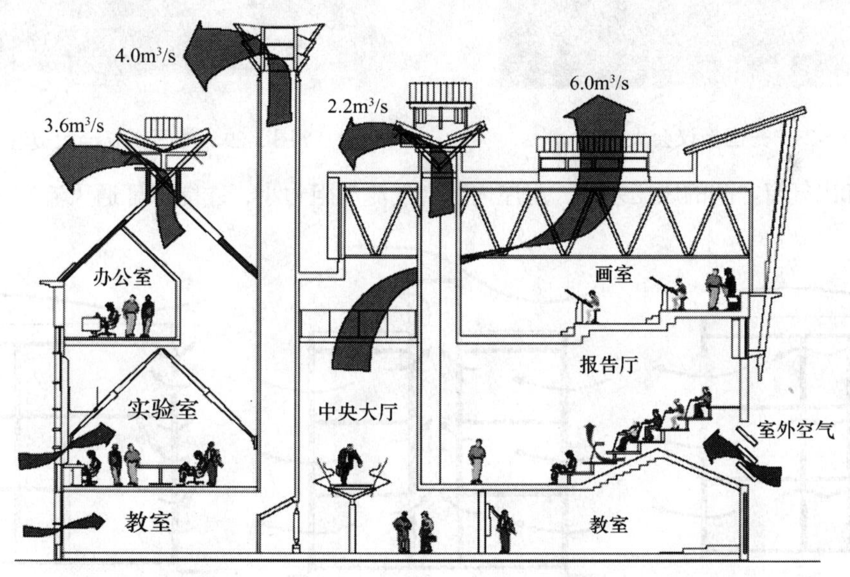

图5-25　德蒙特福德大学女王馆通风原理图

诺曼·福斯特（Norman Foster）设计的位于德国柏林的德国新议会大厦（New German Parliament，1993~1999）采用的就是机械辅助自然通风的方式（图5-26）。为了避免汽车尾气等有害气体进入建筑内部，建筑的进风口设置在建筑的檐口位置，排气口位于玻璃穹顶的顶部。新风由机械装置引入，经过处理后进入建筑内部，然后利用自然通风的原理排出建筑。图5-27~图5-29为德国新议会大厦议会厅实景。

5.2.1.2　自然通风的方式

（1）穿越式通风：也就是我们常说的“穿堂风”。它是利用风压来进行通风的。室外空气从房屋一侧的窗流入，从另一侧的窗流出。此时，房屋在通风方向的进深不能太大，否则就会通风

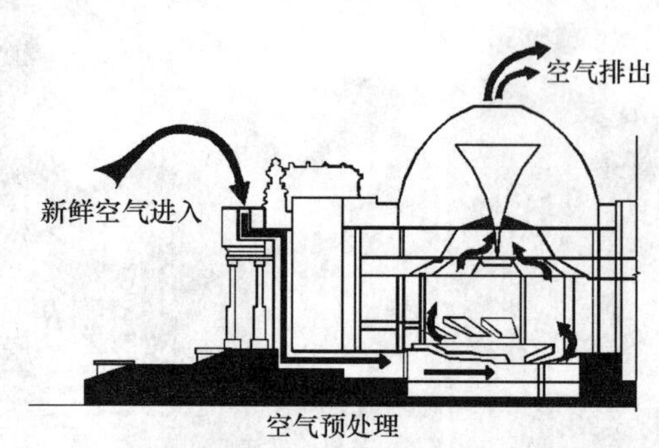

图 5-26　德国新议会大厦通风示意图

图 5-27　德国新议会大厦议会厅内景

图 5-28　德国新议会大厦

图 5-29　德国新议会大厦穹顶

不畅。进气窗和出气窗之间的风压差大，房屋内部空气流动阻力小，才能保证通风流畅（图 5-30）。

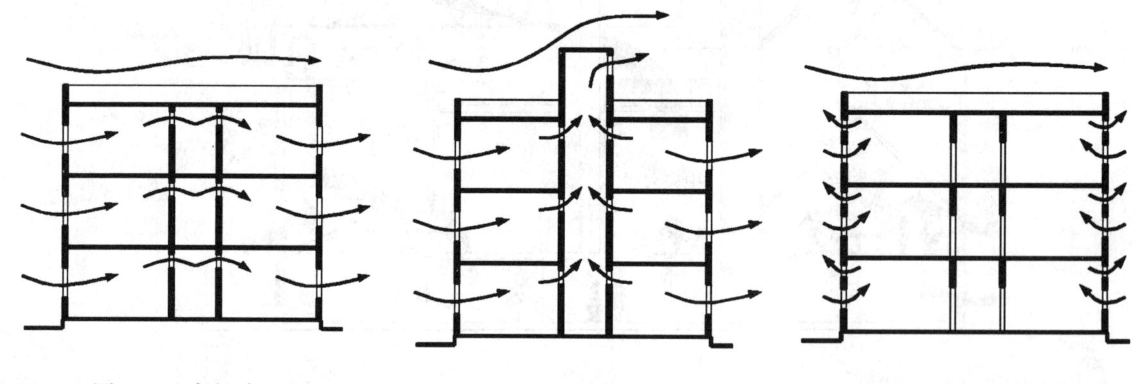

图 5-30　穿越式通风　　图 5-31　烟囱式通风　　图 5-32　单侧局部通风

（2）烟囱式通风也就是我们通常所说的垂直拔风，它主要利用热压进行通风，可以有效解决房间进深较大，无穿堂风时的通风问题。（图 5-31）

（3）单侧局部通风：局限于房间的通风。空气的流动是由于房间内的热压效应、微小的风压差和湍流。因此，单侧局部通风的动力很小，效果不明显（图 5-32）。

5.2.1.3　自然通风的影响因素

自然通风与机械通风相比，在同等室内空气质量的情况下，自然通风不但能减少基建投资和运行费用，而且可降低能耗，减少对环境的污染，有利于使用者的健康和疾病的预防，因此自然通风技术日益受到生态建筑和可持续建筑界的重视。美国 J. Roben 对采用不同通风系统房屋作了调查，结果如图 5-33 所示。

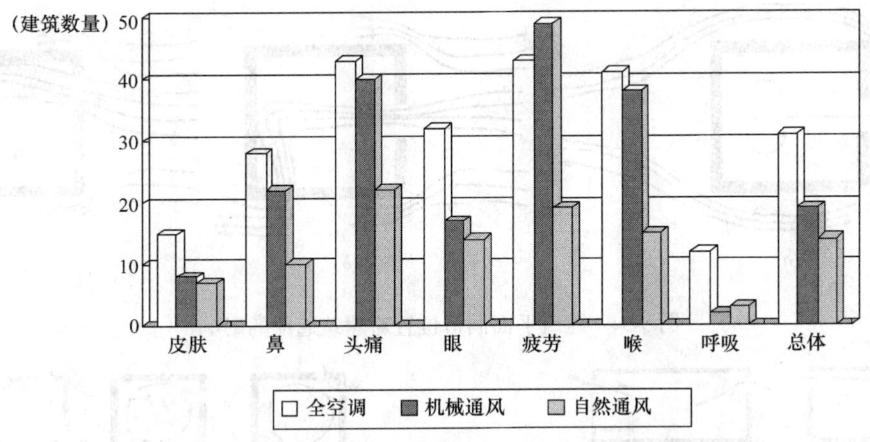

图 5-33　不同通风情况下发生病态建筑综合症的建筑数量

由图可见，自然通风效果最好，机械通风次之，全空调效果最差。因此对室内空气的温度、湿度、清洁度、气流速度均无严格要求的场合，在条件许可时，应优先考虑自然通风。自然通风可以在不消耗常规能源的情况下实现夏季降温致凉，创造凉爽的室内环境。其实夏季建筑降温最古老最合理的方法就是良好的自然通风，利用夜间凉爽的通风使室内材料降温，从而降低房间温度；通风时气流直接吹到身体上，在湿热的环境中，通过蒸发作用，加大人体散热量，也可以起到降温的效果。

设计自然通风时要注意的问题有：基地环境应不影响夏季主导风吹向建筑物，并考虑尽量减少冬季主导风对建筑的影响，考虑植被、构筑物等永久地貌对风向的作用；对基地内的所有因素都要加以组织、利用，以最简洁经济的方式改善室外环境，创造良好的风环境。

建筑室内自然通风主要的影响因素有：

(1) 建筑洞口（窗、门）的面积、相对位置

由于夏季自然通风的主要目的是将室外的自然风引入到室内，到达人体位置，同时保证风速适当，借此提高室内的舒适度。因此开窗的位置无论是在平面上还是在立面上均会影响到室内气流的路径，从而影响自然通风的效果。

风吹到一面中央设窗的墙体时，原有的正压区一分为二，但是房间无出气口，所以室内的空气很快达到饱和［图 5-34（*a*）］，随后恢复到原有的正压状态。房间内没有明显的通风行为，只有在外部风压发生变换时，为平衡气压，室内的空气才会发生换气。

如果在下侧墙开洞口，则随即产生通风［图 5-34（*b*）］；若将进气窗上移，那么因为迎风墙的两部分气压不等，下半部墙的部分气压正压较上部大，会把气流挤向室内的右上角，最终的结果是气流的路径比前图所示的要长［图 5-34（*c*）］。由此可以看出图 5-34（*c*）的通风效率高于图 5-34（*b*）。

同样，立面和剖面也是一样，开窗的相对位置都会直接影响气流路线。图 5-35 为几种建筑开口位置对室内气流影响的示意图。

窗户形式也会影响气流的流向，当采用悬窗形式时，会迫使气流上吹至顶棚，不利于夏季的通风要求，因此除非是作为换气之用的高窗，不宜在夏季采用这种类型的窗户。窗扇的开启形式不仅有导风的作用，还有挡风的作用，设计时要采用合理的窗户形式。比如一般的平开窗通常向外开启 90°，这种开启方式的窗，当风向的入射角较大时，会将风阻挡在外，如果增大开启的角度，则可有效地引导气流。此外，落地长窗、漏窗、漏空窗台等通风构件有利于减低气流的高度，增大人体的受风面，在炎热地区是常见的构造措施。

夏季通风室内所需的气流速度为 0.5～1.5m/s，下限为人体在夏季可感觉到的气流的最低值，上

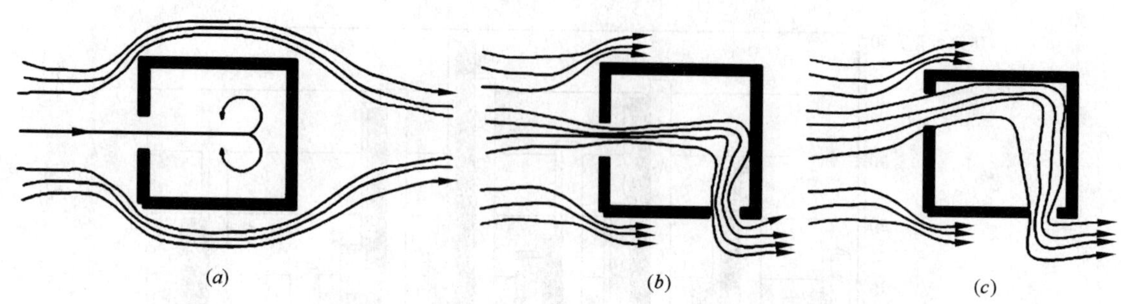

图 5-34　建筑平面洞口位置对建筑通风的影响

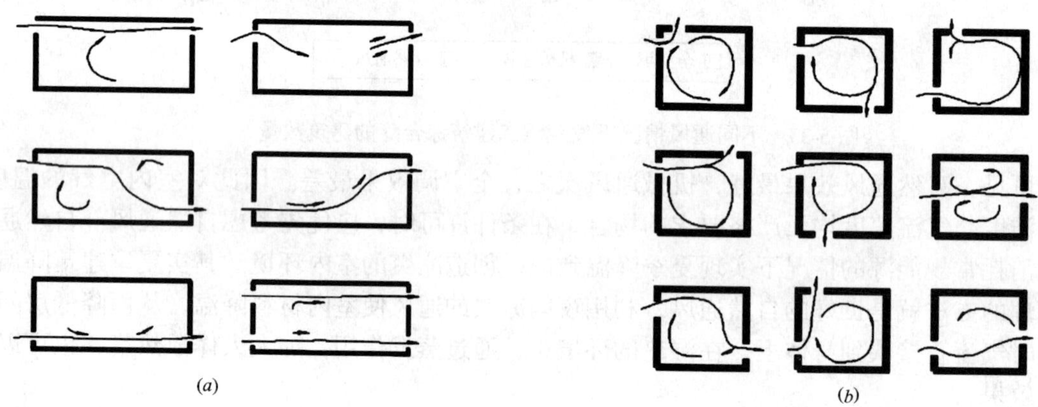

图 5-35　建筑开口位置对室内气流的影响
（a）剖面图；（b）平面图

限为室内作业可以允许的最高值（非纸面作业的室内环境不受此限制）。一般夏季户外平均风速为 3m/s，室内所需风速是室外风速的 17%～50%。但是在建筑密度较高的区域，室外平均风速往往为 1m/s 左右，是室内要求风速的 1～2 倍。所以开窗除了换气的作用之外，更要确保室内的气流达到一定的风速。房间开口尺寸的大小将直接影响到风速和进气量：开口大，则气流场较大；缩小开口面积，流速虽然相对增加，但是气流场缩小。因此开口大小与通风效率之间并不存在正比关系。根据测定，当开口宽度为开间宽度的 1/3～2/3，开口面积为地板面积的 15%～20%时，通风效率最佳。利用空气动力学的原理，控制进气口和出气口的面积，可以改变进气风和出气风的速度。如果进气口大，出气口小，那么流入室内的风速小，出气口的风速大；如果进气口小，出气口大，那么流入室内的风速可以比室外的平均风速大，因而可以加强自然通风的效果。

(2) 建筑平面布局

室内是通风流经的“管道”，其平面比例将会对建筑的通风造成影响。从工程流体力学来看，将室内理解为空气流动（通风）的理想管道，必须使流体在此管道内有一定长度的流经区域，即通过一定长的过程，以使室内空气作为理想流体形成有规则的定向、分层流动，不至于造成空间内的相互过甚的扰动（紊流）而影响室内通风质量，因此沿通风方向适当长的流动区域对通风是有益的。工程流体力学向我们揭示要创造室内良好通风，浅进深、大开间对充分利用风压来改善室内通风质量是有效的。

此外，建筑室内家具的摆设以及建筑室内装修都会影响建筑室内通风，不再详细讲述。

5.2.1.4　建筑通风分析研究方法

建筑在设计通风的时候，必须采用一些方法来分析通风设计的效果。常用的分析方法有实验法和数值模拟法，现在常使用计算机软件来模拟通风状况。

(1) 实验法

1）风洞模型实验法

风洞实验的原理是相似性原理，它应用在自然通风中主要是模拟建筑表面及建筑周围的压力场和速度场，以及确定风压系数，预测自然通风性能 。

2）示踪气体测量法

示踪气体测量法可以预测建筑通风量和气流分布。有两种测量方法：定浓度法和衰减法。所谓定浓度法，就是在测试期间，保持所有测试房间的示踪气体浓度不变，而改变示踪气体注射量，它可用来处理驱动力发生改变的通风问题。而衰减法是指，向测试房间注入一定量的示踪气体，随着示踪气体在测试房间的扩散，示踪气体的浓度呈衰减趋势。在自然通风中可用该方法来预测自然通风量。

3）热浮力实验模型技术

用热浮力实验模型技术模拟热压驱动的自然通风的物理过程比较直观。目前主要有 4 种技术：带有加热装置的气体模拟法（the gas modeling system，以空气或其他气体作为流动介质，热浮力由固定的加热装置产生）；带有加热装置的水模型系统（the water modeling system，以水作为介质，有固定的加热装置）；盐水模拟法（the brine water modeling，利用盐水的浓度差产生类似于热羽的流动，已被广泛接受，但需大蓄水池和不断补充盐水）；气泡技术（a fine bubble technique，由电路的阴极产生气泡以模拟热羽运动，可以模拟点源、线源及垂直热源的情况）。其缺点是不能模拟建筑热特性对自然通风的影响。对风压与热压共同驱动的自然通风的实验模拟则较复杂，可以通过改进这 4 种模拟法或综合这 4 种模拟法，使之能模拟二力共同驱动的自然通风。

（2）数值模拟法

1）CFD 方法

CFD 方法应用相当广泛，该方法就是将房间划分为小的控制体，把控制空气流动的连续的微分方程组通过有限差分或有限元方法离散为非连续的代数方程组，并结合实际的边界条件在计算机上求解离散所得的代数方程组。只要划分的控制体足够小，就可认为离散区域的离散值代表整个房间内空气分布情况。由于分割的控制体可以很小，所以它可详细描述流场，但由于求解的问题往往是非线性的，需进行多次迭代，故较耗时。

2）多区模型方法（multi-zone model 或 single-flow element model）

假设每个房间的特征参数分布均匀，则可将建筑的一个房间看作一个节点，通过窗户、门、缝隙等与其他房间连接。其优点是简单，可以预测通过整个建筑的风量，但不能提供房间的温度与气流分布信息。该方法是利用伯努利方程求解开口两侧的压差，根据压差与流量的关系就可求出流量。它只适用于预测每个房间参数分布较均匀的多区建筑的通风量，不适合预测建筑内的气流分布。

3）区域模型方法（zonal model 或 multi-flow elements model）

由于多区模型方法过于简化了系统，容易产生误差，尤其在处理热压驱动的自然通风等室内温度产生明显分层的情况时误差很大。区域模型方法是将房间划分为一些有限的宏观区域，认为每个区域的相关参数如温度、浓度等相等，而区域间存在热质交换；建立质量和能量守恒方程，并充分考虑区域间压差和流动的关系来研究房间内的温度分布及流动情况。该方法比多区模型方法复杂和精确，但比 CFD 简单。

（3）模拟软件

在自然通风研究与设计过程中，现在常借助于流体流动分析软件，目前可应用于分析自然通风系统的通风特性和热特性的常见软件分别有：Fluent，BREEZE，BLAST，EnergyPlus，DOE2 等。

在自然通风设计中，CFD 模拟工具可以起到非常好的辅助设计作用，虽然 CFD 反映的流场状况不是完全精确的，但用来作定性分析、辅助设计，完全可以起到良好的效果。图 5-36 所示即为山东建筑大学太阳能学生公寓在设计阶段进行的通风模拟。图中显示了通风窗对于强化宿舍床面高度通风的有效性，并为通风窗的尺寸和定位提供了设计依据。

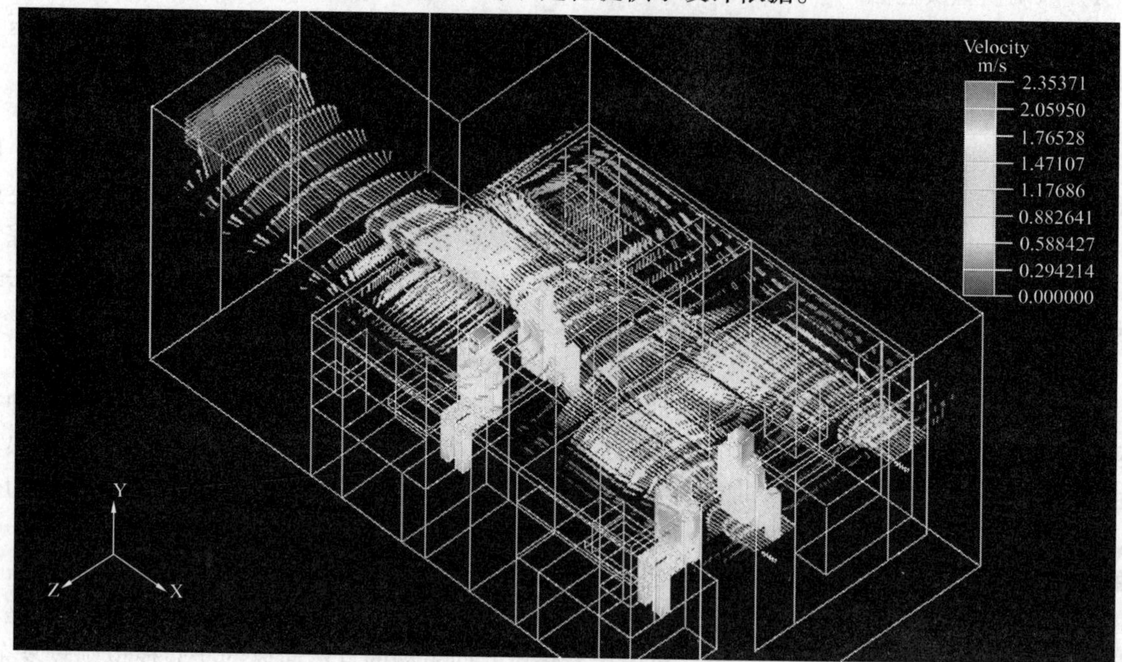

图 5-36 山东建筑大学太阳能学生公寓计算机通风辅助设计

5.2.2 强化通风设计

5.2.2.1 双层玻璃幕墙

在一些太阳能公共建筑中可能会使用大面积的玻璃幕墙，玻璃幕墙在提供通透效果的同时大大增加了建筑能耗。现在广泛使用的单层玻璃幕墙虽然逐渐采用热反射镀膜玻璃、中空玻璃、断热型材等节能材料，在热工性能方面比过去的门窗有所改善，但仍然存在能耗较大问题，且由于玻璃幕墙难以开窗，给室内通风换气带来了诸多不便，使得建筑师很难作出选择和权衡。

近年来出现的双层玻璃幕墙比较好地解决了这个问题，既能保证建筑的通透效果，又能充分利用太阳能、自然通风换气，可以有效降低空调能耗并减少风及恶劣气候对室内环境的影响，营造舒适温馨的生活和工作环境，因此越来越受到建筑师和投资者的青睐，也非常适合在太阳能建筑中应用（图 5-37）。

通风双层幕墙有内、外两个玻璃层，中间的空气腔可以让空气通过。空气腔的通风方式可以是自然通风、辅助风机通风或机械通风。除了空气腔内的通风方式，空气的进入和排出位置也会根据气候条件、使用方式、建筑位置、使用时间及建筑的暖通空调方式和设备的不同而产生变化。内、外层可以选用单层玻璃或双层玻璃，间距在 0.2～2m 之间。因为维持和夏季排出热量的需要，空气腔内通常会设置遮阳设备。

通风双层幕墙的参数与单层幕墙并没有区别。但是，因为新增加的外层，形成了热缓冲区，所以能够在夏季减少得热，在冬季实现被动式太阳能得热。在采暖季，经过预热的空气可以送入室内，提供自然通风来获得良好的室内环境。另一方面，如果通风不好，夏季也会出现过热的问题。

双层玻璃幕墙主要分为内循环体系和外循环体系，实质都是在双层玻璃之间形成温室效应，夏季将温室内的过热空气排出室外，冬季把太阳热能有控制地排入室内，使冬夏两季能节约大量能源。在夏季为防紫外线和强热辐射需要设置遮阳帘。

(1) 外循环双层玻璃幕墙结构主要特点

1) 结构设计可采用外层框架、单元或点式驳接等几种结构形式，内层框架断热或单元中空

图 5-37　清华大学超低能耗示范楼双层玻璃幕墙

玻璃断热形式。

2）一般外层玻璃选用单片或夹层钢化，内层玻璃选择中空或 Low-e 钢化玻璃。

3）采用自然的“烟囱效应”通风，所有双通道箱体是独立密闭的。夏季的白天将温室的热空气排出室外，注意不同楼层的“烟囱效应”不同。

4）内外层之间的空腔厚度设计较厚（不小于 450mm），便于人员进入清洗。

5）不需要增设专用设备，空气可自然进入通道和屋内，外层幕墙设计有进出风口，内层幕墙设计有开启门或窗。进出风口应防止沙尘的进入，通道下部设置外部空气进入腔体的进风口和上部热空气交换后的排风口。

6）双层玻璃之间的灰尘应考虑方便清洗。

7）使用材料较多，成本较高。

（2）外循环双层热通道设计中的几个问题

1）通道参数设计

进出风口面积比应控制在一定比例范围内，受温度与温差变化、外界风速等外界自然环境的影响；通道高度与通道宽度应进行计算，并通过风洞试验后取得合理的数据，以便应用到设计中；通道宽度也要考虑一个正常人能够进入。构造形式可做单元体式或主体箱体结构。

2）防尘与清洗设计

结构的防尘是相对防尘，外循环式结构在欧洲地区的应用较为广泛，由于我国北方大部分地区春秋季风沙天气较多，尤其可吸入颗粒物和昆虫问题非常严重，欧洲的外循环体系结构从防尘与清洗等方向不能完全满足我国北方地区要求。因此用外循环体系结构设计时应充分考虑防尘与清洗形式适合我国实际情况，进、出风口可使用一种电动调节百叶装置，并在通风装置的表面涂纳米涂料，减少积尘。双层幕墙之间的过渡网设计应便于从室内更换、清洗。

3）节能结构设计

外循环体系的内层幕墙玻璃应采用 6mm + 12mm + 6mm 的构造，外层幕墙尽可能采用夹胶钢化；内层幕墙采用热断桥铝合金结构，外层可采用点式驳接结构或铝合金结构。若内外层幕墙选用透明玻璃，就必须考虑冬季与夏季、白天与夜间的气候、温度不同，而对结构设计产生的影响。外层玻璃选用夹胶透明钢化，玻璃即使破损也不会脱落，避免对楼底行人造成伤害；选择透明玻璃可使阳光充分进入双层幕墙之间的通道，形成温室效应。

夏季，由于白天阳光照射，使双层幕墙之间通道空气温度升高，内层幕墙若采用中空低辐射玻璃，太阳能可反射到双层幕墙通道之间，通过“烟囱效应”使气流上升并通过上端出风口排到室外，从而减少室内与室外的温度交换，使幕墙达到节能要求，降低夏季制冷空调的负荷。

据统计，采用双层幕墙一般能够节能30%～40%左右。由于双层幕墙从材料选用到结构设计的不同选择，双层幕墙节能的数据是不同的。因此，最终设计的双层幕墙节能数据应通过试验获得。

4）遮阳设计

在双层幕墙之间安装电动或手动操作的遮阳装置，遮阳百叶可调节角度，使阳光进入室内得到合理控制。遮阳装置的安装位置非常重要，一般距外层玻璃150～180mm为最佳，同时应考虑内层幕墙开启窗或门的形式，避免影响窗或门的正常开启和关闭。

（3）内循环双层玻璃幕墙结构主要特点

1）其结构设计可采用框架断热或单元断热形式。

2）一般外层玻璃选用中空钢化，内层玻璃选择单片钢化。

3）采用强制措施，电控管道系统，在夏季的白天将双层封闭热通道大部分热空气排出室外。冬季将温室效应产生的热空气通过打开内侧开启窗扇或开启门排向室内，达到节能效果。

4）其内外层之间的空腔厚度一般控制在150～200mm之内。

5）需要增设自然空气进入室内的窗扇通道。

6）便于清洗双层玻璃之间的灰尘。

7）使用材料较少，成本较低。

8）需用电力驱动抽风，比外循环结构节能效率低。

（4）内循环双层热通道玻璃幕墙结构

1）内循环式通道结构设计为封闭式，两层玻璃布局与外循环正好相反，外层玻璃为中空双钢化玻璃，外框为隔热型材，内层为钢化单层玻璃，并有内开启扇以便引入新风。双层玻璃之间距离一般100～200mm，中间设遮阳装置。

它的换气方式是，在冬天，通道内加热的空气，通过热管水道被抽到室内，或通过屋内开启扇导入热风，达到节能目的。在夏天关闭通往屋内的风管。过热的空气由排风道排到屋外。内循环系统可设计成高度尺寸为层高的箱体单元体。

2）通风系统设计：在顶棚内侧或地板下部空间，分别设计进屋内热风管道系统和向外排热风管道系统。也可专门设计向室内提供自然、新鲜空气的交换装置。

3）遮阳系统设计：在内循环两层热通道之间，设计由上向下电控升降，并能自动随阳光倾斜角度不同而变动角度的遮阳百叶装置。一般距外玻璃约80～100mm。

5.2.2.2 太阳能烟囱

太阳能烟囱可以有效地加强自然通风。如图5-38所示，太阳能烟囱能捕风并将风送入室内，或者利用在风帽附近形成的负压带动室内自然通风。太阳能烟囱既可由重质材料如土坯或混凝土建造而成（使用重质材料制成的太阳能烟囱通常也被称为风塔），也可由轻薄的金属板材制成。太阳能烟囱凸出屋面一定高度，利用合理的风帽设计和捕风口朝向在烟囱口形成负压，能将室内热气及时排出，或将高于屋面更凉爽的风送入室内。

太阳能烟囱在风停后主要利用烟囱效应来加强通风。太阳光晒热太阳能烟囱上部的结构，蓄存在上部的热量加热风塔内的空气，空气受热后上升，形成热虹吸。在热虹吸的作用下，热空气被抽到顶部排向室外。凉爽的空气从房屋冷侧的窗口流进补充。到了傍晚，烟囱在白天吸收并蓄存的热量继续促成这种向上的通风，将室内的热空气排向室外。为阻止不必要的热损失，太阳能烟囱通常还设有可以开闭的风门，在无需通风的时候能够关闭。

迈克尔·霍普金斯（Michael Hopkins）设计的英国诺丁汉税务部（Nottingham Tax Office，1993～1995）就是很好的烟囱通风实例（图5-39）。该建筑为院落式布局，高度为3～4层，周边风速

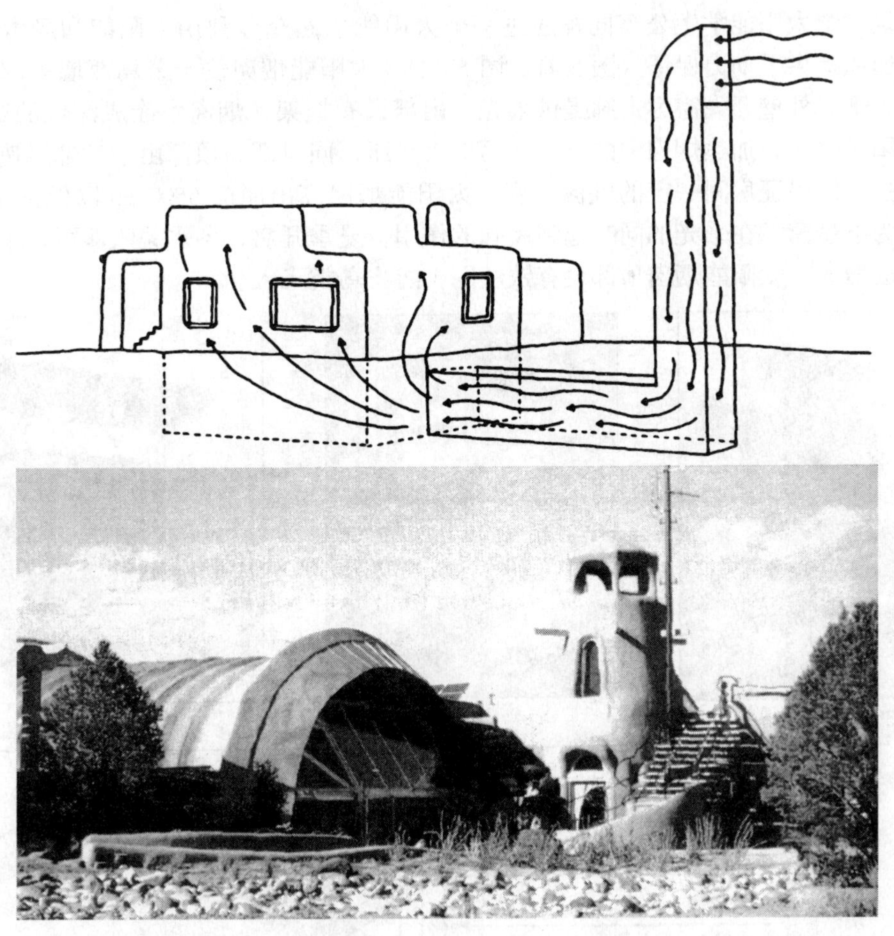

图5-38　太阳能烟囱（风塔）

较小，为了更好地实现自然通风，设计师首先控制建筑进深为13.6m，以利于自然采光和通风，然后设计了一组顶帽可以升降的圆柱形玻璃通风塔作为建筑的入口和楼梯间（图5-40）。玻璃通风塔可以最大限度地吸收太阳的能量，提高塔内空气温度，从而进一步加强烟囱效应，带动各楼层的空气循环，实现自然通风。

图5-39　英国诺丁汉税务部

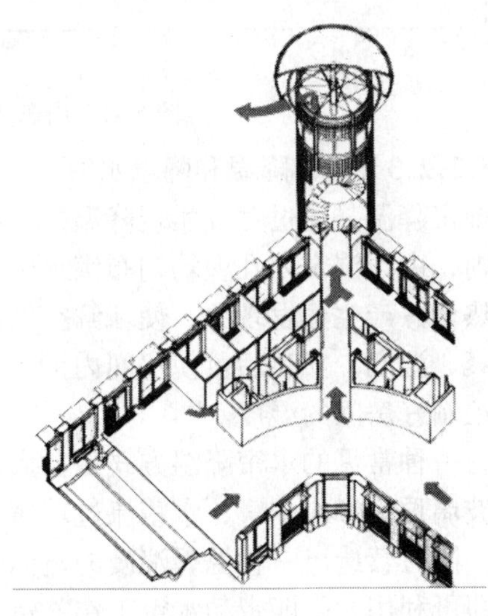

图5-40　英国诺丁汉税务部通风示意图

山东建筑大学太阳能学生公寓同样通过一个太阳能烟囱充分利用太阳能和风力强化烟囱效应，为自然通风提供了动力保证（图 5-41、图 5-42）。太阳能烟囱位于公寓西墙中部，与走廊通过窗户连接。烟囱外壁开大窗为走廊提供采光，内部设有框架，烟囱由涂成深色的金属板制成。金属板被太阳晒热后，加热烟囱中的空气从而增大热压，同时烟囱顶部由于外部风速较大使烟囱效应大大加强，以保证房间一定的气流速度。太阳能烟囱高出屋面 5500mm 以保证足够的压力。走廊的窗户为下悬窗，在采光的同时起到风阀的作用，夏季开启，冬季关闭即可，不会因烟囱效应使冷风渗透增大。太阳能烟囱顶部设有铁丝网，防止鸟类飞入。

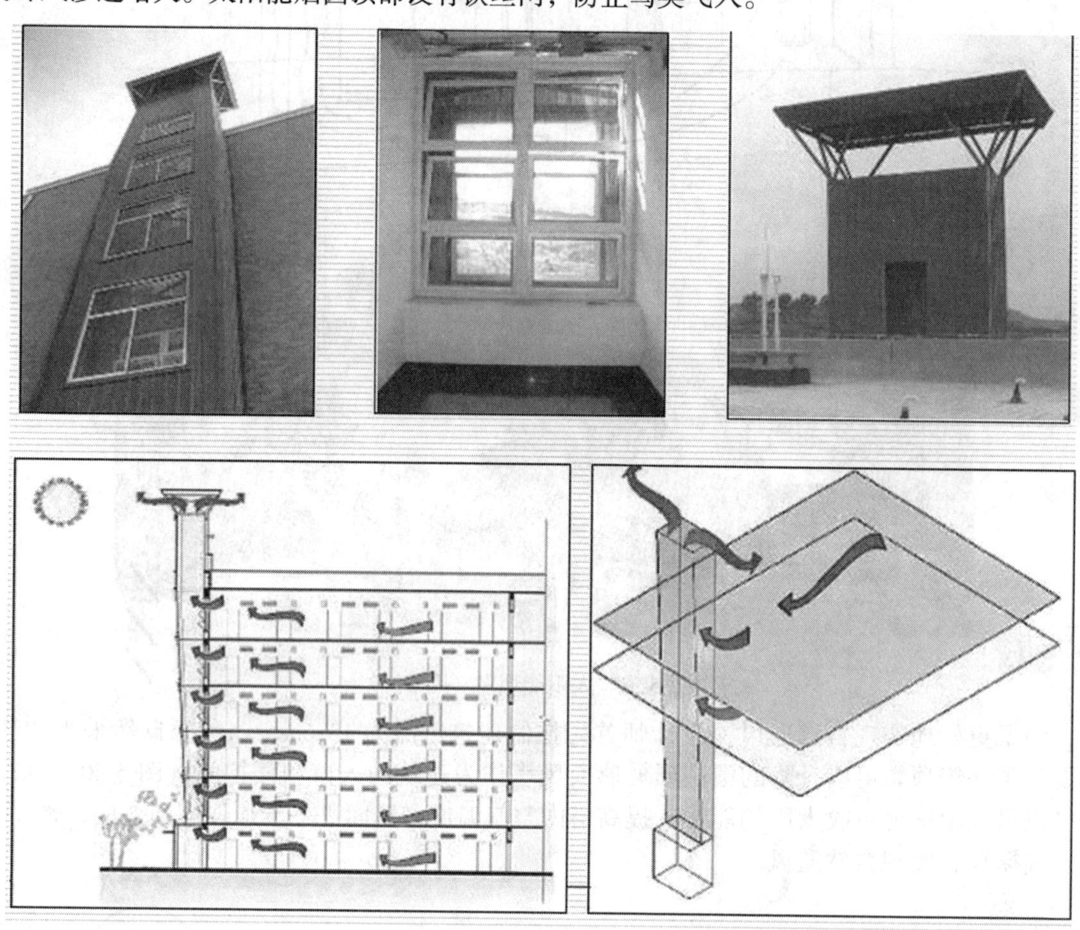

图 5-41　山东建筑大学太阳能学生公寓太阳能烟囱

5.2.2.3　湿帘降温和降温水帘

湿帘降温是通过蒸发实现降温的一种高效经济的降温方式（图 5-43）。干热空气通过湿帘进入室内，由于湿帘内孔壁均匀布满水膜，这样室外新鲜空气穿过湿帘时，湿帘上的水会吸收空气中的热量并产生蒸发现象，使新鲜空气温度下降，湿度增加，完成降温过程，从而使房间空气变得凉爽、湿润。安装后可使房间内的温度迅速下降，并将温度保持在 26 ~ 30℃，但在应用中应注意控制好房间的湿度。

另一种常见的水帘降温方式是在大面积的玻璃窗或玻璃幕墙外侧设置水帘，通过水泵将水提升至玻璃顶端形成水帘，水帘流过玻璃将玻璃降温，在起到一定遮阳效果的同时能有效降低室内温度，同时营造出一种温馨浪漫的室内效果。在太阳能建筑中，使用光伏电池作为水泵的动力来源，即可利用太阳能带动水帘工作，达到太阳能降温的目的。

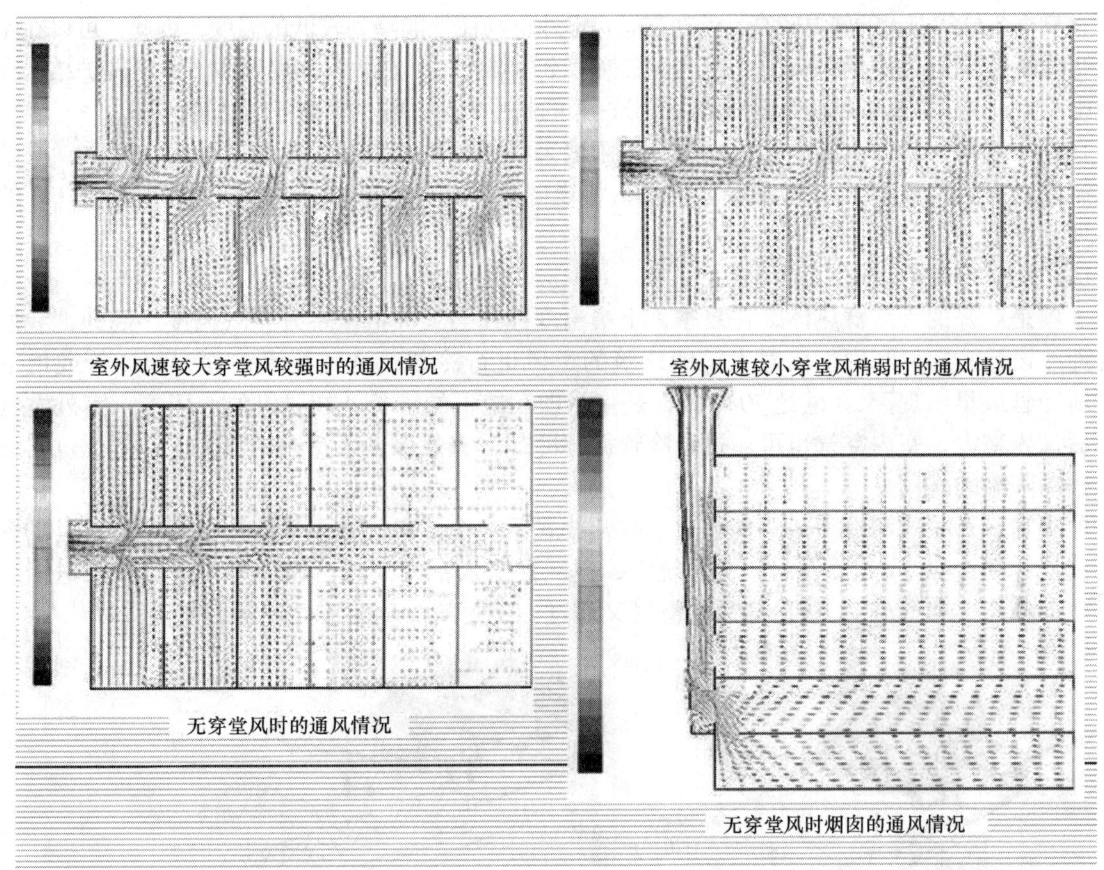

图 5-42　山东建筑大学太阳能学生公寓太阳能烟囱设计中的计算机辅助设计

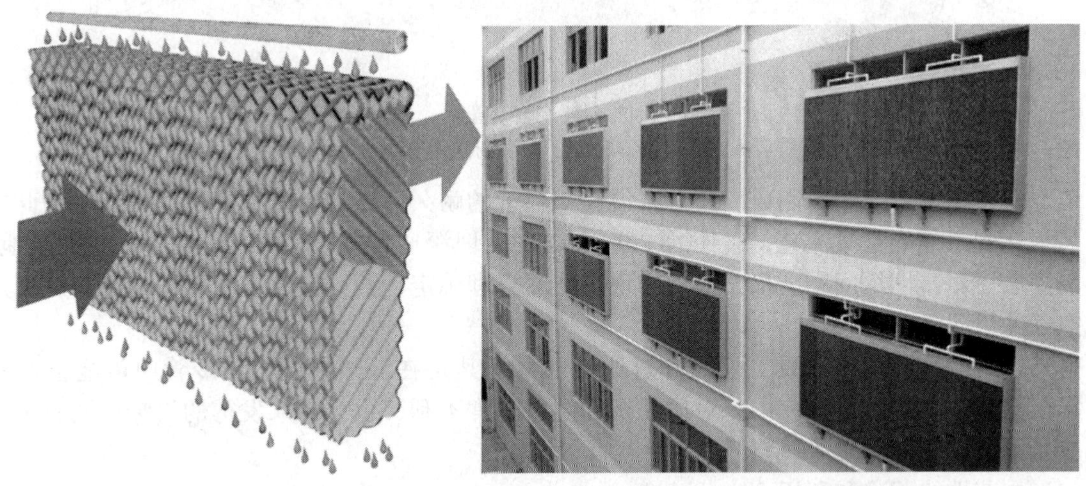

图 5-43　湿帘降温

5.2.2.4　室内降温措施（辅助制冷）

在使用被动式降温措施的同时，还可以使用风扇或空调设备对室内进行降温，注意温度、湿度、风速三个参数的合理结合，优化供冷参数以减小辅助冷源能耗。另外，辅助降温措施要设置温度控制器，在被动式措施能够满足需要的情况下应优先使用被动式措施。

5.2.2.5　自然冷源的有效利用

（1）夜间冷源的利用

在夏季，虽然白天的气温较高，但在夜间，室外空气往往能降到较低的温度，因此，可以在室外低洼处设置引风口，将室外冷风送入室内，置换掉室内热空气。在太阳能建筑中，由于围护结构保温性能比较好，这一措施可以有效地抵消一部分白天的制冷负荷，减少空调开机时间2～3h。

在山东建筑大学太阳能学生公寓中，太阳墙采暖通风系统设置了夏季工况。在夏季，调整温度控制器在室外气温低于28℃时启动风机，将夜间凉风送入室内，有效地改善了夏季白天的室内热环境。

（2）地下冷源的利用

土壤是最好的天然蓄热体，在夏季，土壤温度往往会大大低于室外空气温度。因此，我们通过合理的设计，即可利用土壤对太阳能建筑的送风进行冷却，这种技术被称为地冷管或地下风道。地冷管最早出现于20世纪70年代，是一组埋在地下的管子，在风机的作用下，室外空气被预冷后送入室内，室内空气也可通过地冷管循环冷却，有效保证了室内的凉爽，起到提供自然通风和被动降温的作用。

地冷管有开放式和封闭式两种形式。在开放式系统中，空气被引入室内，然后经打开的窗户排向室外［图5-44（*a*）］。在封闭式系统中，空气被引入室内，然后通过另一条路被泵送回地下加以冷却［图5-44（*b*）］。被冷却后的空气又通过一个封闭的环路被循环送回室内。

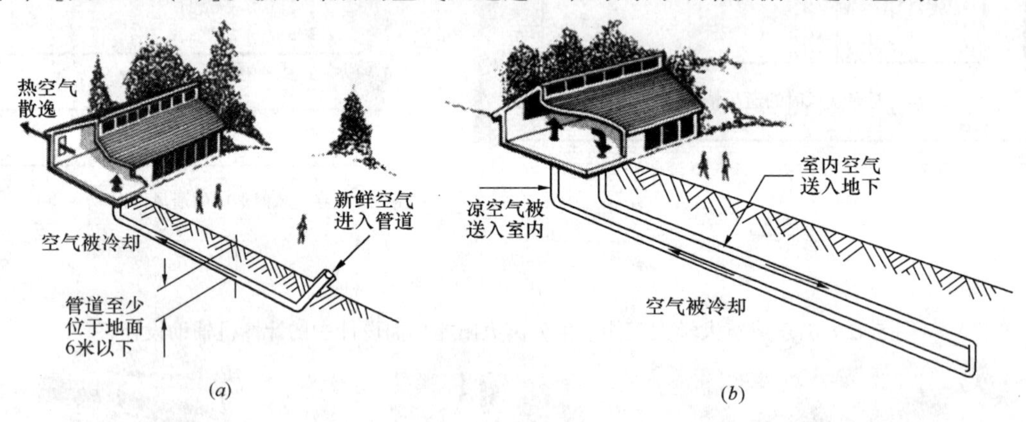

图5-44　地冷管

（*a*）开放式；（*b*）封闭式

地冷管可由金属或塑料制成。通常来说，塑料管的耐久性比较好，造价也比较低，因此应用较多。为达到最佳的空气流速，管径为150～200mm，埋深通常在2m以下，在炎热的气候地区，埋设深度应更深。埋深问题应根据地点和现场情况合理确定，否则会出现土壤不能冷却反而加热管内空气的情况。

另外，地冷管系统需要设置干燥和过滤装置，尤其是在湿热地区。地冷管内可能会产生霉菌，霉菌孢子会随空气进入室内，对居住者的健康非常不利，也会带来发霉的气味。同时还需注意防止昆虫或动物从室外采风口进入。

（3）季节性的蓄冷和利用

在北方地区，冬季最低气温多在0℃以下，是巨大的天然冷源，如果我们能将冬季的冷量蓄存起来供夏季使用，就能有效降低夏季制冷费用。山东胶东地区的渔民，就是在冬季将海冰收集储藏后留到夏季供海产品冷藏使用。由于太阳能建筑的围护结构保温性能要远远好于传统建筑，因此使用冬季冰蓄冷，来保证夏季制冷是完全可行的。在2005年举行的全国首届太阳能建筑设计竞赛中，山东建筑大学的《人居·生态·旅游》方案（图5-45）便采用了地下冰蓄冷的方式，将冬季冰块放入保温冰窖中冷藏，供夏季制冷使用，该方案得到了评委专家的认可，被评为技术专项奖。

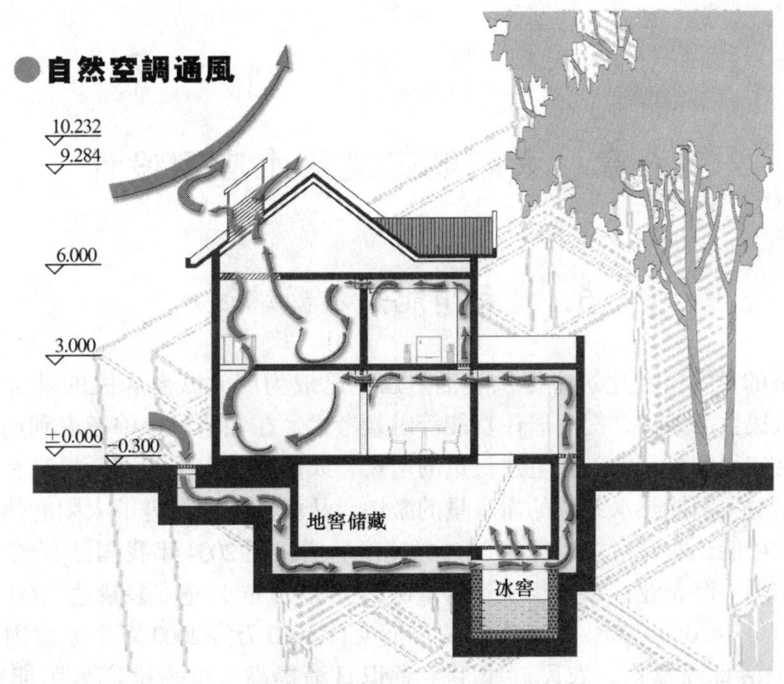

图 5-45　《民居生态旅游》中自然冰蓄冷和地冷管在农村居民中的应用

5.3　太阳能建筑室内空气品质的控制

与其他建筑相比，太阳能建筑的气密性要好很多。良好的气密性有效减少了冬夏两季的空气渗透负荷，但也为室内空气品质的控制带来了不利影响，因此应对太阳能建筑的室内空气品质问题予以足够的关注。

为了控制太阳能建筑的室内空气品质，首先应在建材的选择上严格把关，一定要选择无污染的生态建材。另外，要保证足够的通风换气量，这一点我们在上一节已经有了比较详细的分析，在此不作赘述。

太阳能建筑的通风换气效果和室内空气品质以及污染源的扩散情况可通过计算机模拟来进行预测，从而有效地指导设计人员对通风方案进行改进。图 5-46 所示为山东建筑大学太阳能学生公寓在设计过程中对公寓通风效果进行的模拟分析。

图 5-46　山东建筑大学太阳能学生公寓通风效果模拟预测

第6章　太阳能建筑热水应用设计

6.1　太阳能热水器综述

随着我国经济的发展，在建筑中提供生活热水也已成为广大城乡居民的基本生活需求。从节能、环保、改善人民生活条件、提高居住功能等因素考虑，在住宅设计中考虑利用太阳能热水器提供生活热水是非常实用和可行的。住宅建设量的增长、人们生活水平的不断提高和生活热水需求量的加大，都导致了对太阳能热水系统的需求量的激增，从而极大地促进了太阳能热水器市场的迅速发展。近年来，太阳能热水器市场以每年35%的速率递增，到2004年我国已有约4000个具有一定规模的太阳能热水器生产企业；2005年年销售量已达1500万m^2，总安装量达7000万m^2。同时我国太阳能产业也正以每年20%～30%的速度增长，至少有1000万～2000万个家庭因此而受益。另外随着广大农民的生活日渐富裕，农民健康卫生意识日渐提高，也为推广太阳能热水器带来无限商机。

6.2　太阳能热水器建筑一体化

在诸多太阳能热利用技术中，技术最成熟、应用最广泛的是太阳能热水器。在国内已有近二十年的发展历史，具备了规模化推广应用的初步条件，并已步入了产业化生产的阶段。所谓太阳能热水器建筑一体化，概括起来说就是指太阳能热水器与建筑充分结合并实现功能和外观的和谐统一。

理想的太阳能建筑一体化，即太阳能与建筑完全融为一体（例如，屋顶就是太阳能光电池，向阳的墙壁或阳台栏杆就是集热器板），如果去掉太阳能装置，整个建筑就将被拆掉。很显然，这样的理想状态在现阶段很难实现。现在技术最成熟也最可能实现的是将太阳能热水器的安装与建筑设计相结合，在建筑设计中就将太阳能热水器的安装位置、荷载及管道考虑在其中，使用户使用太阳能热水器就像用空调机一样方便。此外，还应做好防雷、抗风等措施，同时处理好建筑的外观立面。

6.2.1　国内现状及存在的问题

现阶段我国太阳能热水器在建筑上的应用还存在着“两张皮”的现象，太阳能热水器与建筑物缺少有机的结合。在一些城市，太阳能热水器甚至正在成为一种新的“视觉污染源”。

图6-1　既有多层住宅（平屋顶）太阳能热水器安装现状

总体来说，有两种情况：一种是旧建筑，旧建筑上安装的热水器通常是既不同时、也不同步，规格各异，造成杂乱无章的无序状态。许多住宅的平屋顶上安装的太阳能热水器就是这种情况的典型表现（图6-1、图6-2）。另一种情况是新建住宅建筑仍然采用老办法安装，由于缺乏与建筑设计结合的整体考虑，尽管在热水器的安装上注意了排列整齐，但仍然破坏了原有建筑的整体外观形象（图6-3）。

目前，我国绝大部分住宅都没有配备生活热水系统，主要由居民自行安装热水器。家庭安装的太阳能热水器通常都是在屋顶单独安置，集热板、水箱、管线大多是建筑完成后另外安装的，因此在太阳能热水器的安装和使用过程中出现了很多问题，其中热水器管线布置不便是主要影响因素之一。对于大部分既有住宅，由于没有预留热水管道井，管线只能从卫生间通风道进入户内，有些通风道由于管道尺寸较小或由于施工原因并不通畅，无法容纳多根热水器管线，而且也会影响通风道的通风作用。(图 6-4)。

图 6-2　既有多层住宅（坡屋顶）太阳能热水器安装现状

单独安装的热水器在屋面上不容易进行有效固定，作为后置设备的安装也容易造成对屋面防水层的破坏；由于热水器不是统一安装的，各住户间的热水器可能会排列不合理，从而造成相互遮挡；在多层住宅中，由于管线较长等原因，低层用户每次用水前都要放掉管路中的存水，造成浪费与不便；热水器水箱由于暴露在室外，在冬季会有一部分热量散失掉；各住户单独安装热水器，既占用空间，安装成本也比较高。

图 6-3　新建多层住宅太阳能热水器安装现状

除此之外，在太阳能热水器的推广过程中同样存在着一些问题，主要包括：

（1）虽然太阳能热水器运行费用几乎为零，但一次性投入相对较大，推广比较困难。

（2）太阳能热水器集热装置的颜色比较单一(目前只有单一的黑灰色),建筑师在进行一体化设计时,选择空间小,设计思路受限。

（3）太阳能热水器的集热器方阵与周围建材的连接不够平滑，这一点需要同建材生产厂家合作才会取得令人满意的结果。

（4）建筑师、房地产开发商重视程度不够，对使用太阳能热水器没有积极性。没有在设计、建造过程中同步考虑太阳能热水器的安装问题。

图 6-4　太阳能热水器管道安装现状

（5）缺乏太阳能应用的鼓励政策。虽然我国对太阳能热水器开发、生产方面制定了一些鼓励性政策，但在推广应用方面还没有相应的政策支持，导致房地产开发商对这一新技术缺乏积极性和主动性。

6.2.2　国外现状及启发

近年来，不少发达国家如德国、日本在太阳能热水器与建筑一体化设计方面已经进行了一些有益的探索和尝试，使太阳能技术的应用与建筑设计得到了巧妙而有机的结合，提供了许多成功的实践经验（图 6-5）。

图 6-5　欧洲民居的太阳能热水器利用

6.2.2.1　德国太阳能热水器与建筑的结合

德国是比较重视对太阳能等可再生能源的研究和开发的国家之一，在这一领域有着比较成熟的经验，对太阳能技术在建筑中的应用也进行了不懈的努力。目前在德国的许多建筑中，太阳能技术的应用已经成为建筑设计中考虑的重要内容。下面简单介绍一下太阳能热水器技术在德国的应用。

（1）居住建筑

对于私人住宅，太阳能集热器与建筑的结合方式要看房主对热水供应和采暖的设想而定。一般采用双循环系统，室内有单独的储水箱，带有热交换器和辅助加热系统。在欧洲这样太阳能并不十分丰富的地区，该系统一年四季都可以提供热水。太阳能全年可以满足 70% 的热水需求，夏季 100% 的家庭热水都可以用太阳能系统满足。这种系统要求集热器有较高的承压能力，当然也有少数用户采用非承压单循环系统（图 6-6）。

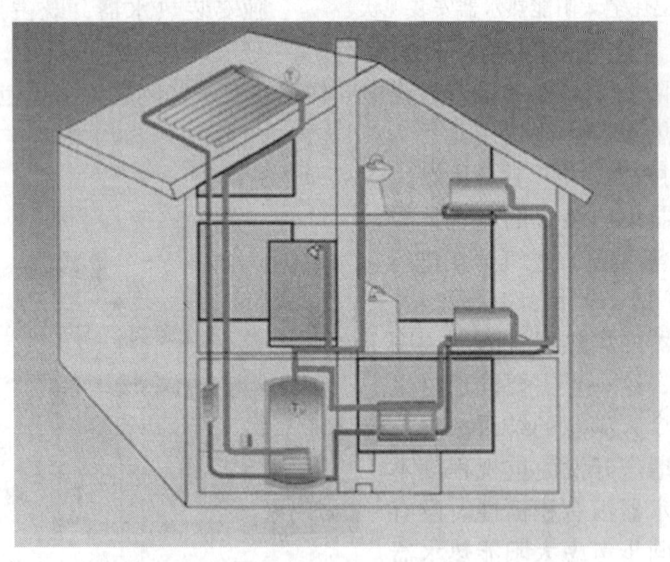

图 6-6　私人住宅太阳能热水器原理图

私人住宅中，集热器的安装方式也比较灵活。大多安装在斜屋顶上，根据屋顶斜坡坡度的不同，以不影响房屋的使用和外表的美观为原则，可以直接将集热器安在屋顶，或者用支架安装。以不影响房屋的使用和外表的美观为原则（图 6-7）。

对于多层居住建筑，如果是平屋顶，集热器的安装可以是倾斜的或者水平的。倾斜安装的大都采用热管式真空管，根据所处的地理位置设计支架的角度。如果住户喜欢自己的集热器水平安装在平屋顶上，那么可以选择直流式真空管，并根据所处的地理位置旋转直流式真空管吸热板的角度（图 6-8）。

图 6-7　私人住宅太阳能热水器建筑一体化

图 6-8　平屋顶上的真空管式太阳能热水器

(2) 公共建筑

大型太阳能热水系统与公用建筑的结合，取决于建筑的风格、建筑物内部热水用量以及所要求的太阳能保证率，即希望有多少比率的热水由太阳能来提供。然后根据建筑风格和所需要的集热器面积来选择与建筑结合的方式。总的来说，集热器无外乎安装在坡屋顶、倾斜或水平安装在平屋顶，以及垂直安装在平屋顶或建筑物外墙上（图 6-9）。系统一般都要求有承压能力的双循环系统。

图 6-9　公共建筑太阳能热水器建筑一体化

6.2.2.2　日本太阳能热水器与建筑的结合

日本的小别墅，一般在坡屋面上安装集热器，充分照顾了建筑整体外观形象。有的将太阳能集热器安装在入口正上方屋面上，在形象上突出了建筑入口；有的将集热器安装于屋顶的老虎窗下方。在一幢独院式小住宅中，设计者将集热器作为建筑元素语言置于起居室的整面向阳的坡屋面上，与建筑形体较好地结合，同时在整体形象上突出了起居室屋顶的科技内涵（图 6-10）。

图 6-10　日本太阳能热水器与建筑的结合

图 6-11　荷兰太阳能热水器与建筑的结合

6.2.2.3　荷兰太阳能热水器与建筑的结合

在荷兰的一处联排住宅中，设计者在屋面上按适宜接受阳光的角度做了坚固的标准化框架体系，这种标准构件将建筑屋面结构与采光窗、太阳能集热器巧妙组合成一个整体，形成了科技含量较高的新型整合屋面体系，不仅使太阳能系统与建筑达到了有机的结合，同时也创造出了一种全新的外观形象（图 6-11）。

6.2.2.4　以色列太阳能热水器与建筑的结合

常规能源匮乏的以色列是个阳光充足的国家，在一幢建筑中，设计师将集热器设置于跌落的屋顶平台的尽端，与建筑的体形结合，使建筑因此有了生动的造型。另一幢多层住宅楼，同样将集热器设置于阳台，每户都安装了包括 2.4m^2 的平板式集热器、230L 的储水箱以及 370L 水暖器在内的内装式太阳能热水系统，通过精心设计，建筑师将其与建筑阳台结合，处理得错落有致（图 6-12）。

图 6-12　以色列太阳能热水器与建筑的结合

6.2.2.5　法国太阳能热水器与建筑的结合

法国国家实用技术研究所最近发明的一种建筑外墙玻璃可以同时起到太阳能热水器的作用，这一研究成果非常适合目前法国提倡的建筑节能的要求。这家研究所提供的相关材料介绍说，这是一种双层中空玻璃，其中 40% 的面积是透明的，余下部分被盘旋状的铜管以及有效反射管所覆盖，覆盖物位于玻璃内层。这种双层中空玻璃可以吸收太阳能将水加热。对于一幢大楼来说，仅仅利用外墙玻璃即可解决热水问题，每年可以节省大量的电力或煤气。此外，新型玻璃在保持屋内温度、防止过多阳光进入室内等方面与普通建筑外墙玻璃没有区别，因此有很强的市场竞争力。研究人员指出，由于这种玻璃并非是完全透明的，因此它不能用来取代窗户玻璃，而是用来替代除窗户外的其他各种建筑外墙玻璃。

国外太阳能热水器与建筑一体化设计的成功实践证明，我们可以通过采用与建筑构件整合设计、与建筑造型有机整合、新型整合屋面系统、保持原建筑的整体形象等建筑设计手法，配合现有技术手段实现真正意义上的太阳能热水器与建筑的完美结合。

6.2.3　解决问题的方法

从上述国内外太阳能热水器建筑一体化设计的简单介绍中，大家不难体会到，无论是杂乱无章的安装，还是排列整齐的安装，如果没有与建筑结合一体化设计，太阳能热水器，必然会对建筑的外观形象产生破坏。如果不改变这种无任何设计的后置设备安装现状，太阳能热水器的大量使用最终会对建筑群体甚至整个城市的建筑风貌造成一种新的视觉污染，这种矛盾积累到一定阶段就会影响到太阳能热水器的发展，这是一个迫在眉睫的问题。

一体化设计将起到扩大和规范太阳能热水器市场，推动太阳能热利用产业进一步发展的积极作用。同时要进一步完善太阳能热水器产品质量，太阳能热水器产品应做到多样化、建筑构件化，使太阳能热水器成为建筑的一个构件，可方便地安装在建筑上。要求太阳能热水器生产厂家多从建筑安装角度考虑产品设计制造。

为鼓励太阳能热水器的使用，除对生产厂家有政策优惠外，还应对使用者制定相应的优惠政策。大力宣传太阳能热水器技术，使更多的开发商、建筑师认识到它的好处，了解太阳能热水器安装技术，从而自觉地采用太阳能热水器。

6.2.4　新建建筑中太阳能热水器与建筑一体化设计原则

太阳能热水器与建筑一体化是解决现阶段我国太阳能热水器安装中各种问题的必然途径，也是太阳能热水器应用发展的必由之路。所以，太阳能热水器与建筑结合应该在建筑设计时就统一考虑，太阳能装置（包括集热器、热水箱、管道和附件等）应作为建筑的一个有机组成部分，与建筑形成一个有机整体、融为一体，达到太阳能热水器排布科学、有序、安全、规范，进而充分发挥太阳能热水器的环保节能效果，实现太阳能热水器与建筑的一体化，实现绿色能源与人类居住环境的完美结合。下面对新建建筑中太阳能热水器与建筑一体化提出一些基本的设计原则与建议。

6.2.4.1　居住建筑

1. 太阳能热水器在建筑设计中应统一考虑，有效利用屋面、墙面、阳台栏板，合理安排管线，充分发挥设备功效，使太阳能集热器与屋面形成一个整体，成为建筑的一个有机组成部分，不可过于凌乱；在不影响建筑整体风格的基础上，尽量采用坡屋面设计，这样屋面和集热器容易结合成一体，也可以增加集热面积。

2. 应尽量采用水箱和集热器分开的分体式系统。集热器与屋面结合，可以利用坡屋顶形成的三角形空间作为设备间，安置水箱和循环泵等设备，这样可以减少管路的长度，减少热损失，同时使整个系统处于隐蔽环境，对建筑外观没有任何影响。

3. 在居住建筑中，要摈弃每家一套热水器的安装方式，改用集中式热水系统供水，每户安装热水表进行计量收费。

4. 建议使用的集热器尺寸为 900mm × 600mm 或 900mm × 800mm，从而使其在层高为 2.8 ~ 3m 的多、高层住宅建筑中达到统一化；太阳能集热器可作为建筑构件来进行设计，即同其他建筑构件（如门窗）一样编制相应的建筑安装标准图，制定相应的质量验收标准，同时系统应具备化整为零的能力，方便施工与维修。

5. 由于太阳方位的变化，可设置智能化液压支杆，使太阳能集热器与太阳光线保持垂直。

6.2.4.2　公共建筑

在公共建筑中集热器铺设面积往往较大，需要兼顾美观与效率的统一。结合公共建筑的造形和特点，实现集热器的构件化主要应考虑以下几个方面：

1. 与屋面飘板相结合：虽然存在一定的热量损失，但为以后的安装检修都带来了方便。在许多建筑中本来就设计了装饰性飘板，为纯装饰物注入了实用价值，添加了较高的技术含量，一举两得。注意真空集热管与其他建筑材质要适当搭配，不要显得过于突兀。

2. 与女儿墙相结合：这种方式的热量损失相对较小，但是有一定的局限性。首先是可用的集热器面积较少，因而层高较低的建筑比较适用。其次，这属于彰显式太阳能建筑，对建筑外立面影响较大，在建筑设计时，应该考虑集热器的外观，与建筑立面整体效果的搭配。可以依据立面形式决定真空管水平或者垂直放置，然后选择适当的热水系统（垂直放置时可以用非强制循环热水系统，水平放置时必须采用强制循环热水系统）。

3. 与装饰百叶相结合：现阶段建筑立面中采用百叶装饰的例子不胜枚举。大部分情况下，这些百叶还是作为立面装饰。建筑物南墙面积相对较多，如果对这种太阳能集热系统进行研究推广，不但适用于多层，在中高层建筑中也可广泛运用。既能够兼顾百叶的美观，又不妨碍其正常的工作。

综上所述，如果能在安装太阳能热水器时考虑建筑一体化，不但可以提高建筑与设备的整体质量，减少荷载和材料用量，而且可以降低综合成本，提高构造的合理性。

6.3 太阳能热水器的组成及工作原理

太阳能热水系统是由太阳能集热元件（平板集热器、玻璃真空管、热管真空管及其他形式的集热元件）、蓄热容器（各种形式水箱、罐）、控制系统（温感器、光感器、水位控制、电热元件、电气元件组合及显示器或供热性能程序电脑）以及完善的管道保温、防腐部分等有机地组合在一起的。在阳光的照射下，使太阳的光能充分转化为热能，辅以电力和燃气能源，就成为非常稳定的能源设备，提供中温热水供人们使用。

6.3.1 集热器

太阳能集热器是把太阳辐射能转换为热能的主要部件。经过多年的开发研究，已经进入较成熟的阶段，主要有四大类：闷晒式集热器；平板式集热器；真空管式集热器；真空超导热管式集热器。

图 6-13 闷晒式集热器

6.3.1.1 闷晒式集热器

闷晒式集热器是最简单的集热器（图 6-13），工作温度低，成本低廉，全年太阳能量利用率 20%。由于结构笨重，热水保温问题不易解决，目前应用较少，本书不作详细介绍。

6.3.1.2 平板式集热器

平板式集热器是在 17 世纪后期发明的，但直至 1960 年以后才真正进行深入研究和规模化应用。在除闷晒式集热器以外的其余三种类型中，平板式太阳热水器制造成本最低，但每年只能有 6～7 个月的使用时间，冬季不能有效使用。在夏季多云和阴天时，太阳能吸收率较低。

平板式集热器的基本工作原理是：在一块金属片上涂以黑色，置于阳光下，以吸收太阳辐射而使其温度升高（图 6-14）。金属片内有流道，使流体通过并带走热量。在板的背后衬垫保温材料，在其阳面上加上玻璃罩盖，以减少板对环境的散热，全年太阳能量利用率可达 50%（图 6-15）。

由于闷晒式集热器和平板式集热器热损失大，难以达到 80℃以上的工作温度，冬季热效率低，现阶段在我国大中城市中使用较少。但由于其造价、热效率、人工费用等方面的特点与欧洲国家的国情和气候特点相符，所以在欧洲各国有着较广泛的市场和较大的市场占有率（耐久性图 6-16）。

6.3.1.3 真空管式集热器

虽然采用了选择性吸收表面，但平板集热器热损系数还很大，这就限制了平板集热器在较高的工作温度下的有效得热。为了减少平板集热器的热损，提高集热温度，国际上 20 世纪 70 年代

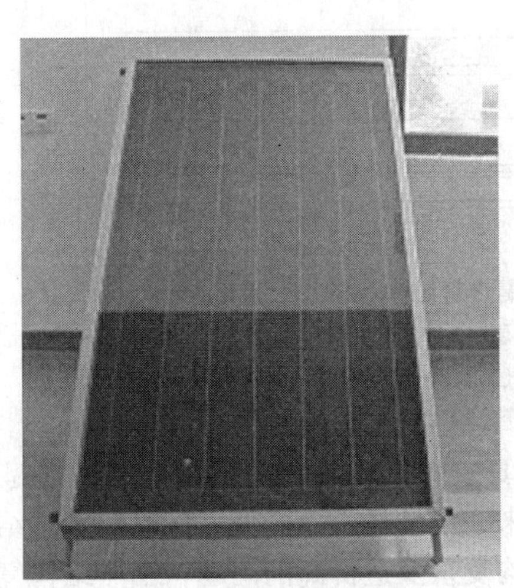

图 6-14　平板式集热器

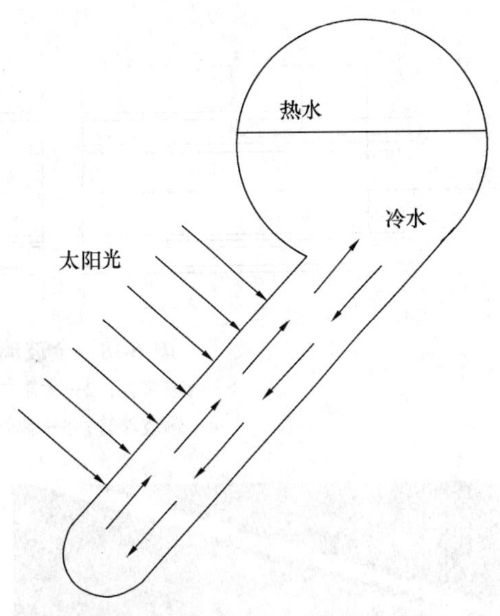

图 6-15　平板式集热器工作原理

图 6-16　国外平板式集热器在屋顶的安装情况

研制成功真空集热管，其吸热体被封闭在高真空的玻璃真空管内，充分发挥了选择性吸收涂层的低发射率及降低热损的作用（图 6-17）。在内层玻璃外表面，利用真空镀膜机沉积选择性吸收膜，再把内管与外管之间抽真空，这样就大大减少了对流、辐射与传导造成的热损失，使总热损失降到最低，最高温度可以达到 120℃，这就是真空集热管的基本思路（图 6-18）。将若干支真空集热管组装在一起，即构成真空管集热器，为了增加太阳光的采集量，有的在真空集热管的背部还加装了反光板，即 CPC 板。

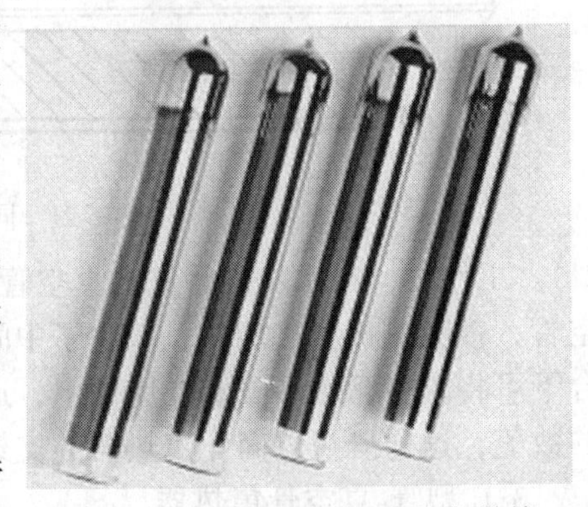

图 6-17　全玻璃真空太阳能集热管

真空管集热器按照不同的类型又可以分为：热管-真空管集热器、同心套管-真空管集热器、U 型管-真空管集热器。

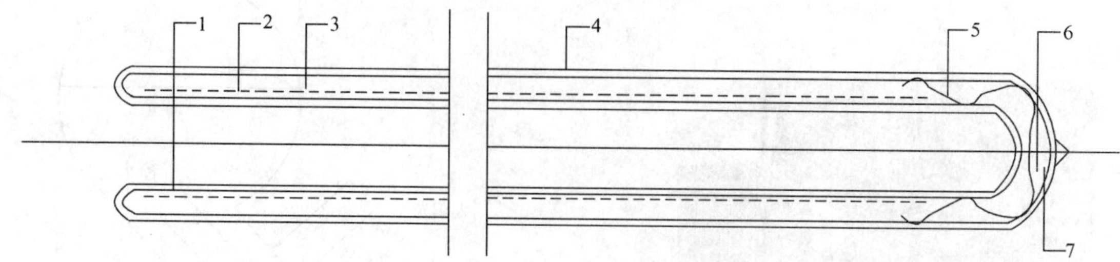

图 6-18　全玻璃真空太阳能集热管结构

1—内玻璃管；2—太阳能选择性吸收图层；3—真空夹层；
4—罩玻璃管；5—弹簧夹子；6—吸气剂；7—吸气膜

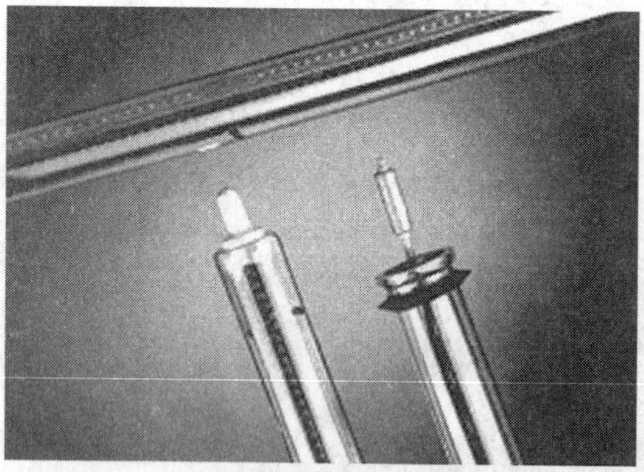

1. 热管-真空管集热器

热管-真空管集热器（图 6-19）的缺点是热量转换会带来一定的热效率降低，同时双真空结构也会带来结构复杂及造价高的问题，当然结构复杂本身也极易导致装置的可靠性和寿命问题。目前无论国外还是国内太阳能行业所用的热管，都还有很大改进空间，如能在制作及检验技术上更进一步，热管-真空管将是一种非常有前途的集热器形式。热管-真空管集热器有封装式和插入式两种，前者的问题是造价和寿命，后者的问题是转换效率（图 6-20）。

图 6-19　热管式真空管太阳能集热管

2. 同心套管-真空管集热器（或称直流式真空管）其外形跟热管式真空管较为相似，只是在热管的位置上用两根内外相套的金属管代替（图 6-

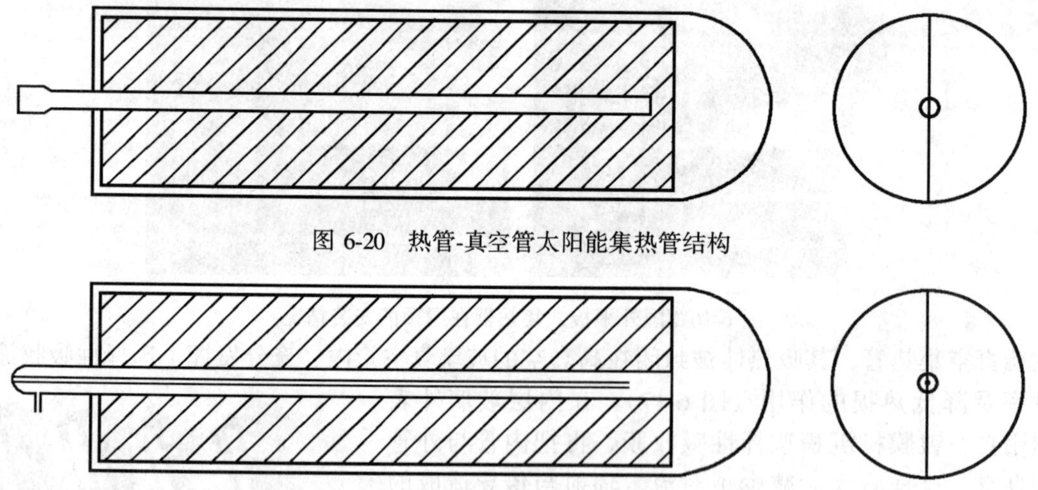

图 6-20　热管-真空管太阳能集热管结构

图 6-21　同心套管式真空管太阳能集热管结构

21）。工作时，冷水从内管进入真空管，被吸热板加热后，热水通过外管流出。传热介质进入真空管，被吸热板直接加热，减少了中间环节的传导热损失，因此提高了热效率。同时，在有些场合下可将真空管水平安装在屋顶上，通过转动真空管而将吸热板与水平方向的夹角调整到所需要的数值，这样既可以简化集热器的支架，又可避免集热器影响建筑美观。

3. U 型管-真空管集热器

U 型管-真空管太阳能集热器是在全玻璃真空管中插入弯成 U 型的金属管，在 U 型金属管和全玻璃真空管之间，同样有与二者均紧密接触的金属翅片，担负二者之间的热传导。被加热流体在金属管中流过时，吸走全玻璃真空管收集的太阳能热量而被加热。

U 型管-真空管集热器和热管-真空管集热器一样，既实现了玻璃管不直接接触被加热流体，又保留了全玻璃真空管在低温环境中散热少、加热工质温度高的优点，同时还避免了热管-真空管集热器双真空结构带来的一系列问题。由于被加热流体是在玻璃管中被加热，热量转换得更直接，整体效率也高于热管-真空管集热器。它的主要问题是以水为工质时，存在金属管冻裂和结垢问题，所以一般用于双循环系统及强制循环系统。（图 6-22）。

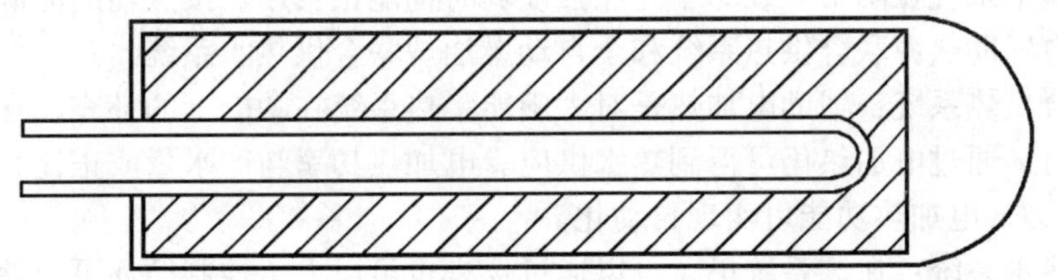

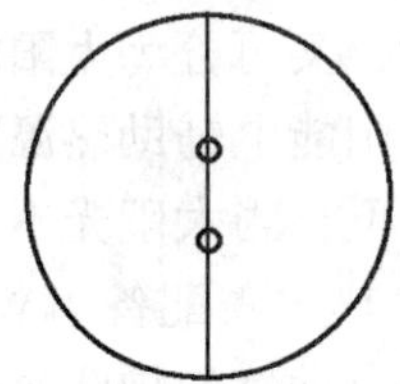

图 6-22　U 型管-真空管太阳能集热管结构

4. CPC 反光板与真空管的结合

传统反射板为平板式或单反光弧式，其缺点是，太阳光反射面积小，有效光照时间短，当太阳光线由正向垂直照射逐渐偏离时，反射板表面反射到集热管的光线逐渐减少，热损大，聚光效率低，并且因为中国大部分地区气候条件并不是太好，传统反射板在使用中会很快被腐蚀，也就失去了反射性能，自然也就导致热水器功能的下降。

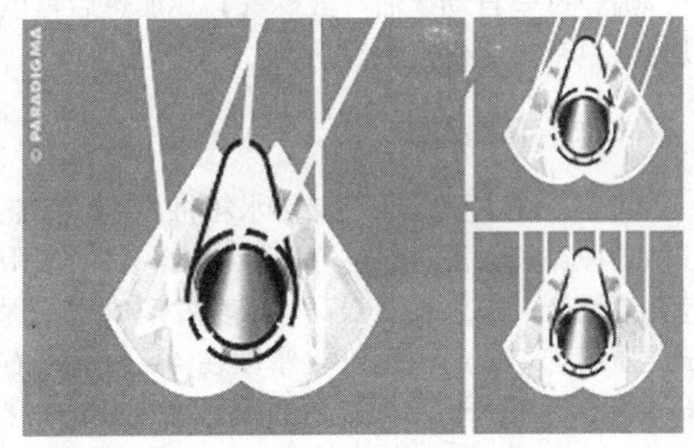

图 6-23　CPC 反光板工作原理

CPC 反光板（图 6-23）具有双弧面，并且两个弧面的弧线为所用真空集热管截面圆的渐开线。由光学原理可知这种双弧面上的每一点的光线都能反射到真空集热管上，无论在晴天还是阴天，CPC 反光板都可实现 360°采光，聚光效率高，反射率高，整机热损小；尤其在阴雨天气，CPC 反光板能将空气中散射阳光聚焦，反射到真空管表面，提高集热效率。相对于普通集热器，CPC 集热器在春、秋、冬季均能获得更多的能量，无论天气多云或气温在 0℃以下，都能全年安全可靠地供应热水（图 6-24）。

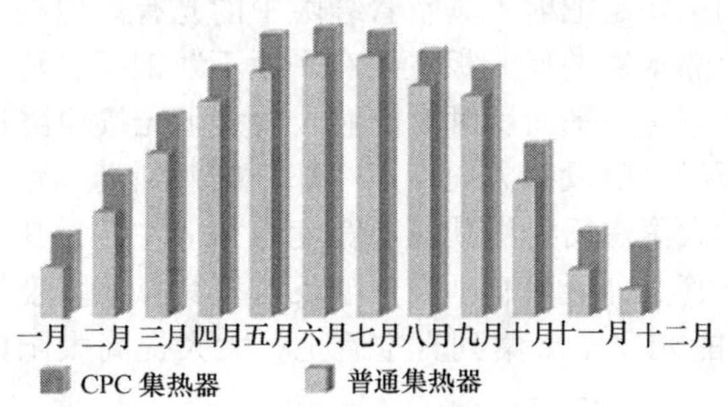

图 6-24　CPC 与普通集热器效果对比

5. 聚光式集热器

集热器按是否聚光，可以划分为聚光集热器和非聚光集热器两大类。非聚光集热器（闷晒式集热器、平板集热器、真空管集热器）能够利用太阳辐射中的直射辐射和散射辐射，集热温度较低；聚光集热器能将阳光会聚在面积较小的吸热面上，可获得较高温度，但只能利用直射辐射，且需要跟踪太阳。

6.3.2　循环系统

循环系统的作用是连通集热器和贮热水箱，使水可不断通过集热器进行加热形成一个完整的加热系统。循环管路设计施工是否正确，往往影响整个热水器系统的正常运行。一些热水系统水温偏低，就是由于管道走向和连接方式不正确。

6.3.3 控制系统

控制系统用来使整个热水器系统正常工作并通过仪表加以显示，包括无日照时的辅助热源装置（如电加热器等）、水位显示装置、温度显示装置、循环水泵以及自动和手动控制装置等。

6.3.4 辅助能源系统

辅助能源系统保证了整个系统在阴雨天或冬季光照强度弱时仍能正常用。按照辅助能源的来源不同，又可分为太阳能电辅助热源联合供热系统和全自动燃油炉联合供热水系统。

太阳能电辅助热源联合供热系统：辅助电加热是对太阳能集热系统在功能上的补充，在阴雨雪天气下，当太阳光不足时，通过电加热仍可得到热水供应。电加热功率与产水量成正比，一般计算 1t 热水需配备 4kW 电力，电加热功能可实现自动化。

全自动燃油炉联合供热水系统：在该系统里，可以通过仪表也可以人工控制循环泵，使之在白天或太阳辐射照度满足要求时启动，在集热器吸收太阳能给蓄热水箱的水加热。辐射量不足时，则经过全自动燃油（或燃气）炉加热后再供给用户。该系统既充分利用了太阳能资源，又可以为用户全天提供热水。

6.3.5 储热系统

储热系统主要是通过储热水箱将加热后的热水进行储存、备用，其保温效果完全取决于保温材料的种类和保温材料的厚度及密度。目前太阳能热水器保温材料多选用聚氨酯。聚氨酯整体发泡工艺复杂，加工难度很高。成功发泡成型的保温泡沫整体性好，无漏发泡，泡沫密度达 80kg/m^3，强度均匀，封闷性好。厚度在 4～5cm 左右，即可达到很好的保温效果（东北严寒地区需 6cm 厚）。水箱外壳必须选择抗腐蚀耐老化的材料制成。

6.3.6 支撑架

支撑架主要由反射板、尾座及主撑架组成，是为保证集热系统的采光角度及牢固性与整个系统的正常运行而设计的辅助部件（图 6-25）。

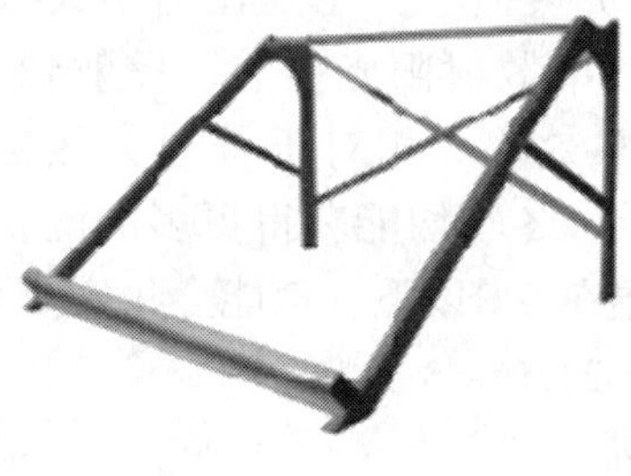

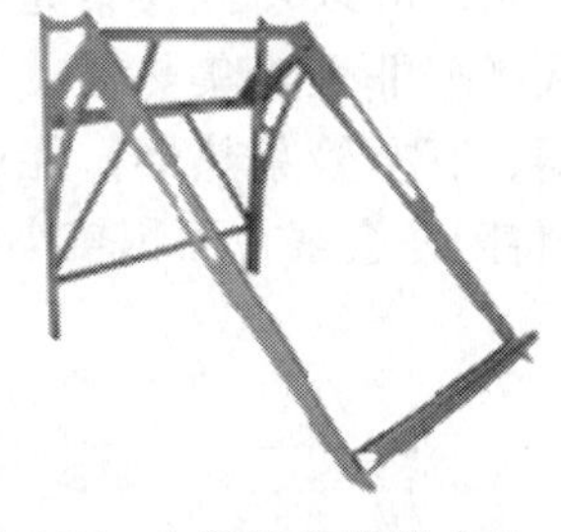

图 6-25 太阳能集热器支架

反射板的作用主要是把射入真空管缝隙中的光有效地利用起来。现在市面上热水器的反光板主要有平面不锈钢板、轧花铝板、大聚焦、小聚焦。平面反射板把射入的太阳光按原路反射回去；轧花铝板漫反射没有方向性，一部分反射到真空管上而加以吸收利用。大聚焦反射板其弧面宽度为 8cm 左右，其聚焦点则全部在真空管之外。只有小聚焦型反射板其弧面宽度为 6cm，能够把太阳能光完全聚集到真空管上，大大提高太阳能热使用率。

尾座的作用是保持真空玻璃管的稳定。其材料是选用厚度在 0.6mm 以上的 430 不锈钢板。如低于此厚度则强度不够，刚板弯曲变形，易导致真空管下滑脱落破碎。

主撑架选用 430 不锈钢，须用不锈钢螺钉连接。430 不锈钢有优秀的高强度性能，正规厂家大多选用此材料。

6.4　太阳能热水系统分类

1. 按照太阳能热水系统提供热水的范围，可分为以下几类：

(1) 单独系统

单独系统虽操作起来较容易，目前建筑市场中应用较多，但管道多，管理难，不易做到与建筑的结合。

(2) 综合系统

综合系统即多住户共用一套循环加热系统与一个蓄热水箱，进行集中供热，可由太阳能集热系统和热水供应系统组成（图6-26）。集热系统的主要组成部分为：太阳能集热器、辅助加热或换热器储水箱、循环管路、循环泵、控制部件和控制线路。除了集热器外，其余所有部件均是常规建筑水暖设计经常采用的成熟产品，所以必须保证太阳能集热器的性能和质量，才能使之适应建筑一体化的要求。热水供应系统由配水循环管路、水泵、控制阀门和热水计量表组成，与常规的生活热水系统相同。

图6-26　集中计量供水的综合系统

2. 按照太阳能热水系统的运行方式可分为自然循环系统、强制循环系统和直流式系统。在我国，家用太阳能热水器和小型太阳能热水器系统多用自然循环式，而大中型太阳能热水器系统多用强制循环式。

(1) 自然循环系统

自然循环系统主要是由太阳能组件、热水储蓄器、转换或交换装置、固定框架等装置构成。此类热水系统如图6-27所示。其中蓄水箱必须置于集热器的上方，水在集热器中被太阳辐射加热后，温度升高；由于集热器中与蓄水箱中的水温不同，因而产生密度差，形成热虹吸压头，使热水由上循环管进入水箱的上部，同时水箱底部的冷水由下循环管进入集热器，形成循环流动。这种热水器的循环不需要外加动力，故称为自然循环。在运行过程中，系统的水温逐渐提高，经过一段时间后，水箱上部的热水即可使用。在用水的同时，由补给水箱向蓄水箱补充冷水。在设计使用中要注意解决好以下几个技术问题：

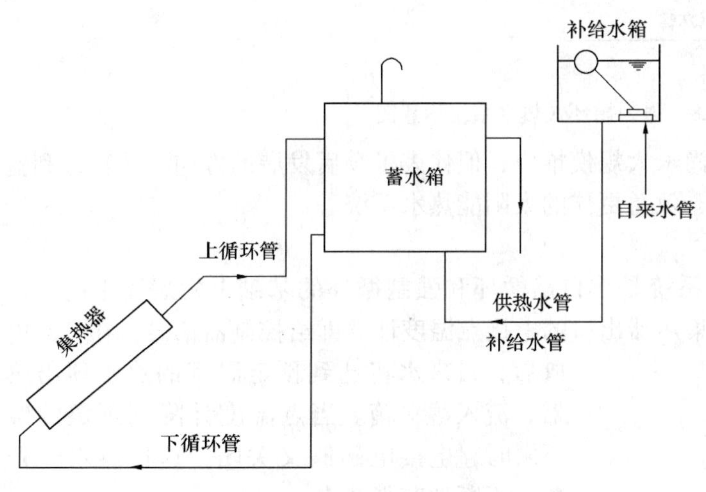

图6-27　自然循环式热水系统示意图

1）硬水软化技术。如水质过硬，易在集热器内结垢，长期使用集热器会被堵塞，缩短使用寿命。

2）集热管水箱和水管的保温技术。如果处理不当，寒冷季节水管或水箱结冰，就无法使用。因此建筑设计中要尽量将上、下水管放置在室内，如须放在室外时，要用保温材料包扎。水箱可采用双层钢板，中间夹以保温材料或使用陶瓷水箱以达到保温效果。

3）集热器产生的热水水温不稳定，水温过高时，可掺入冷水混用，在水温过低时，利用第二热源如煤气热水器和电热水器补充加温，此外自然循环式是利用水温差造成的密度差作为循环动力，因此，水箱必须放在集热器的上方。

(2) 强制循环系统

强制循环系统如图 6-28 所示，在这种系统中，水是靠泵来循环的，系统中装有控制装置，当集热器顶部的水温与蓄水箱底部水温的差值达到某一限定值的时候，控制装置就会自动启动水泵；反之，当集热器顶部的水温与蓄水箱底部水温的差值小于某一限定值的时候，控制装置就会自动关闭水泵，停止循环。因此，强制循环系统中蓄水箱的位置不一定要高于集热器，整个系统布置比较灵活，适用于大型热水系统。其优点是水箱可以自由放置，使建筑物的立面效果得以改善；把水箱设置在室内，热损耗小，在寒冷季节也可保持一定水温；防冻液不易结冰，且循环管道细而软（直径为 6mm)，易于布置，对保温要求相对较低；水不参与循环，不会在集热器内形成水垢，可延长集热器使用寿命。

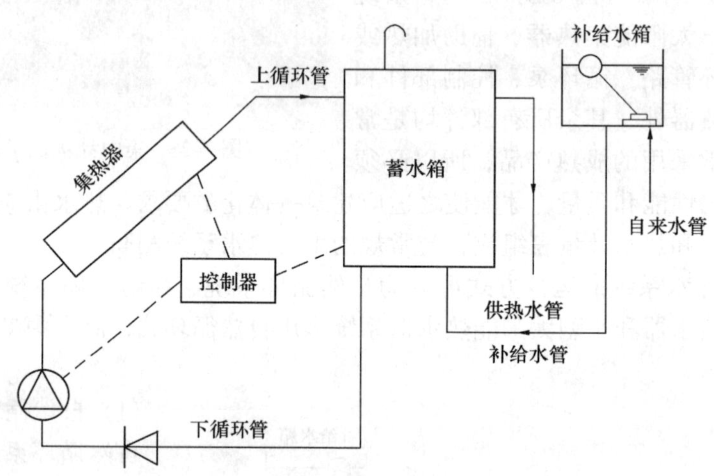

图 6-28　强制循环式热水系统示意图

这种方式技术较先进，虽然目前尚未大规模推广，但代表了今后发展的方向。从长远利益来考虑，应当尽量采用这种技术含量高、效益更佳的太阳能热水系统。

(3) 直流式系统

直流式系统如图 6-29 所示。这一系统是在自然循环和强制循环的基础上发展而来的。水通过集热器被加热到预定的温度上限，集热器出口的电接点温度计立即给控制器信号，在打开电磁阀后，自来水将达到预定温度的热水顶出热水器，流入蓄水箱。当点温度计降到预定的温度下限时，电接电磁阀又关闭，这样热水时开时关，不断地获得热水。

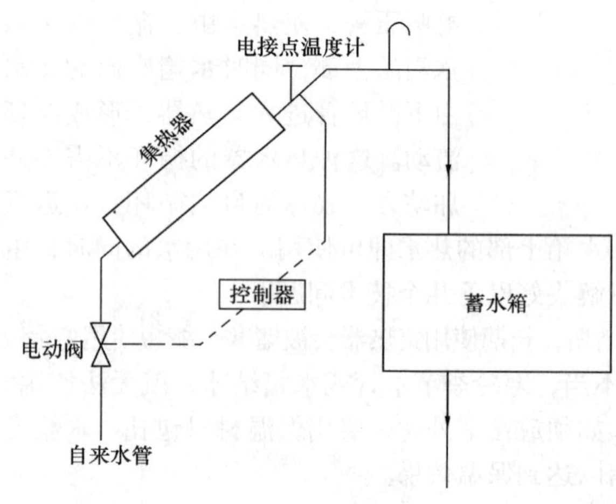

图 6-29　直流式热水系统示意图

3. 按照太阳能热水系统中生活热水与集热器内传热工质的关系可分为以下几类：

(1) 直接系统（整体式）

直接系统是指太阳能集热器直接加热水供用户使用的太阳能热水系统（图 6-30)。因集热器和蓄热水箱结合为一体，一般称为整体式热水系统。

整体式太阳能热水系统又分为屋脊支架式、

挂脊支架式、南坡面预埋固定式、平屋面普通支架式等。目前整体式太阳能集热器的使用比较普遍，价格也比较低廉，但在太阳能建筑一体化方面的问题还有待解决。

图 6-30　整体式太阳能热水器

（2）间接系统（分体式）

间接系统是指在太阳能集热器中加热某种传热工质，再使该传热工质通过换热器加热水供用户使用的太阳能热水系统。因集热器与蓄热水箱分开又称作分体式太阳能热水系统（图 6-31）。

分体式太阳能热水系统又分为阳台嵌入式、南坡面嵌入式、平顶嵌入式。该系统中集热器作为建筑的一个构件，成为屋顶或墙面的一个组成部分，水箱放置在阁楼或室内，系统的管道预先埋设，在太阳能建筑一体化方面的优势较为突出，但结构复杂，造价较高，在推广方面还存在一定的困难。

4. 按照太阳能热水系统中辅助能源的安装位置分类可分为以下几类：

（1）内置加热系统

内置加热系统，是指辅助能源加热设备安装在太阳能热水系统的贮水箱内的太阳能热水系统。

（2）外置加热系统

外置加热系统，是指辅助能源加热设备不是安装在贮水箱内，而是安装在太阳能热水系统的贮水箱附近或安装在供热水管路（包括主管、干管和支管）上的太阳能热水系统。所以，外置加热系统又可分为：贮水箱加热系统、主管加热系统、干管加热系统和支管加热系统等。

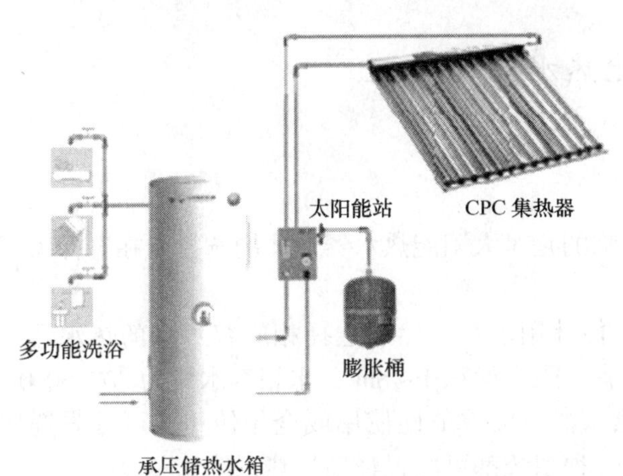

示意图

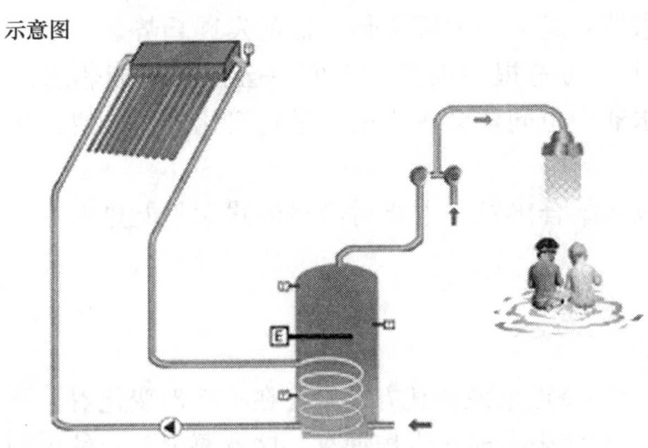

图 6-31　分体式太阳能热水器

5. 按照太阳能热水系统中辅助能源的启动方式可分为几类：

（1）全日自动启动系统

全日自动启动系统，始终自动启动辅助能源水加热设备，确保可以全天 24h 供应热水。

（2）定时自动启动系统

定时自动启动系统，定时自动启动辅助能源水加热设备，从而可以定时供应热水。

（3）按需手动启动系统

按需手动启动系统，根据用户需要，随时手动启动辅助能源水加热设备。

实际上，某些太阳能热水系统有时是一种复合系统，即上述几种运行方式组合在一起的系统，例如由强制循环与定温放水组合而成的复合系统（表 6-1）。

太阳能热水系统设计选用表 **表 6-1**

建筑物类型			居住建筑			公共建筑		
			低层	多层	高层	宾馆医院	游泳馆	公共浴室
太阳能热水系统类型	集热与供热水范围	集中供热水系统	●	●	●	●	●	●
		集中-分散供热水系统	●	●	—	—	—	—
		分散供热水系统	●	—	—	—	—	—
	系统运行方式	自然循环系统	●	●	—	●	●	●
		强制循环系统	●	●	●	●	●	●
		直流式系统	—	●	●	●	●	●
	集热器内传热工质	直接系统	●	●	●	●	—	●
		间接系统	●	●	●	●	●	●
	辅助能源安装位置	内置加热系统	●	●	—	—	—	—
		外置加热系统	—	●	●	●	●	●
	辅助能源启动方式	全日自动启动系统	●	●	●	●	—	—
		定时自动启动系统	●	●	●	—	●	●
		按需手动启动系统	●	—	—	—	●	●

注：●表示可以选择。

6.5 太阳能热水器的安装

6.5.1 太阳能热水器种类的选择

在太阳能建筑一体化设计中，我们首先面临的是对太阳能热水器形式的选择。在选择家用热水器时主要应遵循以下几点原则：

1. 根据家庭人口数量和国家的有关规定，估计用水量，然后选择相应容水量的热水器。目前，国内家用热水器采光面积的容水量的规定有：采光面积 1 ~ 8m^2，水箱容水量为 80 ~ 6000L。

2. 根据本地区气候条件选用不同形式的热水器。按季节性使用或全年使用，可首先选用集热器的类型，然后确定采用哪一类系统。任何一种系统都可配置辅助加热系统。

3. 为了使太阳能热水器与建筑很好的结合，整体式太阳能热水器已经远远不能满足太阳能与建筑一体化的设计需要，分体式太阳能热水器将是未来太阳能热水器的发展趋势。

4. 价格合理。选择热水器时，价格是一个不可忽视的因素，人们总会把太阳能热水器与其他种类的热水器进行比较，在众多太阳能热水器中也同样会在价格上进行对比分析，找到认为是最物有所值的才会购买使用。

在本章中，我们将从太阳能热水器与建筑相结合出发，主要讨论整体式太阳能热水器和分体式太阳能热水器在建筑中的设计与安装使用。

6.5.2 太阳能热水器安装位置的选择

由于地球的自转和公转，太阳相对于地面上某一点来说，其方向始终在不断地变化着。要使太阳能热水器收集到最多的太阳能，就应使其始终与太阳入射光线相垂直。这就要求有一种自动跟踪太阳的装置，时刻调整太阳能热水器的朝向和倾角。由于自动跟踪装置成本高，使用维护复杂，除大型的太阳能设备以外，一般的家用太阳能热水器不使用这种装置，而常采用固定式或半固定式装置。虽然这些装置不及自动跟踪太阳装置的效果好，但由于经济、实用，所以被广泛采用。

固定式装置是在安装太阳能热水器时，根据当地的辐射季节变化，确定一个较好的朝向和倾角，一经确定，就固定不变。半固定式装置是一种简单且朝向和倾角可调整的装置，可以间隔一定的时间（如在一天中的几个时刻或一年中的几个月份）对太阳能热水器的朝向和倾角进行人工调整。

到达地面的太阳辐射包括直接辐射和散射辐射，其中直接辐射占大部分。直接辐射对太阳能热水器是较有效的。在北半球的中高纬度，一年中的大多数时间，是以南向坡太阳辐射总量最多，因此，直接辐射量也最多（直接辐射受太阳辐射总量的影响，太阳辐射总量多，直接辐射量亦多）。我国大部分地区位于北半球的中纬度地带，所以屋顶上固定式或半固定式太阳能热水器的最佳朝向是正南，其偏差允许在±15°以内，否则将影响集热器表面的太阳辐照度。

为保证有足够的太阳光照射在集热器上，集热器的东、南、西方向上不应有遮挡的建筑物或树木；为了减少散热量，整个系统宜尽量放在避风口，比如尽量放在较低处；最好设置阁楼层将储水箱放在建筑内部，以减少热损失；为了保证系统效率，连接管路应尽可能短，集热器、水箱直接放在浴室顶上或其他用热水的场所，尽量避免分散，对自然循环式系统这一点是格外重要的。

6.5.3　太阳能热水器采光面积、倾角及距离的确定方法

6.5.3.1　集热器采光面积 S 的确定方法

集热器的采光面积应根据热水负荷大小（水量和水温）、集热器的种类、热水系统的热性能指标、使用期间的太阳辐射、气象参数来确定。热水系统的热性能指标可由国家认可的质量检验机构测试得出，各生产厂家应将自己生产的各类热水器的热性能指标编入产品说明书，供设计人员选用。

1. 整体式太阳能热水器集热器总面积可根据用户的每日用水量和用水温度确定，按下式计算：

$$A_c = Q_w C_w (t_{end} - t_i) f / J_T \eta_{cd} (1 - \eta_L)$$

式中　A_c——直接系统集热器总面积，m²；

Q_w——日均用水量，kg；

C_w——水的定压比热容，kJ/（kg·℃）；

t_{end}——贮水箱内水的设计温度，℃；

t_i——水的初始温度，℃；

f——太阳能保证率，%。根据系统使用期内的太阳辐射，系统经济性及用户要求等因素综合考虑后确定，宜为30%~80%；

J_T——当地集热器采光面上的年平均日太阳辐照量，kJ/m²。

η_{cd}——集热器的年平均集热效率，根据经验宜取0.25~0.50；

η_L——贮水箱和管路的热损失率，根据经验宜取0.20~0.30。

【计算举例】　济南某住宅楼，楼高为5层，三个单元共30户，每户有2个卫生间，一个厨房，为平屋顶，朝向正南。济南地理位置：东经117°03′；北纬36°40′；年平均太阳辐照量15740kJ/m²。提供设计方案。

根据该建筑的特点，选用直接式（整体式）系统；按每人每天用45℃热水50L，平均每户四人计算集热器面积。对于本建筑，已知：

$$Q_w = 50 \times 4 = 200\text{kg};\ C_w = 4.18\ \text{kJ/(kg·℃)};\ t_{end} = 45℃;$$

$$t_i = 15℃;\ \eta_{cd} = 0.5;\ \eta_L = 0.2;\ f = 0.8;\ J_T = 15740\text{kJ/m}^2$$

代入下式：

$$A_c = Q\,C_w(t_{end} - t_i)f/\,J_T\eta_{cd}(1 - \eta_L)$$

通过计算，集热器面积 $A_c = 3.19\ m^2$

2. 分体式太阳能热水器集热面积的计算：

$$A_{IN} = A_C \times (1 + F_R U_L \times A_C/U_{hx} \times A_{hx})$$

式中 A_{IN}——间接系统集热面积，m^2

$F_R U_L$——集热器总热损系数 W/（m^2·℃）。对平板型集热器，$F_R U_L$ 宜取 4～6W/（m^2·℃）；对于真空管集热器，$F_R U_L$ 宜取 1～2W/（m^2·℃）；具体数值要根据集热器产品的实际测试结果而定；

U_{hx}——换热器传热系数，W/（m^2·℃）；

A_{hx}——换热器换热面积，m^2。

在确定集热器总面积之前的方案设计阶段，可以根据建筑建设地区太阳能条件来估算集热器总面积。表 6-2 列出了每产生 100L 热水量所需系统集热器总面积的推荐值。

表 6-2 将我国各地太阳能条件分为四个等级：资源丰富区、资源较丰富区、资源一般区和资源贫乏区，不同等级地区有不同的年日照时数和不同的年太阳辐照量，再按每产生 100L 热水量分别估算出不同等级地区所需要的集热器总面积，其结果一般在 1.2～2.0m^2/100L 之间。

每 100L 热水量的系统集热器总面积推荐选用值 **表 6-2**

等级	太阳能条件	年日照时数（h）	水平面上年太阳辐照量［MJ/（m^2·年）］	地　区	集热面积（m^2）
一	资源丰富区	3200～3300	＞6700	宁夏北、甘肃西、新疆东南、青海西、西藏西	1.2
二	资源较丰富区	3000～3200	5400～6700	冀西北、京、津、晋北、内蒙古及宁夏南、甘肃中东、青海东、西藏南、新疆南	1.4
三	资源一般区	2200～3000	5000～5400	鲁、豫、冀东南、晋南、新疆北、吉林、辽宁、云南、陕北、甘肃东南、粤南	1.6
		1400～2200	4200～5000	湘、桂、赣、江、浙、沪、皖、鄂、闽北、粤北、陕南、黑龙江	1.8
四	资源贫乏区	1000～1400	＜4200	川、黔、渝	2.0

6.5.3.2　集热器倾角 θ 的确定方法

假设集热器的倾角为 θ，一般原则是 $\theta = \phi \pm \delta$；春、夏、秋季使用时 $\theta = \phi - \delta$；全年使用时：

$$\theta = \phi + \delta$$

式中 θ——集热器的倾角；

ϕ——当地纬度；

δ——一般取 5°～10°。

华北地区对于太阳能热水系统选择的最佳集热板倾角为 45°。由于设计集热板和屋面结合，所以要求屋面的倾角也为45°。但在设计过程中，建筑的立面设计要满足此要求有一定困难，所以通常实际集热器的倾角并非45°。为了获知集热器倾角的改变对所需面积的影响，必须进行全年逐时模拟计算，即在给定的集热板倾角下（如45°），计算每平方米的集热器全年所能聚集的太阳能，然后改变集热板的倾角，得到不同倾角下的太阳能得热量数据。如表6-3所示：

华北地区太阳能集热器不同倾斜角度集热效率的比较　　表6-3

集热板倾角	30°	35°	40°	45°	50°
集热效率	91.10%	94.70%	97.60%	100%	101.70%

可见集热板的倾角越大，对利用太阳能越有利。但是，倾角改变对太阳能的积累总值的影响较小，从45°变到35°时，只下降了5.3%，而从45°到40°时，只下降了2.4%。所以屋面倾角在45°左右小范围变动，对太阳能整体性能影响不大。

当集热器放在特殊位置上时，其倾角决定于具体安装条件。例如多层住宅家用太阳能热水装置，将太阳能集热器作为阳台板的一部分，考虑到其安全倾角较大，大约在80°以上，而不是上述公式的30°～50°，甚至可能垂直摆放，牺牲一些热效率，换来局部美观和安全。

6.5.3.3　集热器距离 S 的确定方法

假设集热器前后排间不遮挡阳光的最小距离 S，则：

$$\sin\alpha = \sin\phi\sin\delta + \cos\phi\cos\delta\cos\omega$$

$$\sin\gamma = \cos\delta\sin\omega/\cos\alpha$$

$$S = H \cdot \cos\gamma/\tan\alpha$$

式中　S——不遮阳最小距离，m；

H——前排集热器的高度，m；

α——太阳高度角，度；

γ——方位角（地平面正南方向与太阳光线在地平面投影间的夹角），度；

ω——时角（以太阳时的正午起算，上午为负，下午为正，它的数值等于离正午的时间钟点数乘以15°）；

δ——赤纬（太阳光线与赤道平面的夹角），度，主要季节的太阳赤纬角见表6-4所示。

主要季节的太阳赤纬角 δ 值　　表6-4

节气	日期	纬角 δ	日期	节气
夏至	6月22日	23°27′	—	—
小满	5月21日左右	20°00′	7月21日左右	大暑
立夏	5月6日左右	15°00′	8月8日左右	立秋
谷雨	4月21日左右	11°00′	8月21日左右	处暑
春分	3月21日	0°00′	9月23日左右	秋分
雨水	2月21日左右	－11°00′	10月21日左右	霜降
立春	2月4日左右	－15°00′	11月7日左右	立冬
大寒	1月21日左右	－20°00′	11月21日左右	小雪
—	—	－23°27′	12月22日左右	冬至

6.5.4 太阳能热水器与建筑连接方式

6.5.4.1 整体式太阳能热水器

从专业角度及建筑整体考虑，由于整体式太阳能热水器有一个不可分离的水箱，使得热水器放在建筑的任何部位都会影响甚至破坏建筑的整体形象，因此这种形式的热水器较难做到与建筑结合一体化设计。常规的整体式太阳能热水器大多安装在屋顶上，在平屋顶上零散或满铺安装，使建筑简洁的立面多了一排或多排太阳能装置；在坡屋顶上装这种热水器，由于有水箱连接，集热管（集热器）不能顺坡屋面安放，还需附加构件，有的甚至安装在屋脊上，不仅对抗风不利，而且大大影响了建筑的外观。

由于整体式太阳能热水器价格相对比较低廉，现阶段在建筑中（尤其是居住建筑中）使用比较广泛，因此与建筑一体化的问题仍然是一个急需解决的问题。

1. 平屋顶的安装

太阳能热水器在平屋顶安装时，要注意集热器的平面安装位置。应当尽量减少水平管路的长度，将集热器置于卫生间的上方。就集热器的安装而言，平屋顶的优点是施工比较方便，集热器或支架与屋顶结构的连接技术难度较小。

选择整体式太阳能热水器时，集热装置必须按一定角度倾斜安装，集热器需外加支架与屋面结构相连接。在建筑楼顶设计时，太阳能热水器安装桥架支脚与楼板固定并伸出保温层和防水层，其尺寸以单元户数为依据，且要留出每户安装集热器的位置，在安装桥架上预留出每户安装螺栓孔，并针对市场太阳能热水器自带安装架确定螺栓孔距。安装桥架距楼顶防水层200mm以解决屋面雨雪的排流。平屋顶安装桥架制作为水平式，因为太阳能热水器自带的支架就有倾斜角度。安装桥架为金属结构，选用角钢制作。支架的冷轧钢板的厚度不应当小于2mm，不锈钢板的厚度不应小于1.5mm。屋面构造上可以在柔性防水上另加40mm厚混凝土刚性防水层，预埋铁件与支架焊接或螺栓连接。

图6-32～图6-34是平屋顶整体式太阳能热水器安装示意图。

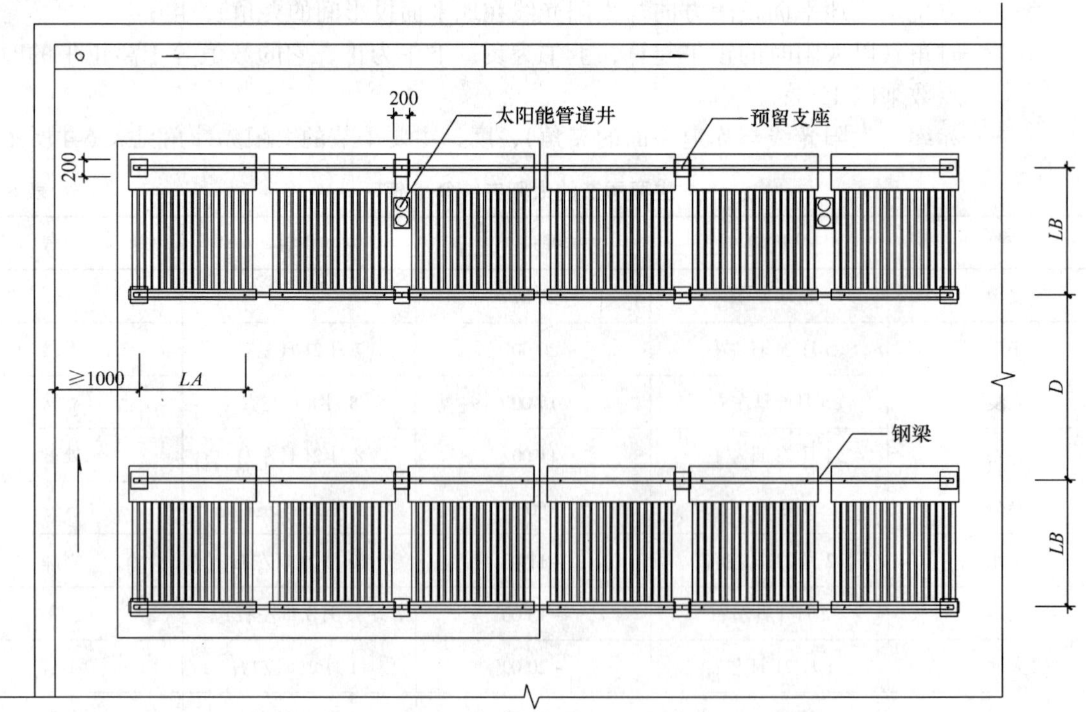

图6-32　平屋顶整体式太阳能热水器安装平面布置示意图

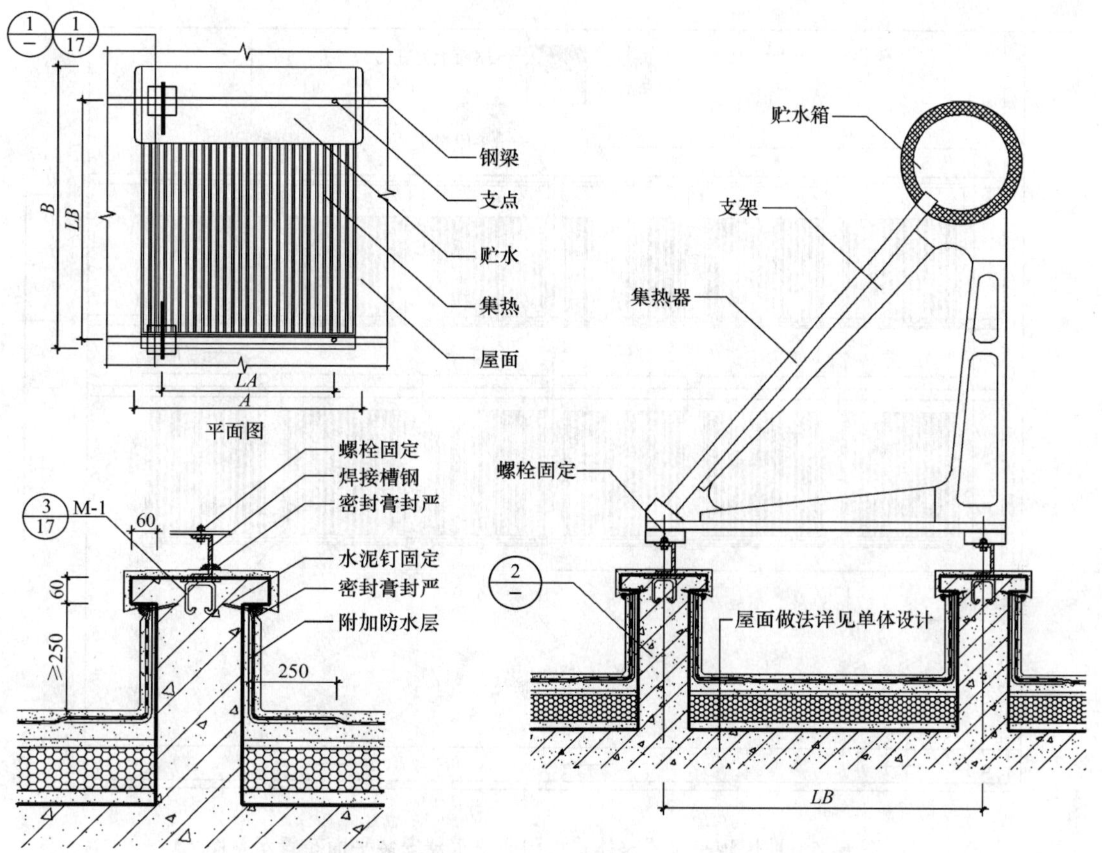

图 6-33　平屋顶整体式太阳能热水器安装平面、剖面及节点详图（Ⅰ）

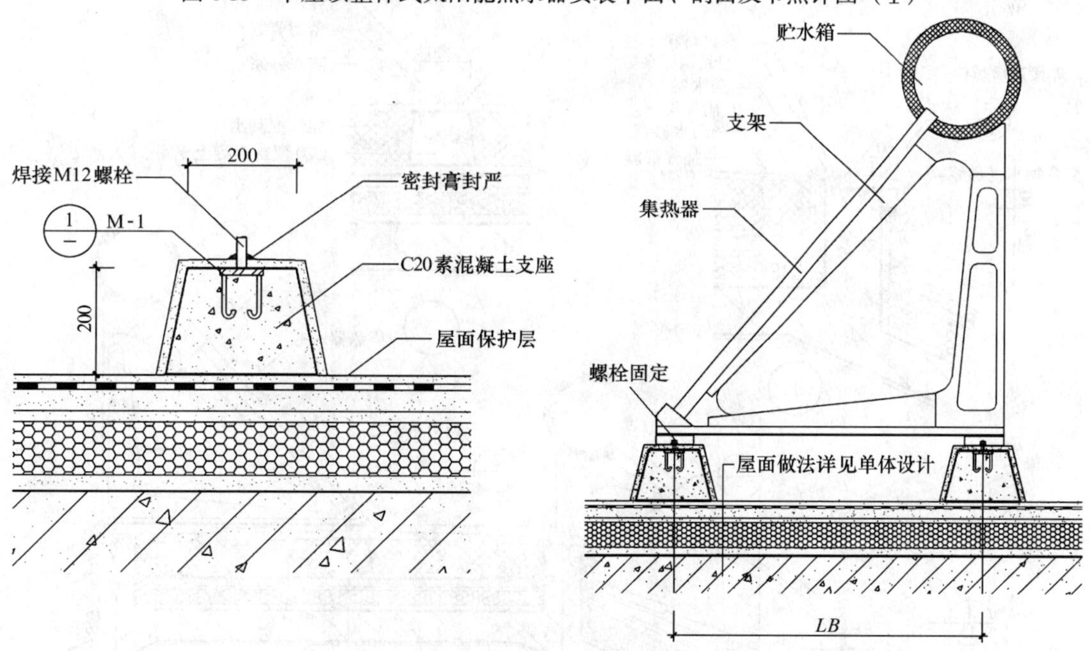

图 6-34　平屋顶整体式太阳能热水器安装平面、剖面及节点详图（Ⅱ）

2. 坡屋顶的安装

(1) 平脊式

图 6-35、图 6-36 是坡屋顶平脊式整体式太阳能热水器安装示意图。

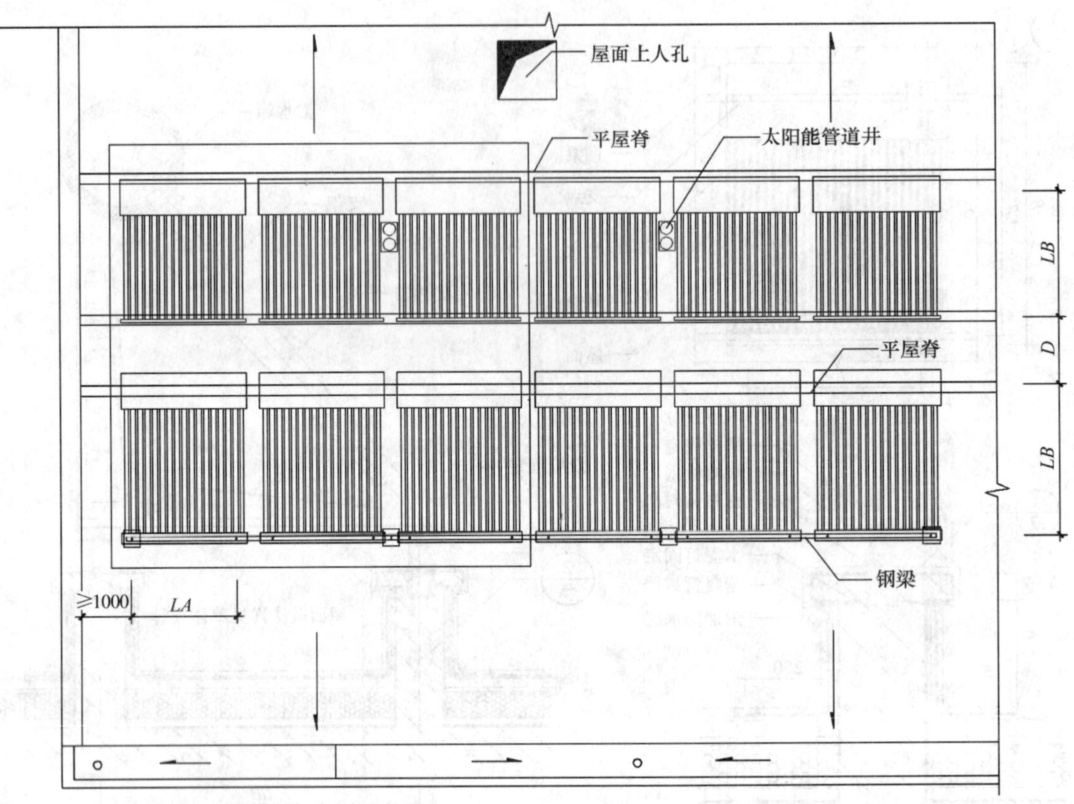

图 6-35　坡屋顶平脊式整体式太阳能热水器安装平面布置示意图

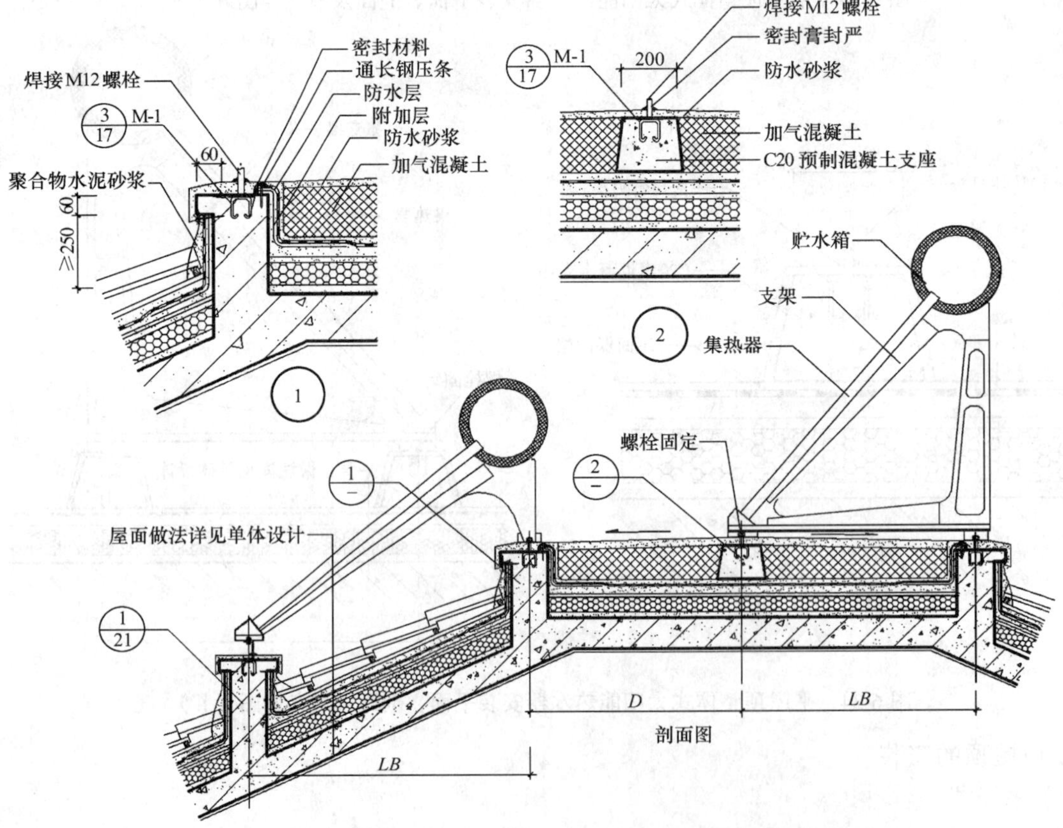

图 6-36　坡屋顶平脊式整体式太阳能热水器安装平面、剖面及节点详图

(2) 顺坡式

图 6-37、图 6-38 是坡屋顶顺坡式整体式太阳能热水器安装示意图。

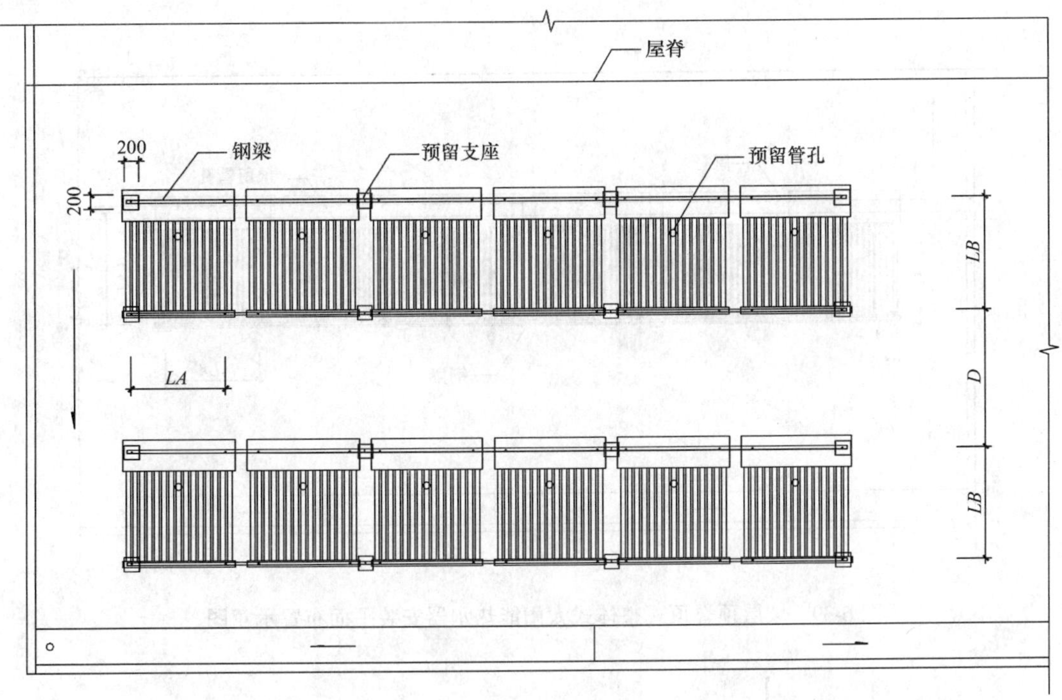

图 6-37　坡屋顶顺坡式整体式太阳能热水器安装平面布置示意图

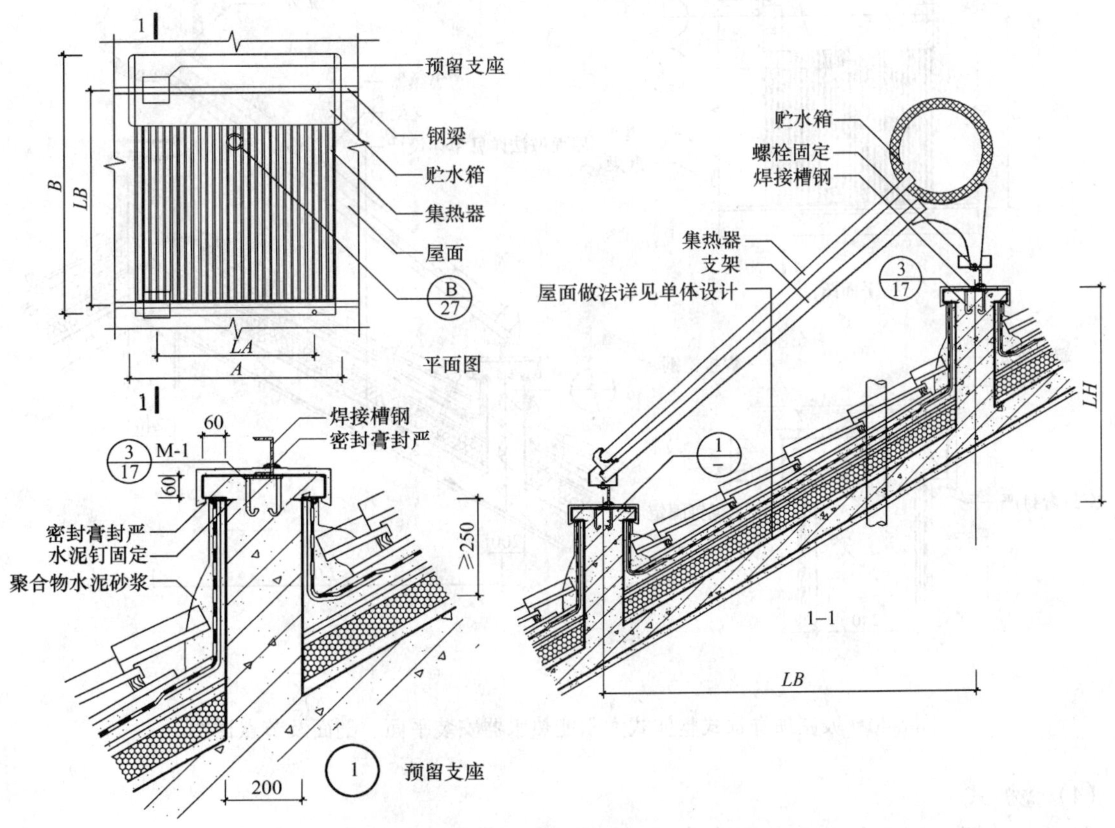

图 6-38　坡屋顶顺坡式整体式太阳能热水器安装平面、剖面及节点详图

（3）脊顶式

图 6-39、图 6-40 是坡屋顶脊顶式整体式太阳能热水器安装示意图。

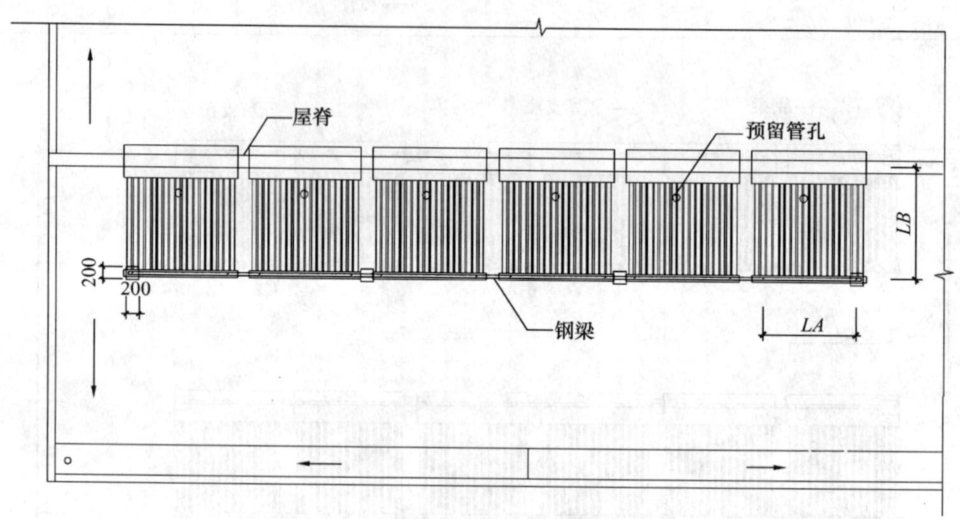

图 6-39　坡层顶脊顶式整体式太阳能热水器安装平面布置示意图

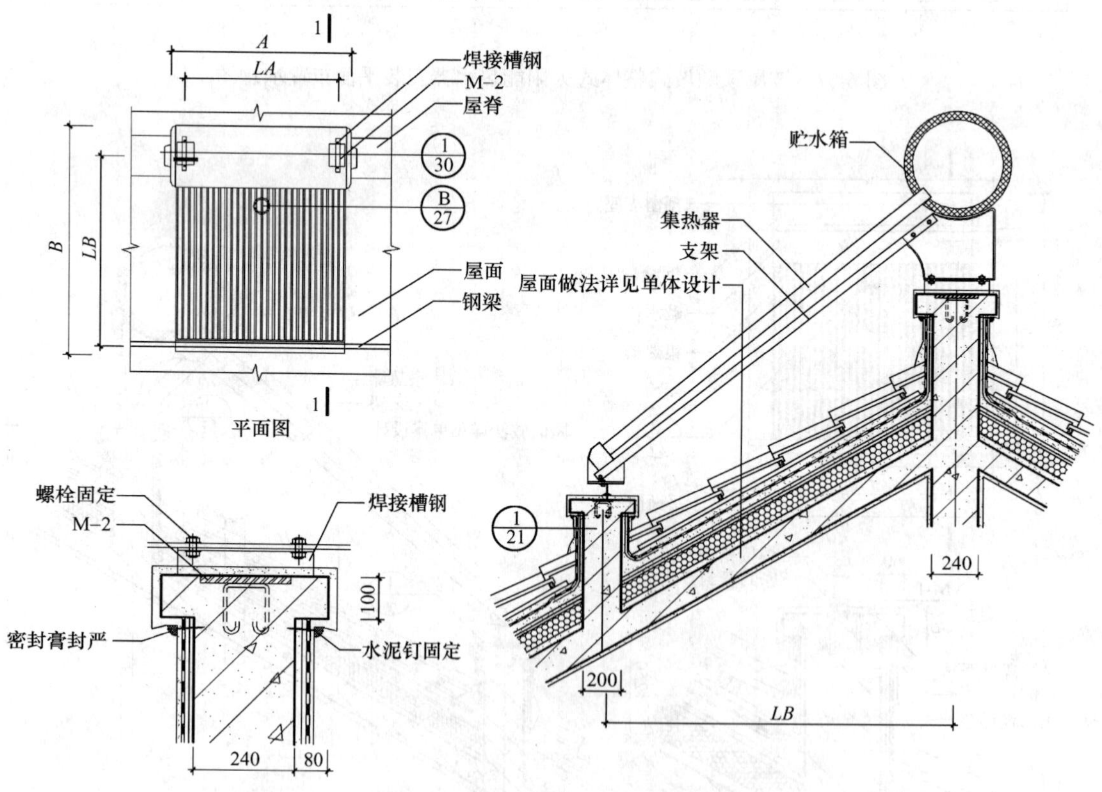

图 6-40　坡屋顶脊顶式整体式太阳能热水器安装平面、剖面及节点详图

（4）叠檐式

图 6-41 ~ 图 6-44 是坡屋顶叠檐式整体式太阳能热水器安装示意图。

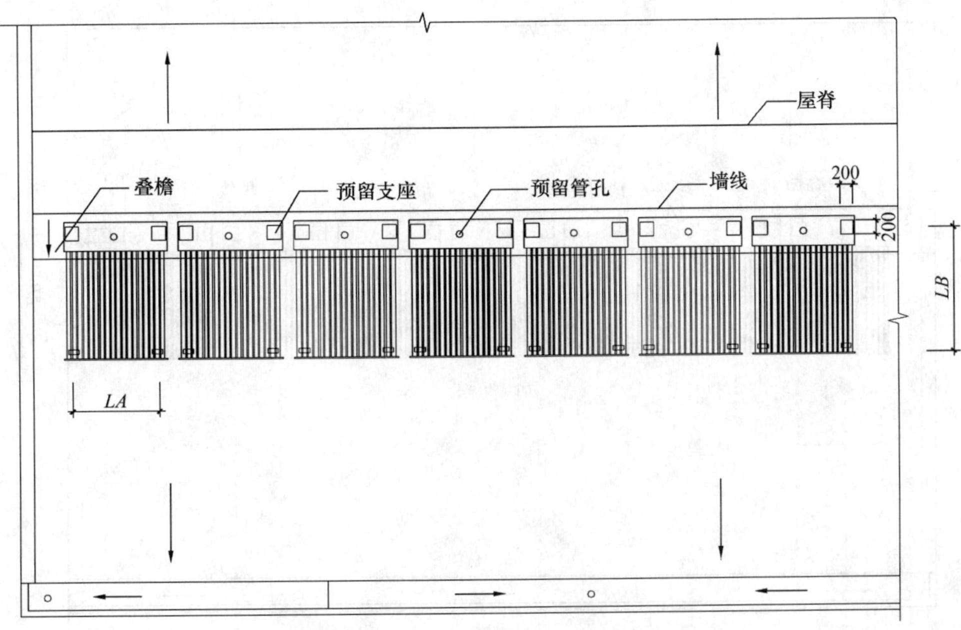

图 6-41　坡屋顶叠檐式整体式太阳能热水器安装平面布置示意图（Ⅰ）

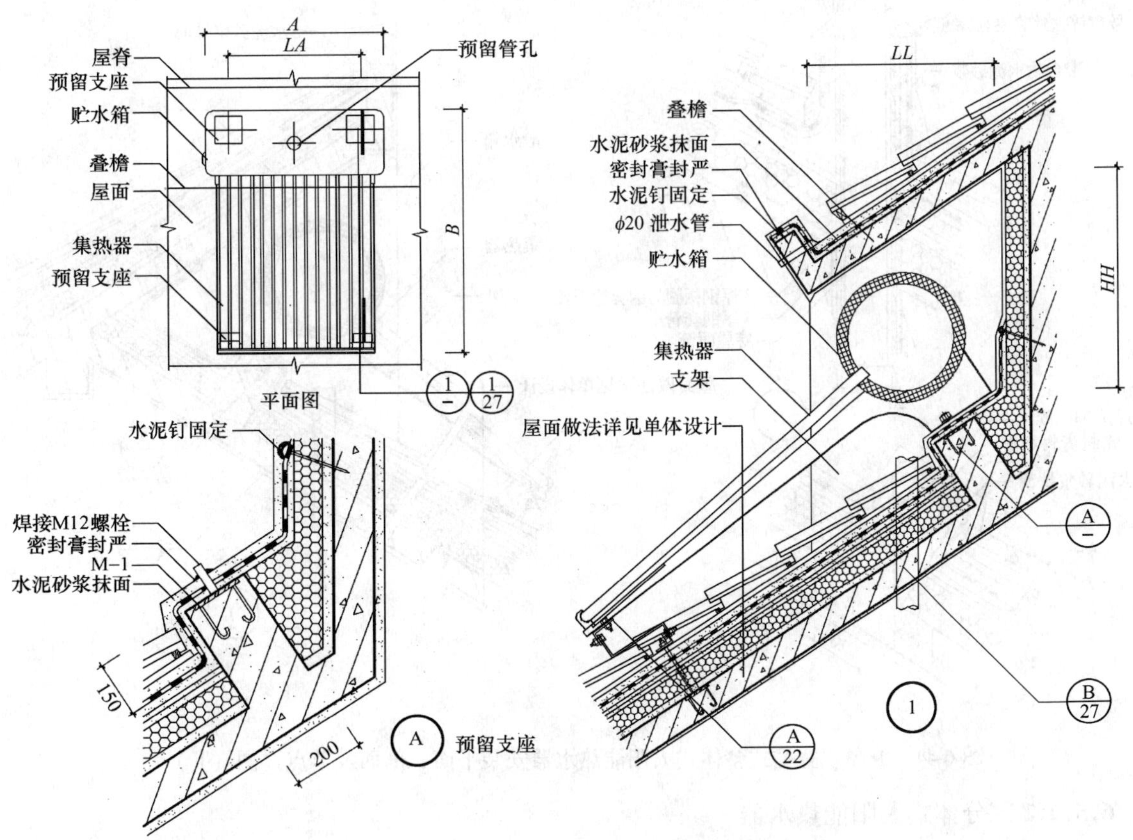

图 6-42　坡屋顶叠檐式整体式太阳能热水器安装平面、剖面及节点详图（Ⅰ）

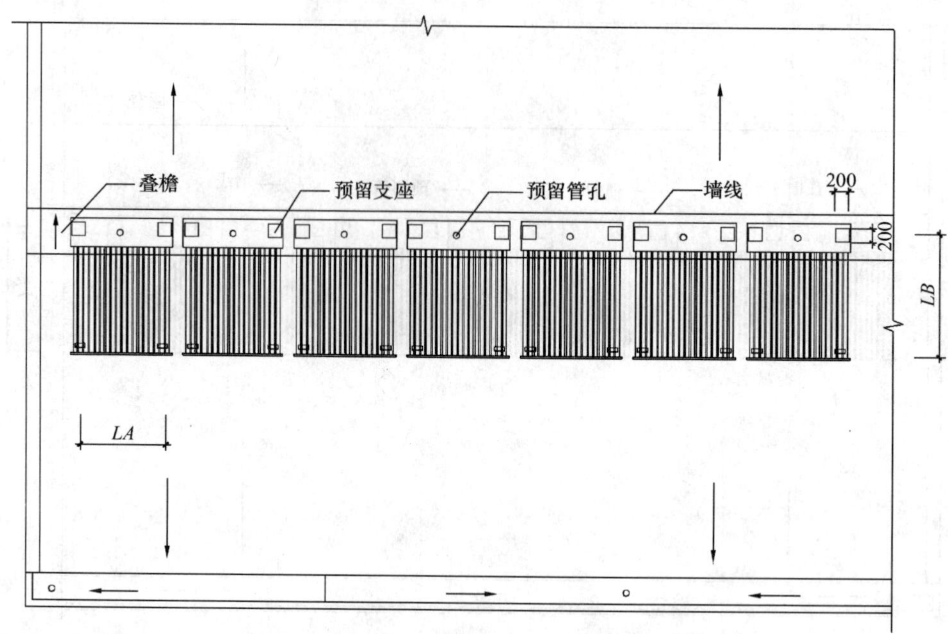

图 6-43　坡屋顶叠檐式整体式太阳能热水器安装平面布置示意图（Ⅱ）

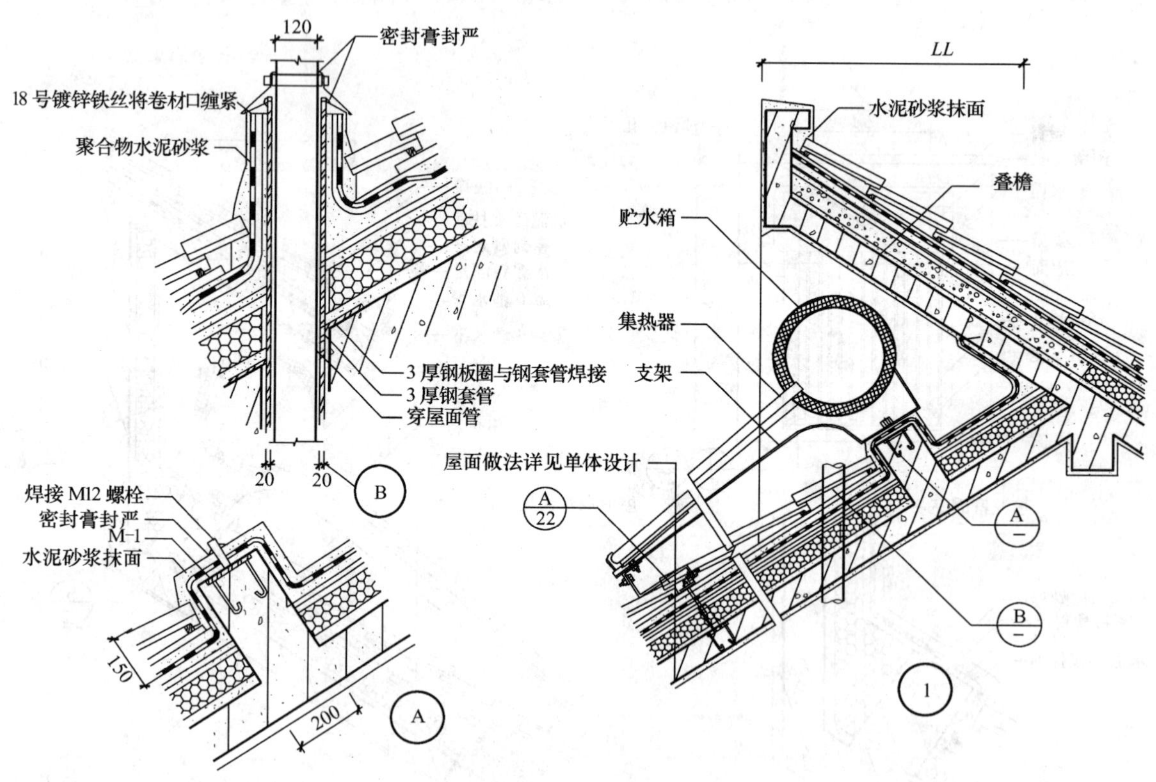

图 6-44　坡屋顶叠檐式整体式太阳能热水器安装平面、剖面及节点详图（Ⅱ）

6.5.4.2　分体式太阳能热水器

分体式太阳能热水器是一种可直接进入多层或高层建筑中各家住户的新型产品，其集热器与储热水箱分离，可直接悬挂在南墙或南向阳台的外侧；储热水箱可置于室内、自家阳台顶部或阁楼中。由于分体式热水器暴露在外面的只有集热器或集热管，所以将其放在坡屋面上、墙面上、阳台上，或者作为雨篷、遮阳板等放在建筑适当的部位，布置形式十分灵活，如同建筑的其他构件一样，与建筑整合设计，从而达到与建筑整体的完美结合（图 6-45）。

分体式太阳能热水器与整体式太阳能热水器相比，价格比较高（表 6-5），但它与建筑的一体化设计上具有明显的优势，在热水系统的运行过程中也具有明显的安全性和稳定性，所以随着太阳能热水器技术的不断进步和价格的不断下降，以及人们节能意识的不断提高，分体式太阳能热水器必将成为太阳能热水器的主流。

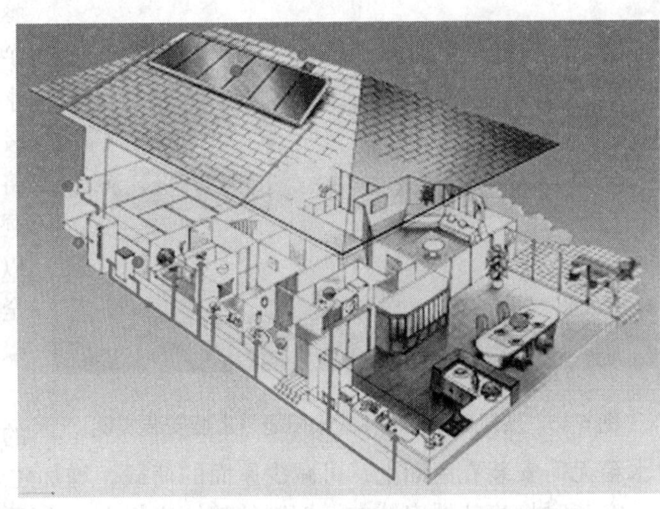

图 6-45　分体式太阳能热水器的工作原理剖视图

为了保证足够的日照时数，分体式太阳能热水器的集热器通常安装在屋顶以及南向的外墙和阳台等。下面就不同的安装部位进行讨论。

1. 平屋顶的安装

选用分体式太阳能热水器，集热器可以直接水平安装在屋顶上，减小风荷载，增加系统的安全性。而且，由于集热管和反射板的遮挡，使屋面的隔热作用有所加强，从而降低夏季住宅顶层的室内温度，也使构造连接的热桥效应减至最小。调试时，安装人员根据当地的位置和自然地理情况旋转集热管，将吸热体的角度调整为最佳，就可以达到比较好的集热效率。

分体式太阳能热水中心报价　　　　表 6-5

主 机 主 要 配 置 及 价 格							备　注
序号	规格型号	规格或配置				价格（元/套）	
		集热器	储水箱	膨胀水箱	太阳能站		
1	LPDHWS-200-4-Y	2×CPC12	200L/1	24L/1	1	10700	此价格已含附加材料费和安装费，但只针对别墅适用
2	LPDHWS-300-6-Y	2×CPC18	300L/1	18L/2	1	12960	

主要安装附件材料明细及规格表

序号	名　称	规　格	备　注
1	集热器安装支架	专用	此安装附件材料是用在分体式太阳能热水主机系统本身上的，主机系统以外的如冷热水的进出口管道、混水阀以及淋浴头等由房产公司负责
2	铜管	外径 15mm，壁厚 1mm	
3	保温管	外径 16mm，壁厚 13mm	
4	集热器用槽框	条	
5	水箱支架	专用	

注：若别墅面积按照 300m² 计算，选用 200L，则为 35.6/m²；选用 300L 则为 43.2/m²。

2. 坡屋顶的安装

（1）坡屋面顺坡分体式太阳能热水器

顺坡式这种结合方式比较简单，一般可分两种情况：一种情况是在建筑设计时没有考虑将来安装分体式太阳能热水系统，在房屋建造好之后，由太阳能生产厂家单独进行设计与安装。目前

图 6-46　坡屋面顺坡分体式太阳能热水器安装实例

我国已有几家企业具有分体式太阳能热水系统的生产与安装能力。这种情况有一些弊端，比如管道的安装需要在房屋原有围护构件上进行改造，可能会导致保温与防水等问题。而且热水系统的后期维修也比较麻烦。另一种情况是建筑设计时考虑到将来安装分体式太阳能热水系统，预留孔洞，以便热水系统安装人员安装。这样可以避免前一种情况的弊端，但要求建筑师全面地了解太阳能热水系统的安装情况，以便合理地进行建筑设计。

在设计中，集热器的倾斜角度与屋面的倾斜角度一致，且平面布置较灵活。同时水箱无需安装在屋面上，可减少屋面的荷载，增加建筑美感（图 6-46）。

安装时将集热器安装在一钢制的整体底板上，上下左右均可延伸安装，水箱可放在室内或屋顶内任何地方，由小功率水泵强制循环，带微电脑智能控制器。钢制底板本身不会渗水，安装时其下边缘搭在瓦片上面，左右及上边缘搭在瓦片下面，管线可敷在瓦片下，安装完毕后，太阳能热水器与屋面形成一不可分割的整体，特别是选用黑色瓦片，两者结合更是惟妙惟肖，适用于所有南向或西南向的坡顶屋面。

图 6-47 ~ 图 6-49 是坡屋面顺坡分体式太阳能热水器安装示意图。其中图 6-48 所示屋面结构为钢筋混凝土屋面板，预埋件的定位尺寸按所选太阳能集热器的产品规格确定。图中所注 *LA* 为预埋件间的横向间距；*LB* 为预埋件间的纵向间距；*LC* 为相邻两台集热器预埋件间的横向间距，施工时要确保预埋件的定位准确无误，所有预埋件均应做好防腐处理。

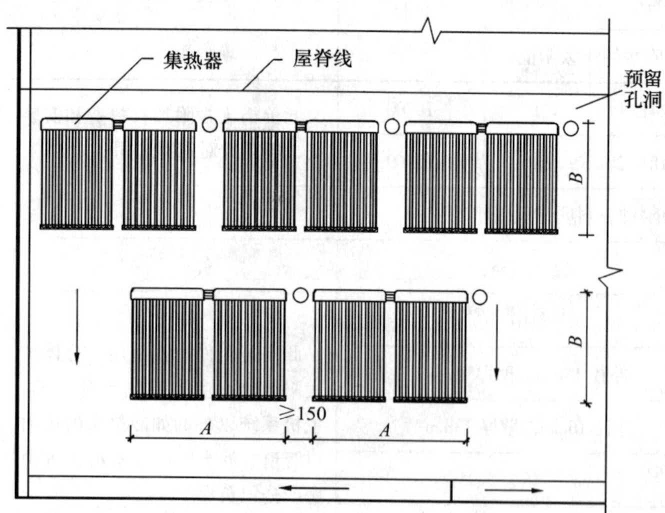

图 6-47　坡屋面顺坡分体式太阳能热水器屋面布置示意图

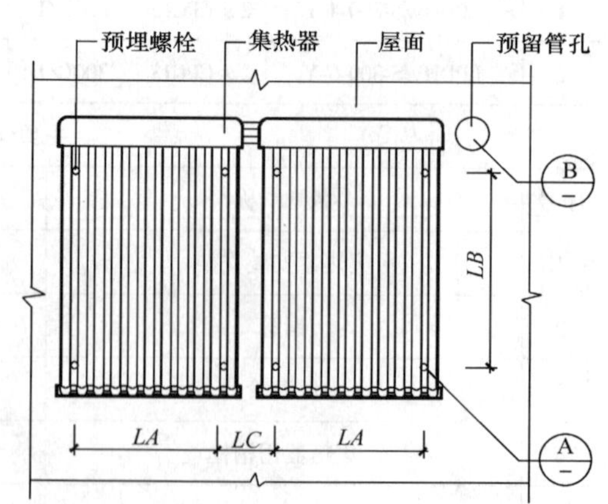

图 6-48　坡屋面顺坡分体式太阳能热水器平面图

(2) 坡屋面天窗式分体太阳能热水器

针对别墅或复式结构，其南面或西南面坡顶上有天窗的住宅，或带有点斜度的平顶天窗的住户，可把集热器安装在天窗的上面，既是天窗又是太阳能热水器。安装完毕，看起来还

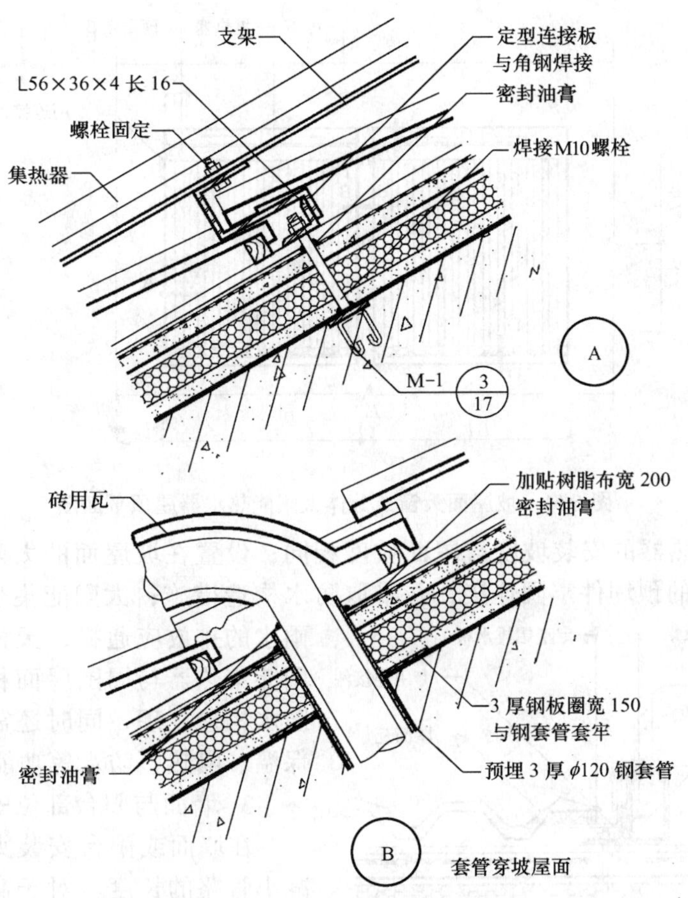

图 6-49　坡屋面顺坡分体式太阳能热水器节点详图

是一天窗，阳光透过集热管空隙射入室内，天窗玻璃下面还有可遮光的百叶，既实用又气派（图 6-50）。

图 6-51 ~ 图 6-54 是坡屋面天窗式分体太阳能热水器安装示意图。其中图 6-51 中 *LA* 为集热器固定预埋件间的横向中距，*LB* 为预埋件间的纵向中距，*LC* 为相邻两台集热器预埋件间的横向中距。所有预埋件及固定件均应做好防腐处理。

图 6-50　坡屋面天窗式分体太阳能热水器安装实例

图 6-52 是 A-A 处的节点详图，M-1 是一个 80mm × 80mm × ϕ8mm 的 U 型钢筋，顶部是 80mm × 80mm × 5mm 的钢板，焊接 M12 螺栓，其上用螺栓固定，用专用连接件和定形支架固定集热器。注意接口处一定要密封油膏。

图 6-53 是 B-B 节点详图，相邻两个集热器之间必须设置定型铝排水板，排水板的两边压在集热器下面的定型防水面板下面，以防止雨水进入。

图 6-54 是 C-C 节点详图，与屋面瓦交接的地方须设置定型铝排水板泛水，空气管道两侧预埋 3mm 厚 ϕ120mm 的钢套管，用 3mm 厚宽 150mm 钢板圈与钢套管焊牢。

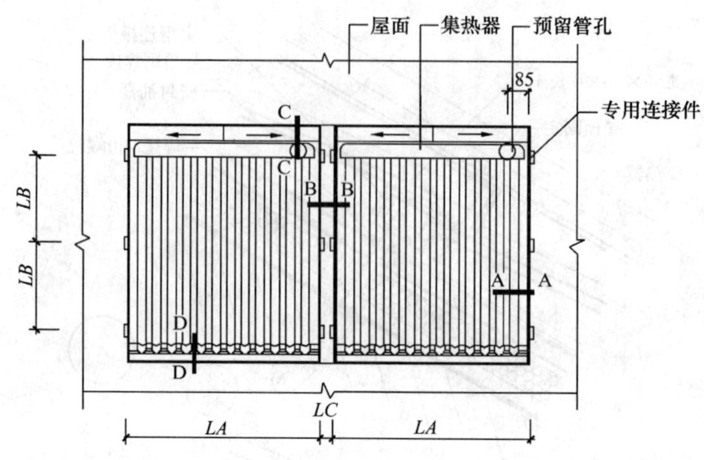

图 6-51　坡屋面天窗式分体太阳能热水器屋顶平面图

一般太阳能集热器的安装坡度与屋面坡度相同；设置在坡屋面的太阳能集热器的支架应与埋设在屋面板上的预埋件牢固连接，并采取防水构造措施；太阳能集热器与坡屋面结合处雨水的排放应通畅；天窗式在坡屋面上的太阳能集热器与周围屋面材料连接部位应做好防水构造处理，同时还需要满足屋面整体的保温、隔热、防水等功能要求。

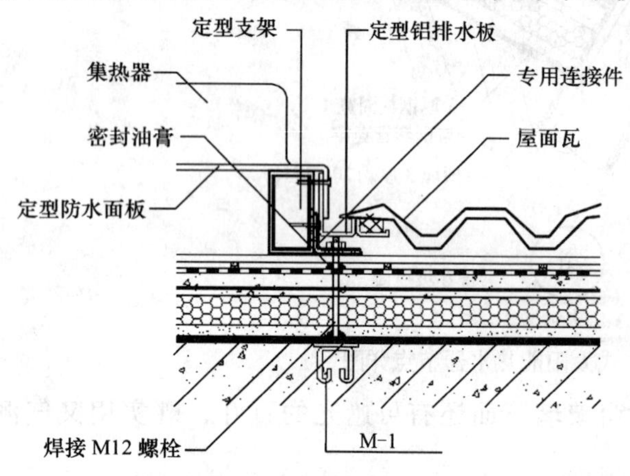

图 6-52　坡屋面天窗式分体太阳能热水器 A-A 节点详图

3. 墙面与阳台部位安装

在墙面或阳台安装太阳能热水器，可以减小管路的长度。对于高层住宅，这是其他安装方式无法替代的。而且其位置往往处于立面的视觉焦点，可以成为立面构成的重要因素，这也更加符合一体化设计的思想。在建筑设计时，考虑将安装集热器处的墙面略向内凹，能够提高整体美观性。由于与用水端没有足够的高差，所以在墙面或阳台安装的系统必须采用顶水式管路。而且同坡屋顶一样，应选择集热器与储水箱分离的系统，可以减小坠落伤人的概率。根据使用情况的不同，构件

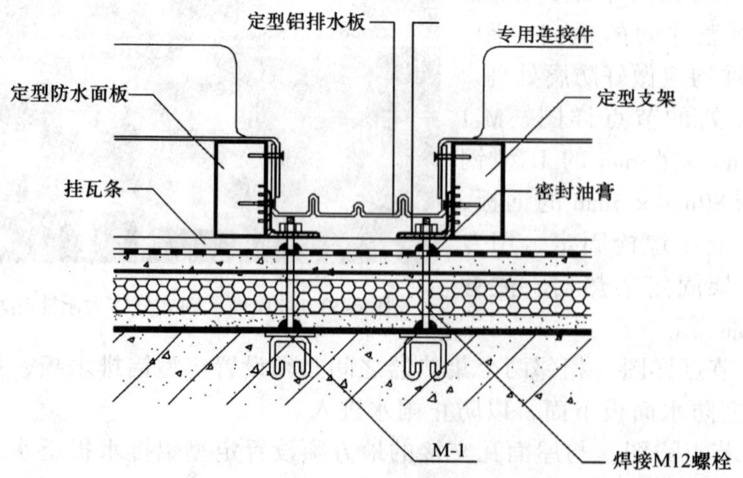

图 6-53　坡屋面天窗式分体太阳能热水器 B-B 节点详图

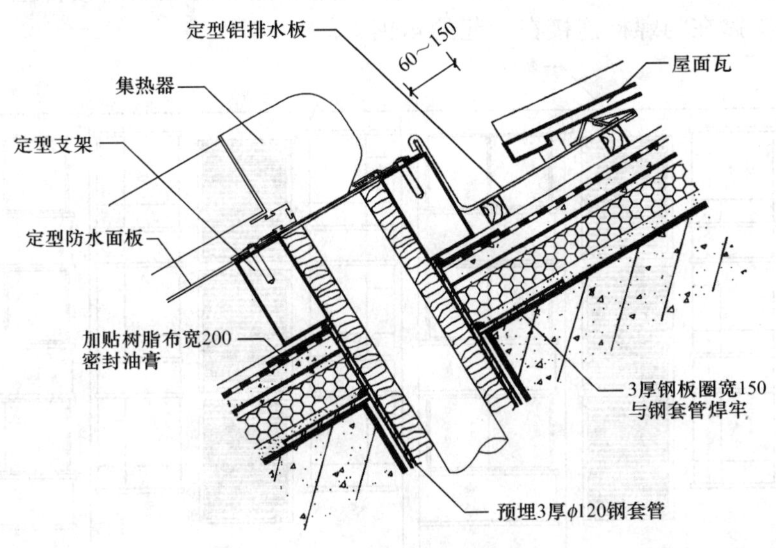

图 6-54　坡屋面天窗式分体太阳能热水器 C-C 节点详图

连接可以分为固定式和活动式两种。

(1) 固定式安装

固定式是指热水器在安装后用户不再移动其位置或角度。现阶段主要包括下面几种安装形式：南墙面式、阳台式、女儿墙式等，即将集热器单独悬挂于建筑物向阳的外墙窗口下方、阳台或女儿墙上，彻底解决高层建筑低层住户想装却担心管道太长及屋顶无法安装等诸多难题。水箱悬挂于阳台地面或室内墙角。管道基本不在室外，传输过程中的热量损失少，冬季不会冻结。

1) 南墙面式（竖直式和倾斜式）

集热器安装在建筑物的南立面外墙上，尤其是高层建筑，分体式水箱则布置在室内。集热器安装后可以与墙面平行也可以成一定角度，丰富了建筑物立面（图 6-55）。

图 6-56 、图 6-57 为建筑南墙面式（竖直式）分体式太阳能热水器的安装示意图。图中集

图 6-55　墙面与阳台部位分体式太阳能热水器安装实例

热器安装在南向窗间墙处，集热器与立面平行。固定集热器的定型连接件上部通过螺栓与预埋件相连，下部支撑在与螺栓连接在一起的角钢上。

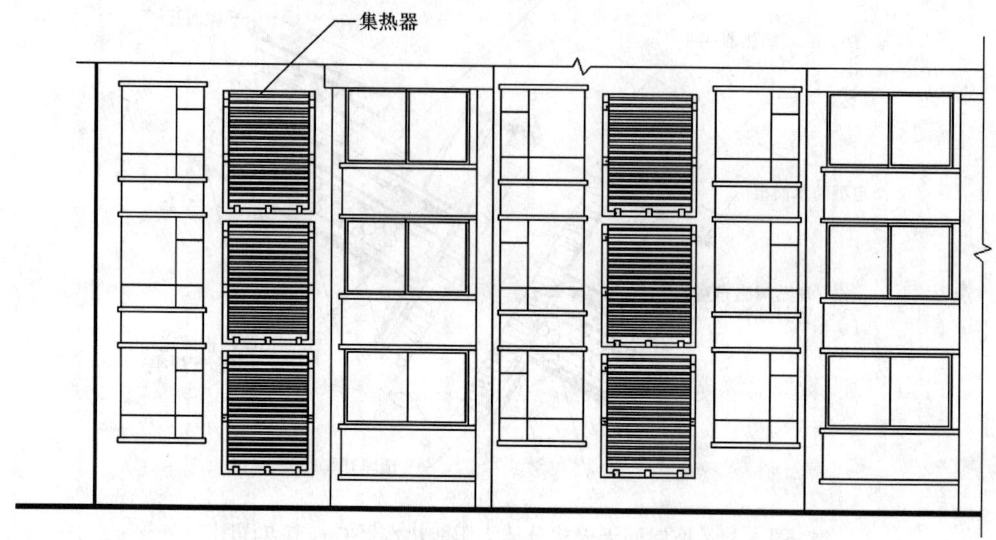

图 6-56　南墙面式（竖直式）分体式太阳能热水器南立面布置图

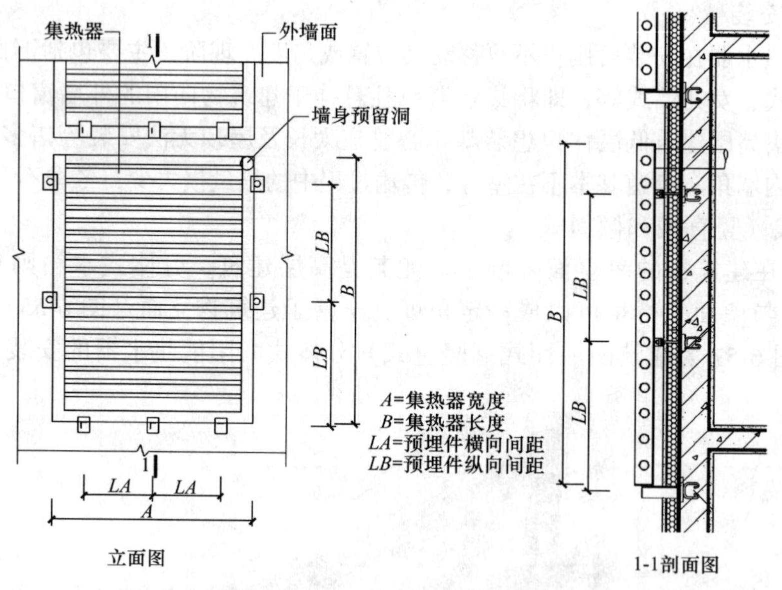

图 6-57　南墙面式（竖直式）分体式太阳能热水器立面、剖面图

图 6-58、图 6-59 为建筑南墙面式（倾斜式）分体式太阳能热水器的安装示意图。一般在低纬度地区集热器要有适当倾角，以接收到较多的日照，因此图中集热器安装在南向窗间墙处，集热器与立面成一定倾斜角度，固定集热器的定型连接件上部通过螺栓与预埋件相连，下部为了便于支撑，可在墙上悬挑异型板，在其上预埋铁件与定型连接件连接。

墙面结构设计时，要考虑集热器的荷载且墙面要有一定宽度，保证集热器能放置下。

2）阳台板式

太阳能集热器可放置在阳台栏板上或直接构成阳台栏板。分体式水箱安装在室内或阳台上。低纬度地区，由于太阳高度角较大，因此，放置在阳台栏板上或直接构成阳台栏板的太阳能集热器应有适当的倾角，以接收到较多的日照。集热器安装后丰富了建筑物立面（图 6-60、图 6-61）。

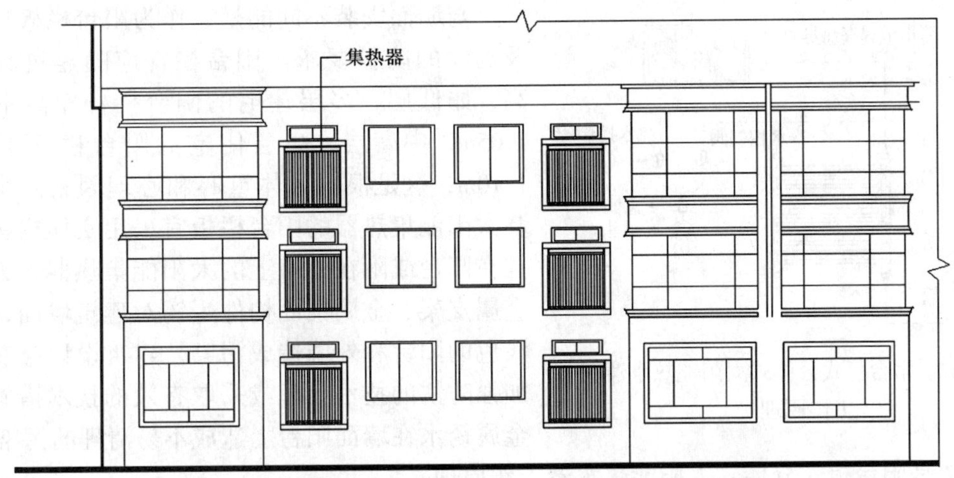

图 6-58　南墙面式（倾斜式）分体式太阳能热水器南立面布置图

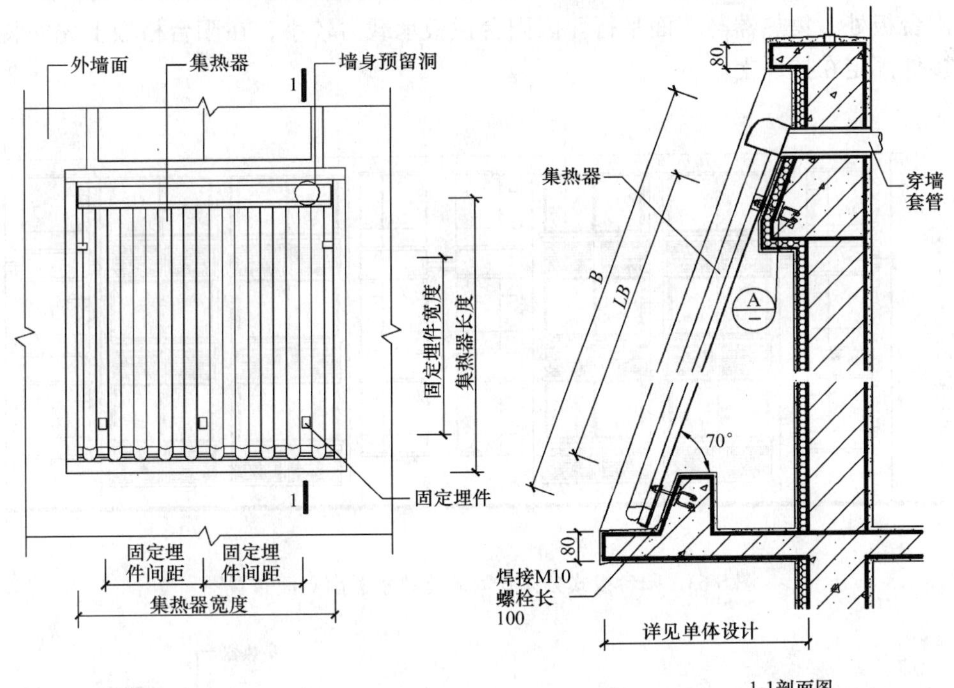

图 6-59　南墙面式（倾斜式）分体式太阳能热水器立面、剖面图

图 6-60　阳台板式分体式太阳能热水器安装实例

图 6-61　阳台板式分体式太阳能热水器

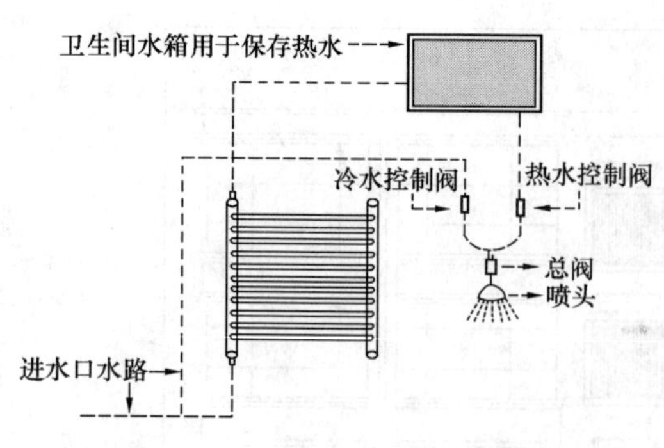

图 6-62　阳台板式分体式太阳能热水器工作原理

与墙面安装不同的是，作为阳台栏板还有强度及高度的防护要求。阳台栏杆应随建筑高度而增高，如低层、多层住宅的阳台栏杆净高不应低于1.05m，中高层、高层住宅的阳台栏杆不应低于1.10m，这是根据人体重心和心理因素而定的。安装太阳能集热器的阳台栏板宜采用实体栏板。对于挂在阳台或附在外墙上的太阳能集热器，为防止其金属支架、金属锚固构件生锈对建筑墙面，特别是浅色的阳台和外墙造成污染，建筑设计应在该部位加强防锈的技术处理或采取有效的技术措施，防止金属锈水在墙面阳台上造成不易清理的污染。

图 6-62 是阳台板式分体式太阳能热水器工作原理。

图 6-63、图 6-64 为阳台板式（竖直式）分体式太阳能热水器的安装示意图。图中集热器安装在南向阳台板处，集热器与墙面平行。因阳台栏板承载力较小，在阳台栏板上先安装挂件，再将定型连接件固定在挂件上。

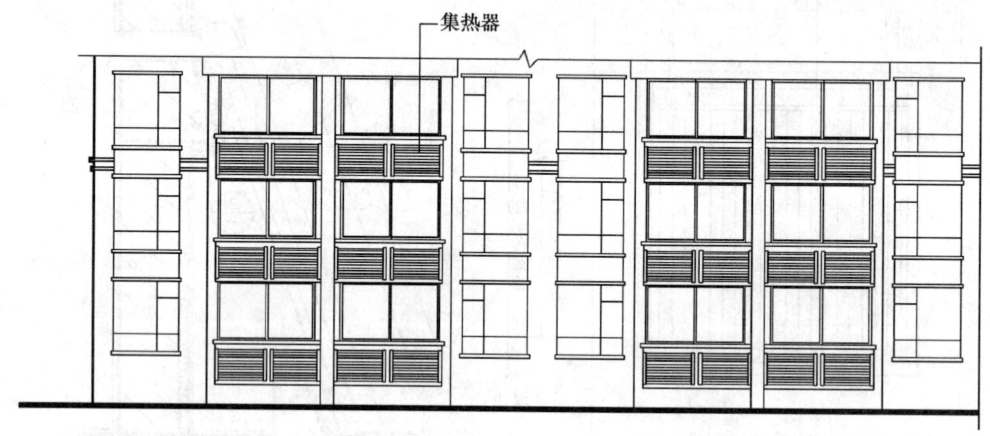

图 6-63　阳台板式分体式太阳能热水器南立面布置图

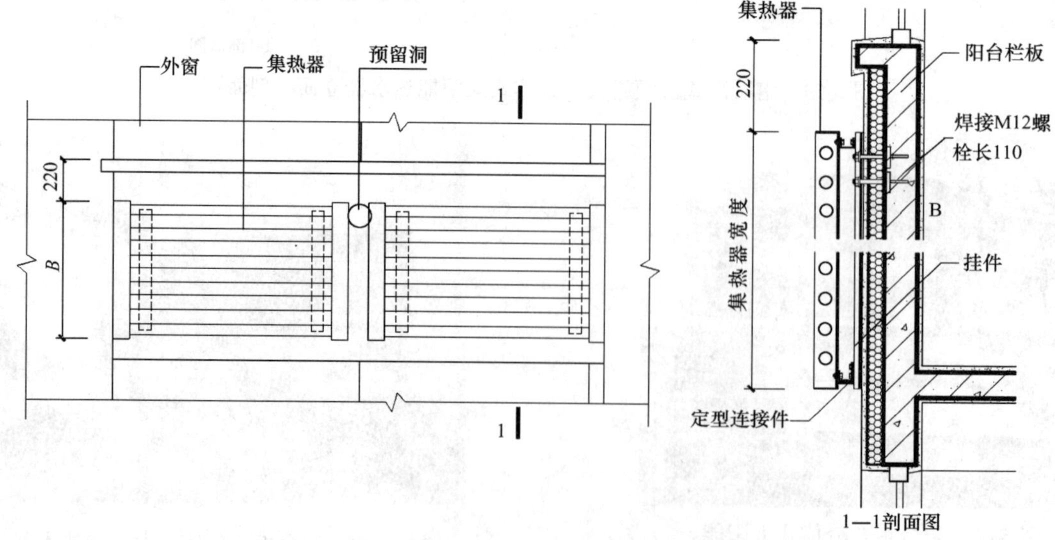

图 6-64　阳台板式（竖直式）分体式太阳能热水器立面、剖面图

图 6-65 为阳台板式（倾斜式）分体式太阳能热水器的安装示意图。图中集热器安装在南向阳台板处，与阳台板成一定的倾斜角度。从理论上讲倾角宜为纬度 ± 10°，但考虑到阳台的使用，倾角在北方可控制在 60° ~ 75°之间。

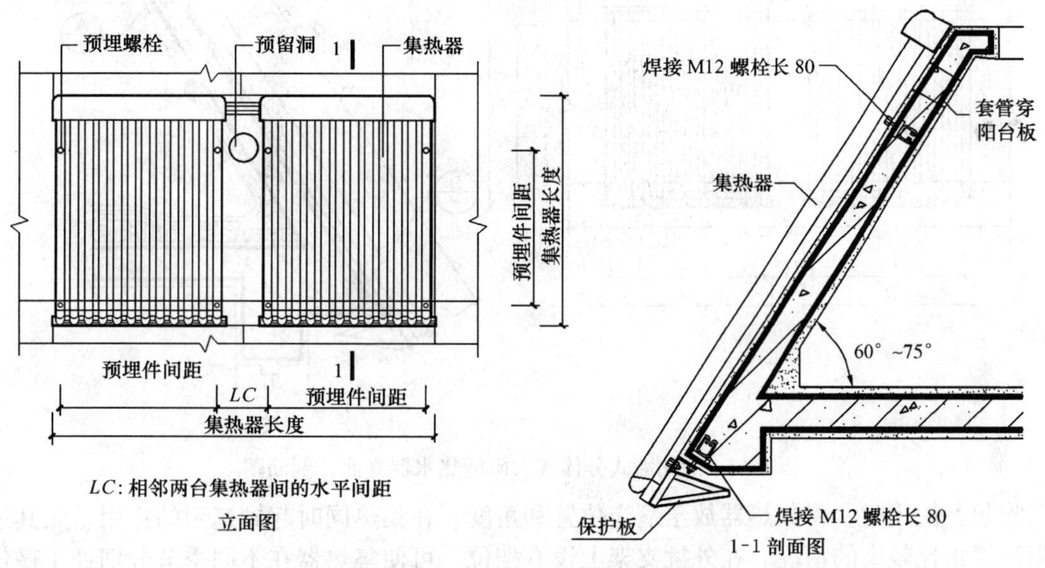

图 6-65　阳台板式分体式（倾斜式）太阳能热水器立面、剖面图

3）女儿墙式

集热器顺坡安装在女儿墙斜檐上，与斜檐平行，便于排水和承重；分体式水箱放置在室内，使建筑物的立面造型更加美观，同时又与建筑完美结合，构成了独特的建筑风格造型，具有观赏性。

图 6-66、图 6-67 为女儿墙式分体式太阳能热水器的安装示意图。图 6-67 中，*LA* 为集热器固定预埋件间的横向中距，*LB* 为预埋件间的纵向中距，*LC* 为相邻两台集热器预埋件间的横向中距。

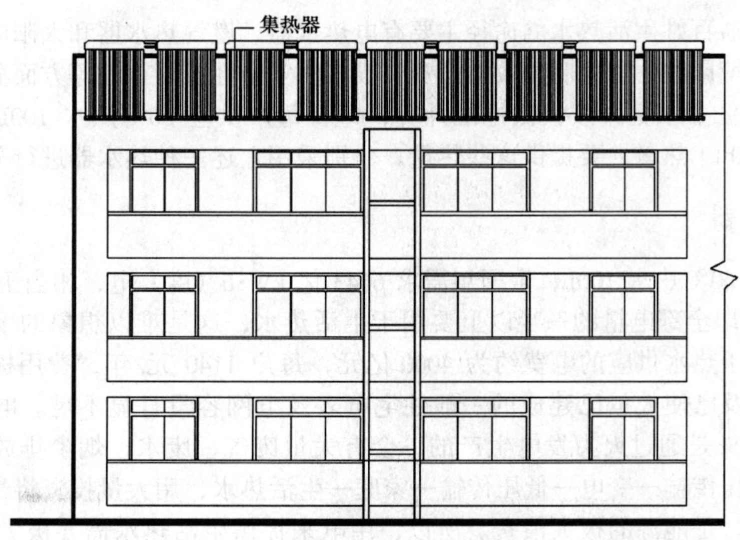

图 6-66　女儿墙式分体式太阳能热水器南立面布置图

(2) 活动式安装

活动式连接是指集热器可以由用户控制在支架滑轨上运动，使其可以贴于竖直墙面，也可以斜出以达到最佳的集热效果。比较理想的一种情况是将支架安装在窗户的上方，除支架外其余部

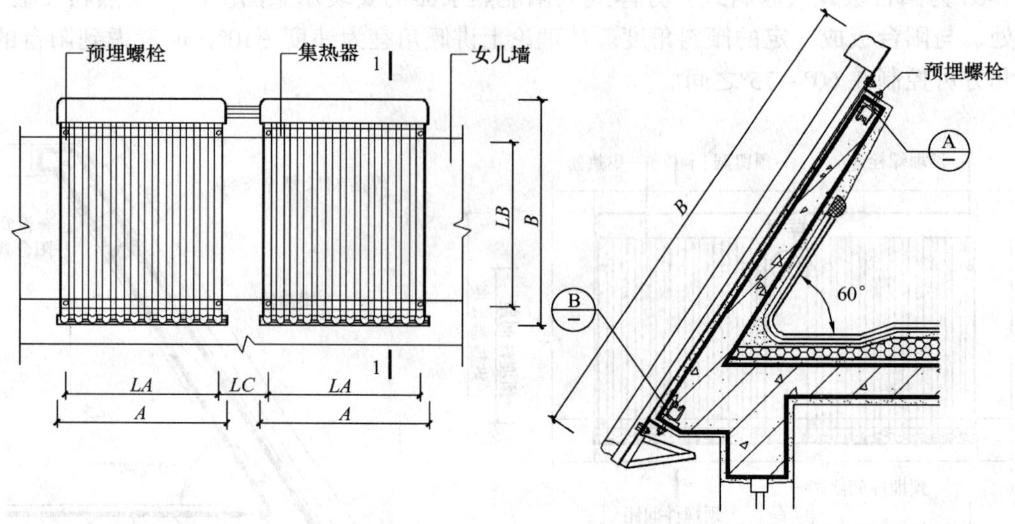

图 6-67　女儿墙式分体式太阳能热水器立面、剖面图

分可以收起。使用时，将集热器放至适当位置和角度，在集热同时起到遮阳的作用，尤其适合夏季太阳高度角比较高的情况。在外挑支架上设有档位，可使集热器在不同季节分别处于最佳的倾角。集热器的打开和收起可利用下端的拉杆完成。缺点是由于集热器已经位于窗上过梁位置，该层已没有足够空间容纳水箱，所以采用自然循环时水箱必须置于其上一层户内。在设计中选择使用分体式太阳能热水器进行强制循环，上述不便也不再成为问题。此外，活动式连接还可以应用在阳台的竖直栏杆或栏板外侧。

6.6　太阳能热水系统经济性能分析

当前，解决普通百姓生活热水的途径主要有电热水器、燃气热水器和太阳能热水器三种。我们从能源资源、环境影响、能源利用效率、资金投入、安全性及可行性等方面分析：我国目前有12.9 亿人口，3.5 亿个家庭，按较低标准计算，每日每户供应 60℃热水 100L，从 15℃加热至 60℃共需 18.82×10^3kJ 热量，要提供这些热量，分别采用上述三种热水器进行分析，见表 6-6。

6.6.1　电热水器

每日每户供应 60℃热水 100L，全国年需求 6643 亿 kW·h（度）电，相当于 1999 年全国年发电总量的 52.7%，即全部电量的一半以上要用于生活热水，这是难以想象的事情。按现行平均电价计算，每年用于热水供应的电费约为 4000 亿元，每户 1140 元/年，费用极大，而目前空调等大功率电器的普及已使大量已建成的一般住宅电表及电网容量日显不足。电是洁净的二次能源，我国电力的 70%是通过火力发电生产的，会有大量废气、废水、烟尘排放，对环境造成严重污染。发电—高压传输—变电—低压传输—家庭—生活热水，用大量投资将最高品位能源变为最低品位能源使用，是能源的极大浪费。所以，用电来提供生活热水需要极大的投资，若用 10 年解决 25%的家庭用电产生生活用热水，每年需新增 2000 万 kW 容量，相当于长江三峡工程一期总容量 10 倍以上。

6.6.2　燃气热水器

燃气热水器效率不高，使用中会产生 CO、CO_2等废气，污染环境；无论直排式、强排式燃气热水器，在室内通风不好的情况下，都有一定的危险性；每户每日 60℃热水 100L，月耗燃气约 30m³，全国每年需 1260 亿 m³ 天然气，花费约 2500 亿元。另外燃气资源有限，输送天然气要国家花费巨额投资修建管道工程，在县级城市及广大农村基本上不可能实现。

6.6.3　太阳能热水器

太阳能蕴藏量极大，我国大部分地区资源丰富，使用太阳能无需政府投资，只需制定政策、法规推广普及和规范使用。无需开采、运输，无运行费用（或运行费用很低），一次投资、长期受益，无污染、无噪声，无废物废气排放，具有巨大的环保效益。

据有关资料计算，将太阳能热水器所获得的终端热量和常规煤炉燃煤进行比较，每平方米太阳能热水器在北京周围区域每年可节约标准煤 123.6kg；减排 $SO_2$3.46kg；减排 $CO_2$394.8kg；减排 CO2.5kg；减排烟尘 1.9kg。

按照 2000 年全国太阳能热水器社会保有量 2600 万 m² 计算，全国每年可节约标准煤 321.36 万 t；减排 SO_2 9.00 万 t；减排 CO_2 1026.48 万 t；减排 CO 6.5 万 t；减排烟尘 4.94 万 t。

表 6-6 为太阳能、燃气、电三种热水器的经济效益对比分析表，按表中对比分析，水费均不计算在内。燃气热水器平均 4 年费用为 2630 元，电热水器平均 4 年费用为 2710 元，太阳能热水器只要 4～5 年就能收回总投资，免费用十余年，15 年间一台太阳能热水器可节约近万元。按照我国 3.5 亿个家庭来计算，如果每户居民都能用上太阳能热水器，从理论上讲，仅生活热水这一项 15 年就可以节约 3 万多亿元。

太阳能、燃气、电三种热水器的经济效益对比分析表（以山东地区为例）　　**表 6-6**

	太阳能热水器（100L，1.5m² 集热水器）	燃气热水器（天然气按 2 元/m³ 计算）	电热水器［水价按 0.41 元/（kW·h）计算］
装置投资	2400 元	600 元 + 100 元	800 元 + 100 元
装置寿命	15 年	6 年	6 年
每年使用天数	300d	300d	300d
每天洗浴人数	冬季 3 人、夏季 8 人	冬季 3 人、夏季 8 人	冬季 3 人、夏季 8 人
日产热水量	冬季 100L/40L 夏季 200L/40L	冬季 100L/40L 夏季 200L/40L	冬季 100L/40L 夏季 200L/40L
每年燃料动力费用	0 元	620 元	638 元
每人每次燃料动力费用	0 元	0.60 元	0.50 元
每人每次洗浴总费用	0.17 元	0.73 元	0.60 元
15 年装置总投资	2400 元	1850 元	2300 元
15 年所需总费用	2400 元	11300 元	11920 元
是否会发生人身事故	无	可能	可能
环境污染	无排放	有废气排放	有废气排放

表 6-7 是太阳能与煤、燃油、燃气、电四种锅炉性能对比表，在本文中虽没有详细介绍太阳能锅炉的有关知识，可在下表中，我们同样可以看出太阳能热水系统在环保和节能等方面的显著优势。

太阳能与煤、燃油、燃气、电四种锅炉性能对比表

（以日供热水 10t，进水温度 15℃，出水温度 60℃，标准工况）　　**表 6-7**

对比情况	燃油锅炉	燃气锅炉	电锅炉	热水板型太阳能锅炉	全玻璃管型太阳能锅炉	热管—真空玻璃管型太阳能锅炉
锅炉成本及费用	4 万元/5 年	4 万元/5 年	8 万元/5 年	18.3 万元/30 年	18.3 万元/15 年	31 万元/15 年

续表

对比情况	燃油锅炉	燃气锅炉	电锅炉	热水板型太阳能锅炉	全玻璃管型太阳能锅炉	热管—真空玻璃管型太阳能锅炉
每吨热水综合成本	24元/t	22元/t	26元/t	2元/t	5元/t	8元/t
初装审批项目	燃油购买、储存	燃气增容	电力增容	无	无	无
人员配置	1~2名专业人士	1~2名专业人士	1名专业人士	无需专人管理	无需专人管理	无需专人管理
安全性能	有爆炸危险	有爆炸和中毒危险	有爆炸和漏电危险	无危险	无危险	无危险
环保性能	有废气排放	有废气排放	无排放	无排放	无排放	无排放
综合性能	差	较好 ★	较好 ★	最好 ★★★	好 ★★	好 ★★

在未来家庭用热水的供给方式中，太阳能热水系统所占的比重会越来越大，预计到2015年，太阳能热水器的销售量将达到23200万m^2，其经济效益与社会效益都将是十分乐观的（表6-8）。

太阳能热水器的发展及其经济效益预测 **表6-8**

年　份	太阳能热水器销售量（万m^2）	太阳能替代燃煤（万t_{ce}）	减排CO_2（万t_{ce}）	提供就业机会（人）
2000	2600	338	245.4	56647
2005	6400	832	604	78550
2010	12900	1677	1217.5	152568
2015	23200	3016	2189.6	241692

6.7 应用实例

6.7.1 山东皇明集团太阳能热水示范工程

6.7.1.1 多种太阳能建筑一体化方法综合运用的多层住宅楼

该建筑采用了4种太阳能热水器与建筑结合的形式。阳台壁挂式太阳能热水器、阳台分体式太阳能热水器、立面壁挂式太阳能热水器以及屋面飘板式太阳能集热器，在太阳能热水器与建筑一体化方面作了大胆的尝试，并取得了可喜的成绩，是近年来少有的太阳能建筑一体化的典范（图6-68）。

在太阳能热水技术方面的创新之处在于：将集热器安装在建筑南立面或窗间墙上，充分利用空间，点缀装饰，效果突出；循环管路最短，效率高，解决了无效冷水和压力平衡的问题；将太阳集热器作为建筑的一个构件，实现了太阳能与建筑的一体化设计；太阳能标准模块化生产。

该工程针对居民区采用集中供热水系统，其中有24小时供热水和定时恒温供热水两个系统。其特点是：

1. 采用热水管道循环；有效地解决了管路中的无效热水问题，实现打开水龙头就有热水。
2. 太阳能与辅助能源相结合，有效克服了太阳能不连续性的缺点。
3. 利用变频增压技术有效解决热水水压不稳定的缺点，使洗浴更加温馨舒适。
4. 智能分户计量热水收费。

6.7.1.2 海棠苑

图 6-68　山东皇明集团多层住宅楼太阳能热水示范工程

海棠苑位于皇明高科园西区，三层半建筑，顶层为太阳房，契形屋面，集热管遍布屋面及阳面，充分利用太阳能（图 6-69）。建筑墙体采用新型保温材料和施工工艺，保温效果更佳，外表美观大方；屋面采用聚苯乙烯挤塑保温板，改变了传统的屋面顺置式做法，具有低吸水率，低导热系数的特点，充当了防水层的保护层，大大延长了整个屋面的寿命，改善了室内环境；门窗采用温屏节能玻璃塑钢窗。太阳能热水系统提供生活热水的同时，可以循环加热室内游泳池的池水，使人在家中就可以体验到天然温泉的感觉。

别墅周围以生态园林的理论为依据，模拟自然生态环境，种植海棠为主，辅以其他花种，使得花色错落，时间持久。海棠苑亦由此而得名。

图 6-69　山东皇明集团太阳能热水示范工程——海棠苑

6.7.2 力诺瑞特青岛千禧龙生态小区太阳能热水工程

青岛千禧龙生态小区位于青岛经济技术开发区的黄金地段，是一个风景优美、环境秀丽的高档住宅小区，小区内多为13层的小高层住宅，并在设计初期就提出了使用太阳能中央热水的要求（图6-70）。在整个工程中，施工单位采用了集中供应热水的太阳能热水系统，并且很好地实现了太阳能集热器与楼顶结构的有机结合，在平屋顶上专门制作了用于安装太阳能集热器的倾角为10°的大型钢结构飘板，既满足了突出建筑风格的美学要求，又为太阳能集热器的合理均匀铺设提供了场所。同时太阳能集热器真空管的管间距也作了适当的调整，扩大到115mm，前后管之间不会产生遮挡，既不影响钢结构的整体美观，又能保证正常的集热效果。

图6-70 青岛市千禧龙太阳能工程

另外，在该工程中住宅楼热水供应都是分单元式的供水，同时自动化程度的要求也非常高。因此工程技术人员将供水系统设计为两个子系统。下面的10层有足够的落差，可以保证水压，但由于管线较长，容易产生热损失，因此安装了小型循环水泵，采用定温循环的方式，保证管道内保持恒定的水温；上面的三层管线较短，但距离楼顶水箱较近，压差不够，加装了水流开关和增压泵。设计简单可靠，完全达到了用户的使用要求。在单元小系统中使用燃气作为太阳能热水的辅助热源。

6.7.3 悉尼奥运游泳馆

悉尼奥运游泳馆是悉尼奥运会的游泳比赛场地，包括一个露天的50m海水标准泳池和一个室内的25m淡水训练泳池。游泳池的供热系统采用4套系统相配合，太阳能供热系统、水源热泵系统、天然气锅炉和空调系统(图6-71)。其中太阳能热水系统和水源热泵系统的投资为50万澳元，国家补助25万澳元。太阳能热水系统的集热板面积为500m^2，集热板放在室内游泳馆的屋顶，伸出部分用做看台遮阳顶。集热板与屋顶的结合非常实用巧妙，如果没有游泳馆工作人员的讲解，看不出太阳能集热板置于何处。

图6-71 悉尼奥运游泳馆

夏天，仅用太阳能热水系统即可满足游泳池的需要，冬天，太阳能热水系统可提供约30%的热量，太阳能和热泵系统基本可满足游泳池的供热需求；天然气锅炉只为特殊天气设计的，例如冬天特别寒冷的时候；而第四套供热系统空调系统是为极端天气设计的，是为了保证系统的绝对安全，启动的机会很少。

6.7.4　山东建筑大学生态学生公寓

对我国目前的学生公寓来说，能够在宿舍中洗上热水澡似乎还是一种奢望，而通过利用太阳能就可以提供廉价的生活热水。用太阳能生产低温热水（<100℃）的太阳能热水系统，是目前太阳能热利用中技术最成熟、最经济、应用最广泛、产业化发展最快的领域。太阳能热水系统与建筑的一体化技术已被建设部列入建筑节能和可再生能源利用的重点推广技术。

在生态学生公寓中，采用了一套集中式太阳能热水系统（图6-72）。该系统为自然循环系统，由集热器、蓄水箱和循环管组成。依靠集热器与蓄水箱中水温不同产生的密度差进行温差循环，水箱中的水经过集热器被不断加热，再通过连接在蓄水箱上的管路送至各房间。集热器总集热面积72m^2，以春秋两季考虑，足以提供每日5760L热水（每人每日20L定额）。

图6-72　生态学生公寓集中式太阳能热水系统

蓄水箱设有电辅助加热装置，采用60kW的电热丝，平铺在储热水箱的底部，保证在没有太阳照射的情况下可以使水温在4个小时上升25℃以上，这种做法可以有效节约设备成本，降低整套系统的造价。据估算，在全年使用的情况下，太阳能可以提供70%的热量。实际上，由于冬季洗澡次数较少，另外最冷月学校已放假，辅助加热所消耗的电能还是十分有限的。

热水计量方面，由于多数时间中，太阳能热水的温度都高于洗澡所需的温度，因此需要与冷水混合后才能使用，热水计量表就装在房间里的热水管上。用IC卡计费，洗澡前需要先插入IC卡，然后才能用热水，而且每人每天热水用量有一定限度，防止少数学生用水过多早早把水箱放空。热水收费以全年的水费、加热费用、运行管理费用为根据并考虑到回收造价后，得出一个平均值，作为热水的价格。

第 7 章　建筑中的太阳能光伏发电设计

7.1　光伏发电系统基本知识

早在 1839 年，法国科学家贝克雷尔就发现，光照能使半导体材料的不同部位之间产生电位差。这种现象后来被称为“光生伏打效应”，简称“光伏效应”。1954 年，美国科学家恰宾和皮尔松在美国贝尔实验室首次制成了实用的单晶硅太阳能电池，诞生了将太阳光能转换为电能的实用光伏发电技术。

7.1.1　光伏发电系统原理及组成

7.1.1.1　光伏发电系统的基本原理

太阳光发电是指无需通过热过程直接将光能转变为电能的发电方式。它包括光伏发电、光化学发电、光感应发电和光生物发电。光伏发电是利用太阳能半导体电子器件有效地吸收太阳光辐射能，并使之转变成电能的直接发电方式，是当今太阳光发电的主流。时下，人们通常所说的太阳光发电就是太阳能光伏发电，亦称太阳能电池发电。从 20 世纪 70 年代中期地面用太阳电池商品化以来，晶体硅就作为基本的电池材料占据着统治地位。

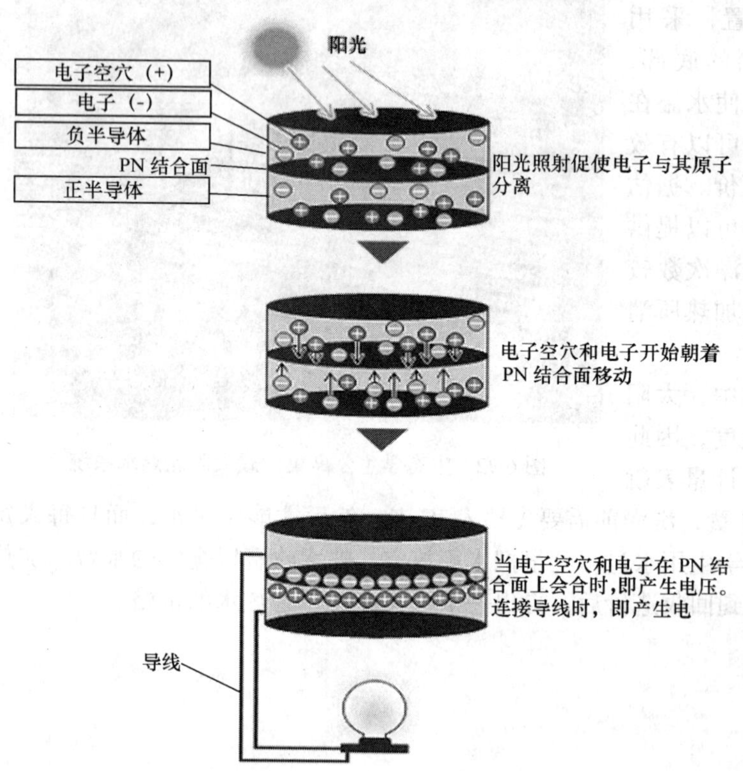

图 7-1　光生伏打效应示意图

太阳电池工作原理的基础是半导体 PN 结的光生伏打效应（图 7-1），就是当物体受到光照时，物体内的电荷分布状态发生变化而产生电动势和电流的一种效应。即当太阳光或其他光照射半导体的 PN 结时，就会在 PN 结的两边出现电压，叫做光生电压，使 PN 结短路，就会产生电流。

光伏发电系统是一种固态装置，只是简单地利用太阳能产生电能，无须考虑能源供应和环境污染，无噪声，几乎不需要维护，也基本没有物质资源的损耗。光伏组件与建筑物完美结合（图 7-2、图 7-3），既可发电又能作为建筑材料和装饰材料，使物质资源被充分利用、发挥多种功能，有利于降低建设费用。

图7-2 荷兰能源研究基金会（ECN）42号楼和31号楼（右）的入口区

图7-3 光伏温室

7.1.1.2 光伏发电系统的组成

一套基本的太阳能发电系统（图7-4）是由太阳光伏电池板、防反充二极管、逆变器、充电控制器、蓄电池和测量设备构成，下面对各部分的功能作一个简单的介绍：

(1) 太阳光伏电池板

太阳电池板的作用是将太阳辐射能直接转换成直流电，供负载使用或存贮于蓄电池内备用(图7-5)。由于技术和材料原因，单一电池的发电量是十分有限的，使用中的太阳能电池是单一电池经串、并联组成的电池系统，称为电池组件（阵列）。一般的太阳能电池板根据用户需要将太阳能电池列为方阵，再配上适当的支架及接线盒组成。太阳能电池多为半导体材料制成，发展到今天种类和形式都已经很繁多了。

1) 按照结构分类

①同质结太阳能电池，由同一种半导体材料构成一个或多个PN结的太阳能电池。

②异质结太阳能电池，用两种不同禁带宽度的半导体材料在相接的界面上构成一个异质PN结的太阳能电池。

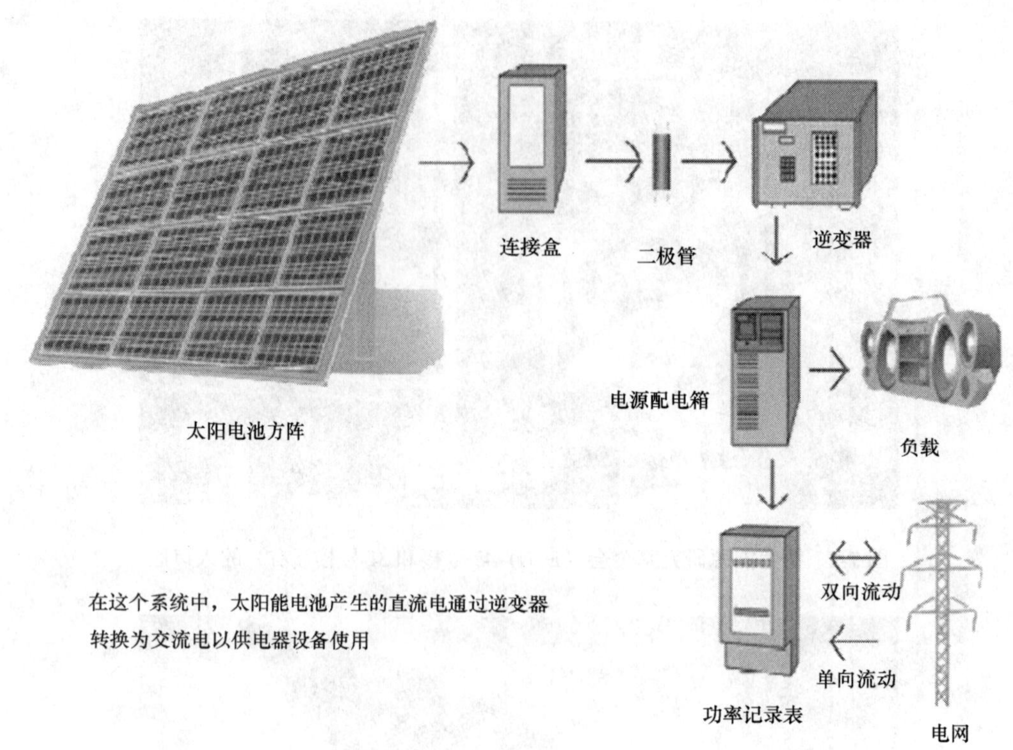

图 7-4　光伏发电系统

图 7-5　光伏电池板

③肖特基太阳能电池，用金属和半导体接触组成一个“肖特基势垒”的太阳能电池，叫做肖特基太阳能电池。

④复合结太阳能电池，由两个或多个结形成的太阳电池。如由一个（MIS）太阳电池和一个 PN 结硅电池叠合而形成高效 MISNP 复合结硅太阳电池，其效率已达 22%。复合结太阳电池往往做成级联型，把宽禁带材料放在顶区，吸收阳光中的高能光子，用窄禁带材料吸收低能光子，使整个电池的光谱响应拓宽。砷化铝镓-砷化镓-硅太阳能电池的效率高达 31%。

⑤平板太阳能电池，即非聚光电池，指在 1 倍阳光下工作的太阳能电池。

⑥聚光太阳能电池，指在大于 1 倍阳光下工作的太阳能电池。1 ~ 10 倍为低倍聚光，10 ~ 100 倍为中倍聚光，大于 100 倍的为高倍聚光。聚光需要考虑高温散热力大电流输出等特殊设计，便于组成光电、光热综合利用的复合系统。与聚光电池相配的聚光器和跟踪器会增加系统的复杂性，但采用廉价的聚光材料来代替昂贵的半导体材料，可以降低太阳能电池发电系统的成本。

⑦空间太阳能电池，用于人造卫星和空间飞行器上的太阳能电池。空间电池要求有较高的功率质量比，耐高低温冲击，抗高能粒子辐射能力强，制作精细，价格较高。

⑧地面太阳能电池，用于地面阳光发电系统的太阳能电池。要求耐风霜雨雪的侵袭，有较高的功率价格比，具有大规模生产的工艺可行性和材料来源。

⑨有机半导体太阳能电池，利用具有半导体性质的萘、茵等有机材料进行掺杂后制成的 PN 结太阳能电池。离子掺杂也能使一些塑料薄膜变成半导体。由于这些材料抗光老化的能力不理想，目前只作些原理性试验。

2）按照材料分类

①硅太阳能电池，以硅材料作为基体的太阳能电池。如单晶硅太阳能电池、多晶硅太阳能电池、非晶硅太阳能电池等（图 7-6）。

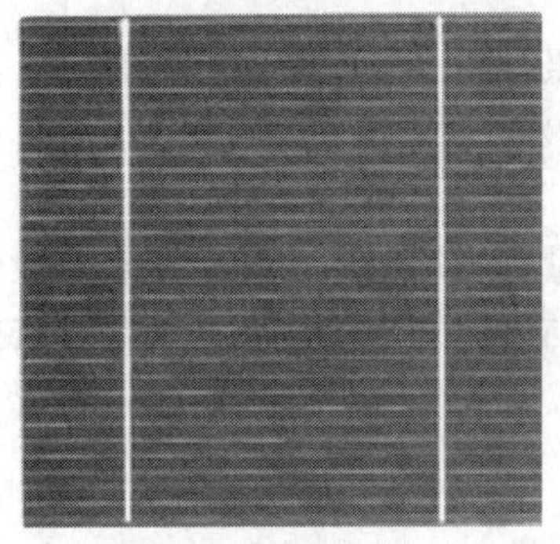
单晶体硅电池

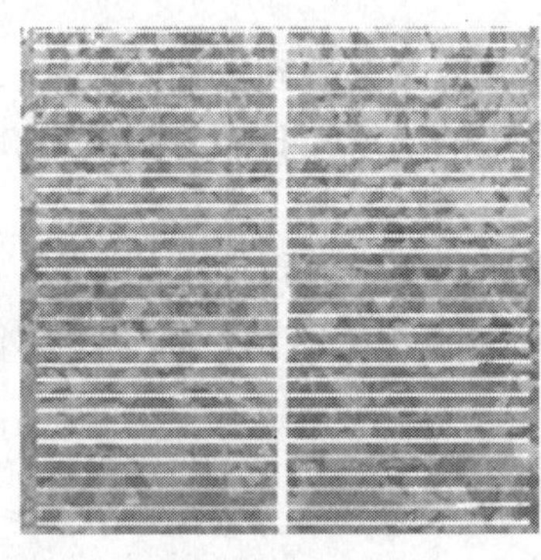
多晶体硅电池

非晶体硅电池

图 7-6　硅太阳能电池

②硫化镉太阳能电池，以硫化镉单晶或多晶为基体材料的太阳能电池。

③砷化镓太阳能电池，以砷化镓为基体材料的太阳能电池。

（2）防反充二极管

防反充二极管又称为阻塞二极管，其作用是避免由于太阳能电池方阵在阴雨天或夜晚不发电时，或出现短路故障时，蓄电池组通过太阳能电池方阵放电。它串联在太阳能电池方阵电路中，起单向导通的作用。要求它能承受足够大的电流，而且正向电压降要小，反向饱和电流要小。一般可选用合适的整流二极管。

（3）逆变器

逆变器按激励方式，可分为自激式振荡逆变和他激式振荡逆变。逆变器的作用就是将太阳能电池方阵和蓄电池提供的低压直流电逆变成 220V 交流电，通过全桥电路，一般采用 SPWM 处理器经过调制、滤波、升压等，得到与照明负载频率 f、额定电压 UN 等匹配的正弦交流电供系统终端用户使用。

（4）充电控制器

在不同类型的光伏发电系统中，充电控制器不尽相同，其功能多少及复杂程度差别很大（图 7-7），这需根据系统的要求及重要程度来确定。充电控制器主要由电子元器件、仪表、继电器、开关等组成。在太阳发电系统中，充电控制器的基本作用是为蓄电池提供最佳的充电电流和电压，快速、平稳、高效地为蓄电池充电，并在充电过程中减少损耗，尽量延长蓄电池

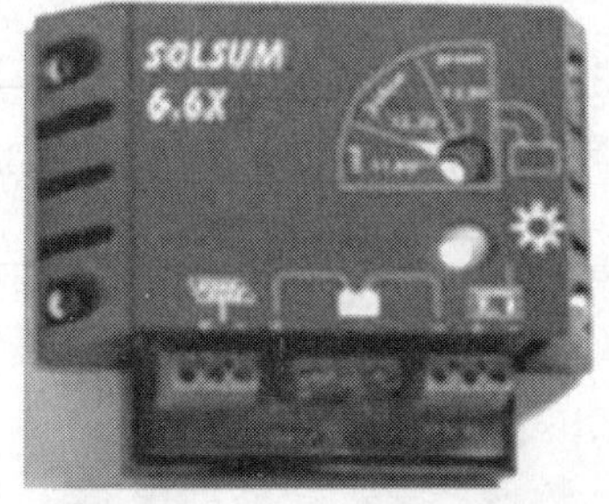

图 7-7　充电控制器

的使用寿命；同时保护蓄电池，避免过充电和过放电现象的发生。如果用户使用直流负载，通过充电控制器还能为负载提供稳定的直流电（由于天气的原因，太阳能电池方阵发出的直流电的电压和电流不是很稳定）。

（5）蓄电池组

蓄电池组是将太阳能电池方阵发出的直流电贮存起来，供负载使用。在光伏发电系统中，蓄电池处于浮充放电状态，夏天日照量大，除了供给负载用电外，还对蓄电池充电；冬天日照量少，这部分贮存的电能逐步放出。白天太阳能电池方阵给蓄电池充电（同时方阵还要给负载用电），晚上负载用电全部由蓄电池供给。因此，要求蓄电池的自放电要小，而且充电效率要高，同时还要考虑价格和使用是否方便等因素。常用的蓄电池有铅酸蓄电池和硅胶蓄电池，要求较高的场合也有价格比较昂贵的镍镉蓄电池。太阳能电池产生的直流电先进入蓄电池储存，蓄电池的特性影响着系统的工作效率和特性。

蓄电池技术是十分成熟的，但其容量要受到末端需电量、日照时间（发电时间）的影响。因此蓄电池瓦时容量和安时容量由预定的连续无日照时间决定。

（6）测量设备

对于小型太阳能光伏发电系统，只要求进行简单的测量，测量所用的电压表和电流表一般就安装在控制器上。对于大中型的太阳能光伏电站，就要求配备独立的数据采集系统和微机监控系统。

7.1.2 光伏发电系统的分类及特点

半导体在太阳光照射下产生电位差的现象称为光伏效应。太阳能光伏发电系统就是利用太阳能电池中半导体材料的光伏效应，将太阳光辐射直接转换为电能的一种发电系统。

太阳能光伏发电应用系统分为三类：直流负载独立系统、交流负载独立系统和并网系统（图7-8），各系统特点对比如表7-1所示。

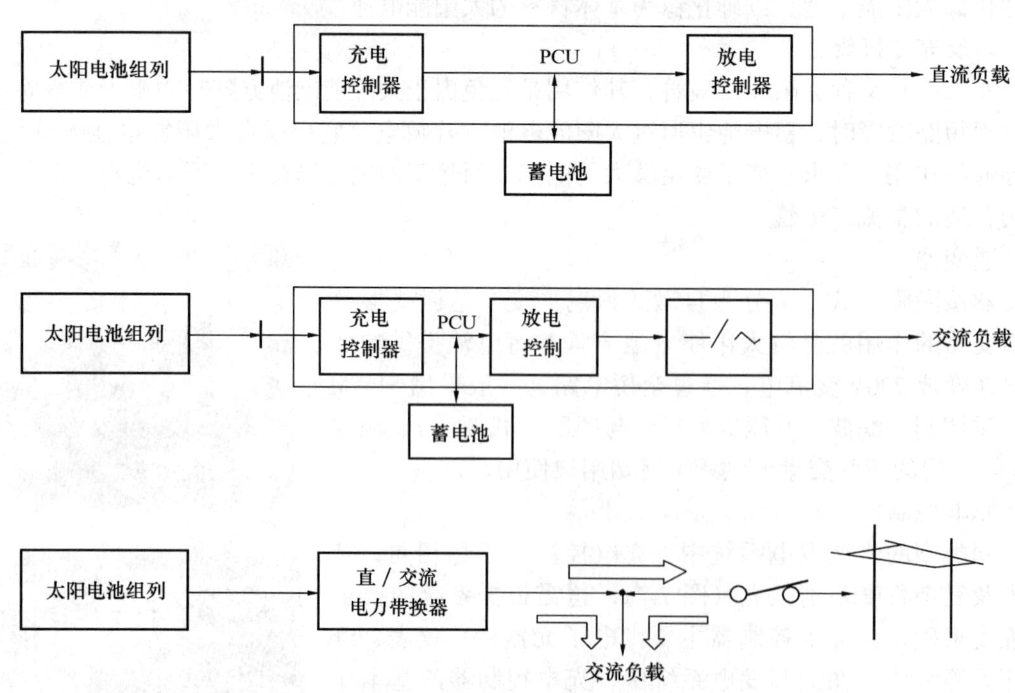

图7-8　直流负载独立系统、交流负载独立系统和并网系统

三类系统特点对比表　　表 7-1

系　统	直流负载独立系统	交流负载独立系统	并　网　系　统
工作方式	白天充电，晚上放电	白天充电并供电，晚上蓄电池供电	白天供电，晚上不供电
优点	能量损失少，易设计	成本低于架设输电设备	最佳效能且发电效率高；系统无需维护，且易设计；可解决高峰电力不足的困扰
缺点	需维护和更换蓄电池	需维护和更换蓄电池，能量损失高，不易设计	市电断电时无法使用
适用范围	玩具、路灯、收音机、手电筒等	市电无法到达的偏远地区	市电可到达的地点

图 7-9　屋顶使用光伏发电系统的住宅

7.1.3　光伏发电系统的应用

光伏发电系统的应用领域十分广泛，主要应用于用户型太阳能电源、通信、石油、海洋、气象等领域。

用户型太阳能电源主要用于边远无电地区如高原、海岛、牧区、边防哨所等军民生活用电；家庭屋顶并网发电（图 7-9）；无电地区的深水井饮用、灌溉；庭院灯、路灯（图 7-10）、手提灯、野营灯、登山灯、垂钓灯、黑光灯、割胶灯、节能灯的电源。

通信领域用于无人值守微波中继站、光缆维护站、广播/通信/寻呼电源系统、农村载波电话光伏系统、小型通信机、士兵 GPS 等。

石油、海洋、气象领域用于石油管道和水库闸门阴极保护太阳能电源系统、石油钻井平台生活及应急电源、海洋检测设备、气象/水文观测设备等。

图 7-10　路灯上方的光电支架装置

光伏系统还可用于光伏电站（图 7-11）、建筑、与汽车配套太阳能制氢加燃料电池的再生发电系统（图 7-12）、海水淡化设备、卫星、航天器、空间太阳能电站等。

图 7-11　光伏电站

图 7-12　太阳能电动车

7.2　光伏发电系统与建筑的结合

在20世纪80年代，光伏发电系统的地面应用除了大量作为独立电源系统外，已经开始进入联网用户和商业建筑领域。进入20世纪90年代以后，随着常规发电成本的增加和人们对环境保护的日益重视，一些国家纷纷开始实施、推广太阳能屋顶计划。比较著名的有德国“十万屋顶计划”、美国“百万屋顶计划”以及日本的“新阳光计划”等。“光伏发电与建筑物集成化”的概念也于1991年被正式提出，并很快成为热门课题。这不仅开辟了一个光伏应用的新领域，而且意味着光伏发电开始进入在城市大规模应用的阶段。

长期以来，作为建筑物围护结构的屋顶、墙壁和窗户，既是体现建筑风格和建筑美学的主体，也是建筑功能的主要研究对象，尤其是为了保持建筑内部舒适的小环境，不得不在绝热、采暖空调和日光照明等多方面进行优化设计，以求得最佳的效果。

太阳能光电转换、热利用技术和新型材料的合理利用，可大大降低建筑能耗和改善居住环境，是当前建筑节能的新方向。近年来，国际上已经涌现出许多以利用自然能源为主的建筑，如“自助能建筑”、“零能耗建筑”和“屋顶太阳能源系统”等，都是将太阳能与建筑节能相结合的示范工程。

7.2.1　光伏与建筑物相结合的形式

广义上讲，光伏与建筑相结合有两种形式：一种是建筑与光伏系统相结合；另一种是建筑与光伏器件相结合。

1. 建筑与光伏系统相结合（BAPV）

把封装好的光伏组件（平板或曲面板）安装在居民住宅或建筑物的屋顶上，再与逆变器、蓄电池、控制器、负载等装置相联。光伏系统还可以通过一定的装置与公共电网联接。

2. 建筑与光伏器件结合

光伏与建筑结合的进一步目标是将光伏器件与建筑材料集成化。一般，建筑物的外墙采用涂料、马赛克等材料，有的还采用价格不菲的幕墙玻璃，其功能仅仅是保护和装饰。若能将屋顶及向阳的外墙甚至窗户材料都用光伏器件来代替，则既能作为建材又能发电，可谓一举两得。当然，对光伏器件来说，同时还应具备建材所要求的绝热保温、电器绝缘、防水防潮等功能。用光伏器件替代部分建材，可进一步降低光伏发电的成本，有利于推广应用，所以有着十分巨大的潜在市场。例如，变换组件边框的型材成为一种屋瓦太阳能电池组件，铺盖于屋顶檩条上，可省去普通屋瓦；用可挠性树脂材料为基底的大面积柔性薄膜电池组件，可随意剪裁成所需尺寸，铺设于各种建筑物屋顶，既可发电又可防雨；墙体式组件可代替普通玻璃幕墙，也可安装在高速路边，与隔音墙成为一体。

将太阳能电池与建筑屋顶、墙壁和窗户相结合，可以充分利用太阳能发电，出现了所谓“太阳能电池瓦”、“太阳能电池幕墙”、“太阳能电池窗户”和“太阳能电池遮阳篷”等新型建筑材料和构件，深受建筑界、太阳能界和环境保护界人士的普遍关注，主要有以下几种：

（1）太阳能电池房：这是早期的太阳电池建筑，将太阳电池方阵安装在建筑物的顶部和朝阳面，充分利用太阳能资源为室内提供电源（图7-13）。

（2）太阳能电池屋顶和遮阳篷：由单晶硅制成的太阳能电池方阵，安装在建筑物的顶部和窗户上方作为屋顶电池和遮阳篷电池系统（图7-14）。

（3）太阳能电池瓦：是将非晶硅太阳能电池封装在玻璃中的光电转换器件，每片瓦就是一个太阳能电池组件的单体，使用时将各片瓦的电极连接即可形成一个发电系统。

图 7-13 屋顶使用光电系统的住宅

图 7-14 荷兰多德勒克地区建筑上的阳光遮蔽幕

（4）太阳能电池窗户：由半透明性薄膜太阳能电池制成的功能器件，既不影响窗户的透光，又充分利用太阳中的能量发电，可谓一举两得。

（5）太阳能电池幕墙：由碲化镉电池制成的太阳能电池幕墙，安装在西班牙 Barcelora 市 Mataro 公共图书馆上，在 1994 年以前属于欧洲最大的太阳能建筑。

（6）能源全自给太阳房：建于德国弗莱堡市的全部采用自然能源的太阳试验房，整座建筑运用太阳能电池、太阳能热水器、燃料电池、储能系统、透明绝热材料、太阳能窗帘和绝热玻璃等一系列新材料和新技术，研究采用自然能源取代常规能源的可能性。用光电材料替换传统的建筑表层建材，如屋顶的瓦片，外墙的覆面，另一种是只将其置于建筑材料外部，如屋顶或装置上。

7.2.2 光电板引发的新建筑理念

光电系统是一种新型建筑技术，能够为建筑师提供新的建筑理念，因此，在建筑上安装光电板可以使设计更为新颖。

通过调整屋顶上瓦片的比例和保持色调一致，光电系统能够与整个建筑和谐的融为一体（图 7-15），毫不突兀。光电板既可以解决遮光问题，也可以设计成光电板屋檐。放射状或百叶窗状的光电模板可以省略机械制冷系统。

通过与整栋建筑的一体化设计，光电系统可以改善建筑的外观，换句话说，整体风格的一致才是最佳效果。光电板外墙和屋顶可以给建筑带来强烈的视觉冲击，新颖的光电板房顶可以有效地改善旧建筑的顶层设计，使之充满现代感，这样可以大大增强建筑的视觉美感，为其市场价值带来有利的影响。如图 7-16 所示，使用充满现代感的蓝色光电板屋顶系统，完美的将水天连成一体。

图 7-15　光电系统与建筑一体化

光电板的应用，尤其是与太阳能设计理念的结合引发了新的设计理念和建筑思潮。从建筑上讲，光电板与传统的辅助建材如木材、钢铁一起为建筑设计提供了新的选择空间，并且能够同自然光结合，随着白天太阳位置的改变来控制室内空间的色彩和感觉（图 7-17)。

图 7-16　荷兰某蓝色光电板屋顶系统

图 7-17　荷兰 ECN 作为办公室挡光设置的光伏板屋顶

7.2.3　光电板与建筑一体化设计要求

为了更好地与建筑相结合，除了太阳能产品本身的采集热量供热和发电功能以外，还要考虑其他的功能，包括隔离室内外、防雨、抗风、隔热、隔噪声、遮阳、美观等功能，甚至还包括使其成为建筑材料并替代原有的建筑材料，以及将其制造得更便于安装和维护。

为此，太阳能产品的研发和生产制造在以下几个方面开展了工作，并取得了可喜的进展：

1. 将太阳能产品制作成建筑材料，并根据建筑的要求对其零配件进行重新设计。如：将太阳能光伏电池制作成无边框电池、太阳能电池瓦，将接线盒设计安装在组件侧面而不是通常的背面；将太阳能集热器制作成屋瓦，替代常规的屋顶材料。

2. 制作专用的托架或导轨，方便太阳能产品的安装。

3. 研发出不同颜色的光伏电池组件和集热器，使其能更好地与建筑的色调相协调。对于单晶硅电池，可以用腐蚀绒面的办法将其表面变成黑色，安装在屋顶或南立面显得庄重，而且基本不反光，没有光污染的问题；对于多晶硅电池，可以在蒸镀减反射膜时加入一些微量元素，来改变太阳电池表面的颜色，变成黄色、粉红色、淡绿色等多种颜色；对于非晶体硅电池，其本色已经同茶色玻璃的颜色一样，很适合做玻璃幕墙和天窗玻璃；太阳集热器的吸收涂层也被设计为各种颜色以配合建筑的色调。

4. 通过各种方式增加太阳能产品的透光性，满足其作为天窗、遮阳板和幕墙的要求。将晶体硅电池用双层玻璃封装做成透光电池组件，并通过调整电池片之间的空隙来调整透光量；或在晶体硅电池上打上许多细小的孔，做成透光型电池；将非晶体硅制作成茶色玻璃一样的效果，透光效果好、投影也十分均匀柔和；在平板集热器上打上均匀的孔，做成透光的效果。

5. 调整太阳能产品的尺寸和形状，满足一些特殊应用场合的要求。目前，平板太阳能集热器的外形尺寸能够根据建筑的要求进行设计，其长度可达 9m；太阳能集热器的外形尺寸也开始参照建筑模数来确定；另外，柔性的薄膜电池也能够很好地满足建筑的要求。

7.2.4 发展前景

太阳能电池在建筑上的应用试验已展现出美好的前景，目前最大的困难是太阳能电池的成本还比较高，一时难以大面积推广。但是，太阳能界对此仍然非常乐观，随着技术的不断进步，太阳能电池的转换效率将进一步提高，同时由于生产规模的不断扩大，电池成本也将大幅度下降。据估计，到 2015 年，电池的峰瓦价格有可能降到 2 美元以下，届时发电成本将与火力发电成本接近，前景相当看好。因此，有人认为，21 世纪将是太阳能建筑节能综合体系大发展的时代，甚至预言到 21 世纪中叶，仅“屋顶能源”一项就可提供全世界 1/4 的电能。

鉴于太阳能住宅的推广和普及，不但可解决几十亿人口的住宅供电问题，而且还将大大降低能源的消耗和减轻环境污染，是一项非常有前途的可持续发展计划，各国都很重视。近年来，欧、美、日等发达国家均纷纷推出了“太阳屋规划”，其中比较突出的有美国在 1997 年 6 月宣布的“百万太阳屋顶计划”，计划于 2010 年以前，在 100 万座建筑物上安装太阳能系统，主要包括太阳能光伏发电系统、太阳能热利用系统和新型建筑材料。仅就太阳电池而言，计划每幢建筑装置 1～4kW 的太阳能发电系统，年发电能力为 1～610MW 不等。在有太阳照射时，由太阳能电池供电，多余电力可与常规电力并网；阴雨天或夜晚，如果住宅本身的蓄电能力不足，则可从电网补充。如果该规划实现，估计可取得显著的经济效益和社会效益（表 7-2）。

美国百万太阳屋推广太阳电池计划可望达到的经济与社会效益统计表　　表 7-2

年　份	1997	1998	1999	2000	2005	2010
太阳能建筑物（幢）	2000	8500	8500	23500	51000	101400
系统装机容量（kW）	1	1	1	2	3	4
年发电能力（MW）	1	6.5	15	55	270	610

续表

年　份	1997	1998	1999	2000	2005	2010
发电成本（美元/WP）	6.5	5.7	4.9	4.3	2.9	2.0
年 CO_2 减排量（$\times 10^3t$）	2	13	39	111	1037	3510
创造就业机会（个）	300	1800	3800	11000	40000	71500

日本政府也正在推行太阳能房屋计划，预计到2010年将生产43亿瓦太阳能电池，并要求到时新建的房屋将用太阳能供电。

欧共体于1998年初公布，将在2010年建成50万套太阳能房屋。希腊在1998年夏天宣布将把克里特岛变成全部由太阳能供电的社区。

我国从1958年开始研究光伏电池，40多年来已经安装了1万多千瓦各类光伏系统，从空间卫星光伏系统到地面的光伏微波中继站，从光伏航标灯塔电源系统到进入千家万户的家用太阳能光伏电源系统，已经为工农业和国防建设做出了一定贡献，为边远无电地区人民实现初级电气化提供了示范。目前已有6个工厂年产约2MW单晶硅、多晶硅和非晶硅光伏电池，约有40多个研究所和大专院校从事光伏电池的材料、器件和应用研究。在国家“六五”、“七五”、“八五”、“九五”科技攻关各部委立项支持下，我国实验室光伏电池的效率已达21%，可商业化光伏组件效率达14%～15%（一般商业电池效率为10%～13%）。

但是与国际蓬勃发展的光伏发电相比我国还明显落后于发达国家，面对当前情况，我国政府首先应制定长远规划，促进全国光伏技术、产业和市场的整体发展，针对技术上的差距，要强化关键技术制造攻关，从技术创新和突破上加快降低成本的步伐；加强扶持，在安装补贴和购电保护价等方面采取措施，使光伏发电成本降到各方可以接受的程度内；加大宣传，推动公众的环保、能源意识，使目前在边远地区发展的光伏产业早日走入寻常百姓家。

第 8 章　太阳能建筑其他技术设计

8.1　太阳能导光技术

太阳能导光技术就是利用构造、材料等有目的的把自然光输入到室内某使用房间的技术。

能源和环境问题是当前全球共同关注的焦点。照明用电随着社会的发展已占总电量消耗的10%～20%，我国目前正在推进绿色照明工程的实施和发展，绿色照明的目标之一就是充分利用天然采光，减少人工照明用电。在建筑物中使用太阳能导光技术把更多的天然光引入到室内有益于改善室内环境，有利于人体健康。

下面分类介绍一下主要的太阳能导光技术。

8.1.1　采光板采光

采光板对大进深建筑的采光效果改善明显，即使最简单的内外平板式采光板，也能全天有效地增加室内距离窗口 4～9m 处的照度，提高整个房间的采光均匀性。在室外自然光照度较低的清晨、傍晚以及夏季太阳高度角较高时，效果尤为明显。与普通建筑相比，安装采光板的建筑室内采光效果更好，自然光线的利用率更高。

采光板利用的上部开窗面积较小，不会大幅度增加空调负荷；而且采光板在通过上部开窗将阳光引入室内的同时，对于大面积的下部开窗起到了外遮阳的作用。当采用优化的采光板时，节能效果将会更加明显。

8.1.1.1　设计原理

采光板的作用是利用较小的窗户开口将室外及窗口附近的太阳光通过反射引入室内较深的区域，其工作原理见图 8-1：

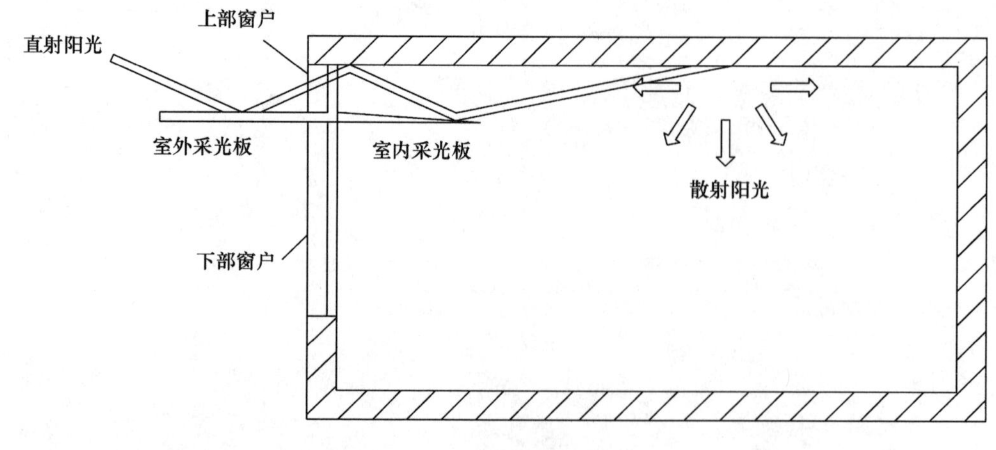

图 8-1　采光板工作原理图

通常条件下，直射辐射强度是散射辐射强度的 4～7 倍，采光板主要利用直射光线。室外直射辐射通过较小的上部窗户开口被采光板反射到室内顶棚，经过顶棚的散射反射，均匀地照亮离窗口较远处。在窗口面积不变的情况下，离窗口较远的位置得到充分的照明，提高了室内采光的均匀度和视觉舒适度；上部开口的面积较小，虽然有反射辐射进入，但不会严重地增大室内的空调负荷；而且室外的采光板在一定程度上起到了外遮阳的作用，有利于提高窗户附近的热舒适性，减小了空调负荷及直射眩光。

8.1.1.2　优化设计

太阳位置随时间、季节的变化不断变化，不同的纬度太阳运行轨迹也各不相同。采光板的设计重点就在于如何在不同的入射角度下最有效地利用太阳辐射，以期达到全年建筑整体能耗最小的目标。

为了在不同的地点、朝向上达到最优的使用效果以及同建筑外立面的结合，采光板衍生出不同的结构。不同纬度的地区，采光板的开口角度也不同，低纬度地区，太阳高度角较高，宜采用单层采光板或双层采光板；对于纬度较高的地区，宜采用多层采光板。

8.1.1.3　材料选择

内外采光板的表面比较光滑，易于阳光的反射；表面涂反射率较高的涂料，让更多的光线进入室内。通过上部窗户进入室内的太阳辐射量较大，因此在上部窗户上使用具有光谱选择性的镀膜玻璃，允许可见光透过，把红外辐射阻隔在室外，将会有更好的节能效果。

图 8-2　导光管

8.1.2　导光管采光

天然光是一种取之不尽、用之不竭的绿色能源，导光管技术的出现为人类合理利用天然光资源开辟出新的途径，导光管照明是一种健康、环保、无能耗的绿色照明。从黎明到黄昏，甚至是阴雨天气，导光管照明系统都可以高效地将天然光导入室内（图 8-2）。系统的使用寿命可达 30 年以上，无需维护。

8.1.2.1　研究现状

随着人类环保意识的不断加强，各国科研机构已把太阳能的利用作为重点发展项目，而利用自然光照明的研究则是其中的一个主要课题，在欧美及日本等发达国家，已开发出一系列自然光照明系统，并在公共设施及工业与民用建筑中广泛应用。目前自然光照明系统的技术及产品正在快速发展中。

由于这种自然光导光管照明系统结构简单、安装方便，成本较低，实际照明效果很好，因此在国外发展十分迅速，应用也十分广泛，许多跨国公司生产这种产品，如加拿大的 Solatube 公司、美国的 ODL 公司等。目前，在国外，这套系统广泛应用于家庭、工业、农业、商业等领域。

我国在利用导光管进行天然采光方面的研究开始的较晚，从 20 世纪八九十年代开始，有一些科研院所和企业从事类似的自然光导光管照明系统的研究。中科院建筑物理研究所曾在利用导光管进行天然光照明方面进行了研究，并取得了一定的成果。该所科研人员研制的导光管采光系统在一个 3.3m × 3.9m × 2.75m 的无窗房间应用时，经测试最大照度为 388lx，照度平均值为 156lx，整个采光系统的效率为 10%。

8.1.2.2 系统类型

从采光方式上分，导光管有主动式和被动式两种。主动式是一个能够跟踪太阳的聚光器，用以采集太阳光。这种类型的导光管采集太阳光的效果很好，但是聚光器的造价相当昂贵，目前很少在建筑中采用。目前应用最多的是被动式采光导光管，聚光罩和导光管本身连接在一起固定不动，聚光罩多由 PC（聚碳酸酯）或有机玻璃注塑而成，表面有三角形全反射聚光棱。这种类型的导光管主要由聚光罩、防雨板、可调光导管、延伸光导管、密封环、支撑环和散光板等组成。

导光管从传输光的方式上分主要有两种类型：有缝导光管和棱镜导光管。有缝导光管的外形是长圆柱形，内表面涂有镜面反射涂层，并留有一条长的出光缝，使光线射到工作面上。这种导光管加工工艺复杂，光在传播的过程中损失较大，造成整个导光管装置效率不高，因此这种类型的导光管在采集太阳光的导光管系统中很少采用。棱镜薄膜空心导光管是根据光辐射在光密介质中的全反射原理制造的。薄膜的一个面是平的，另一个面具有均匀分布的纵向波纹。这些波纹的截面是顶角为 90°的三角形棱镜，这种薄膜的特点是入射到其平行的一面上的光线如果不被反射就会射进材料内部，把棱镜薄膜卷成圆柱形管子，沿管长方向射来的一束光线就可以通过导光管断面进入，经过多次反射，到达管子的另一端。棱镜薄膜空心导光管薄膜材料的选择和制作工艺是个关键的问题，不标准的光学表面和不纯的光学材料会导致光在传播过程中的损失增加，甚至部分光线从光导管中散射出去，而且传播路径越长损失越大。

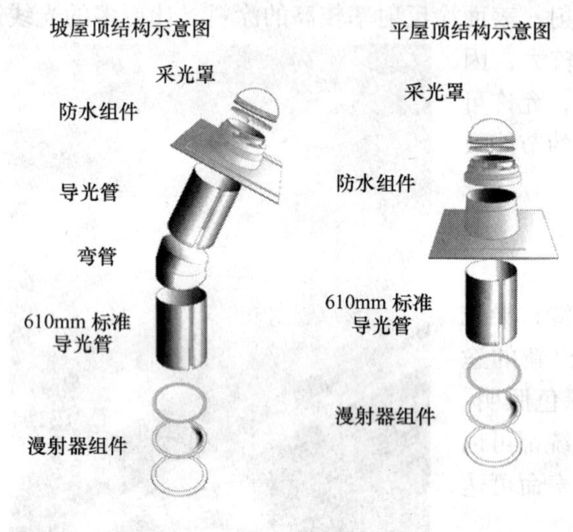

图 8-3 导光管的基本结构

8.1.2.3 基本结构组成

建筑用导光管系统主要分三部分，一是采光部分；二是导光部分，一般由三段导光管组合而成，导光管内壁为高反射材料，反射率一般在 95%以上，导光管可以旋转弯曲重叠来改变导光角度和长度；三是散光部分，为了使室内光线分布均匀，系统底部装有散光部件，可避免眩光现象的发生。

导光管系统主要由采光罩、导光管以及漫射器三部分组件构成（图 8-3）。具体构成如下：

（1）采光罩一般为半球型或多棱体型（图 8-4），材料使用进口 PC 注塑或热成型，采光罩安装在室外，用于太阳光的采集，聚碳酸酯俗称“打不碎”，抗冲击，结实耐用，采光性能佳。

图 8-4 采光罩

（2）导光管的功能是将采集的太阳光进行传导，导光管采用内壁涂有纯银作为高反射材料涂层的铝板，卷成管状，其内壁的反射率在 98%以上，使用这种材料的导光管具有导光效率高、导光管表面亮度均匀、漫射性能好、照明时无眩光利于保护视力等优点。导光管可以旋转、弯曲、重叠来改变导光的角度和长度，导光管是系统的核心（图 8-5、图 8-6）。

（3）漫射器（或称散射器）部分，材料为亚克力，热成型。主要使光线在室内均匀分布，防止眩光现象（图 8-7）。

此外，导光管照明系统还可以根据需要安装一套电动遥控装置，用于调节光线的强弱或关闭导光管照明（图 8-8）。防护栅栏起防盗保护作用（图 8-9）。防水组件由钢板成型，作防锈处理后喷塑（图 8-10）。

图 8-5 610mm 长度的标准导光管

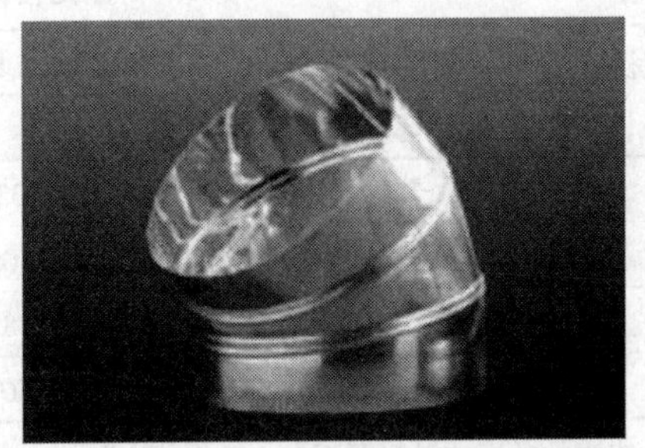

图 8-6 45°或 30°弯管

图 8-7 漫射器

图 8-8 电动遥控装置

图 8-9 防护栅栏

8.1.2.4 照明原理

通过室外的采光罩将天然光采集到系统内，光线穿过表面镀有纯银材料的高反射率导光管，使光线得到传输和强化，再经过室内的漫射装置，将光线在室内均匀分布，原理如图 8-11 所示。

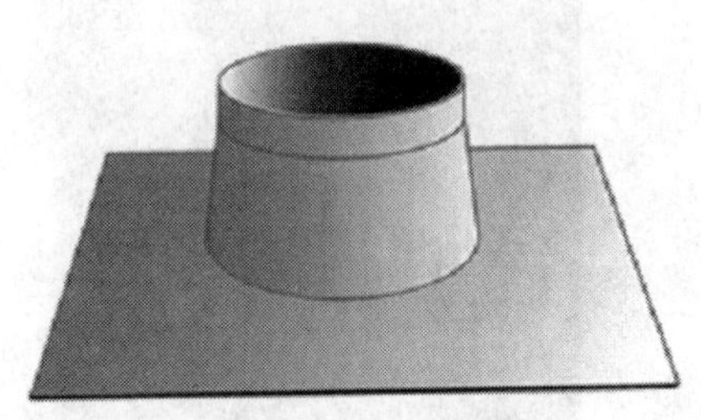

图 8-10 防水组件

(1) 安装方法（图 8-12）

从导光管的安装方式上来分，分为顶部采光和侧面采光两种。目前国外应用的采集太阳光的导光管系统几乎全部采用顶部采光。

(2) 导光管的最大尺寸和最大光输出（表 8-1）

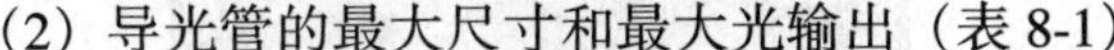

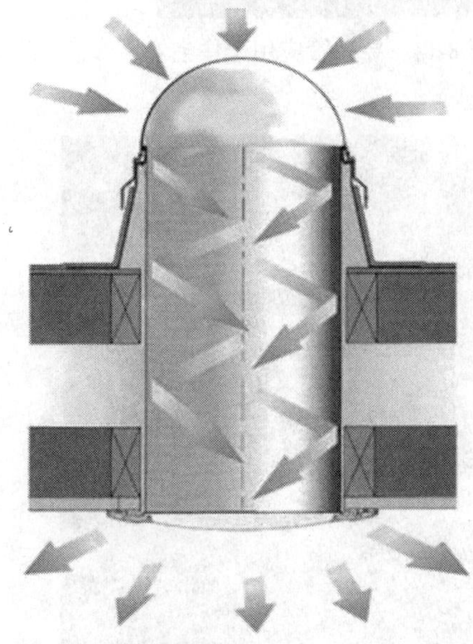

图 8-11 照明原理

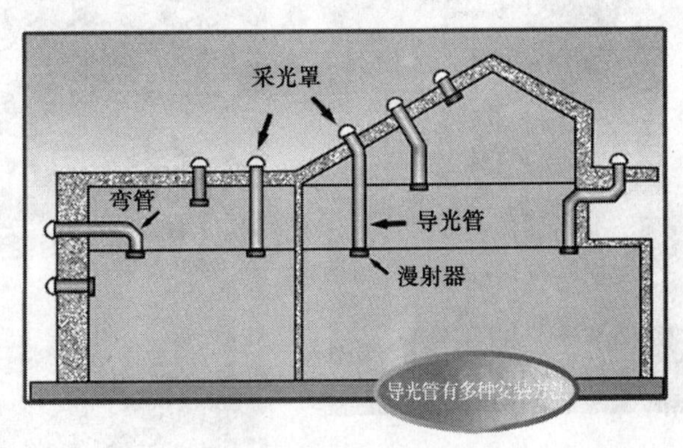

图 8-12 导光管的安装方法

导光管的尺寸和最大光输出　　表 8-1

导光管直径（mm）	夏季晴天（105klx）		夏季阴天（45klx）		冬季阴天（20klx）		照明面积（m^2）
	lx 值	系统 lm 输出	lx 值	系统 lm 输出	lx 值	系统 lm 输出	
330	760	4460	330	1940	130	760	15
530	2530	14995	1050	6265	430	2550	40
1000	7700	45300	3850	24650	1425	8390	70
1200	10665	62740	5678	34015	1838	10720	80

注：1. 表中的数据在漫射器下方 1.5m 处测量；
2. 一只 100W 的白炽灯泡产生大约 1000lm 或 170lx。

8.1.2.5　应用实例

建筑用导光管结构简单、安装拆卸灵活、造价低廉，能够造成舒适的建筑光环境，在欧美等国家得到广泛应用。图 8-13～图 8-22 为安装导光管的室内光环境，在晴天的白天完全可以不再使用电光源照明，导光管导入的自然光完全可以满足人们的日常活动的照明和采光需求，而且对人们的健康有利，安装采集太阳光导光管的房屋大大地减少了“季节综合症”的发病率。

图 8-13　导光管应用于走廊

图 8-14　导光管应用于住宅

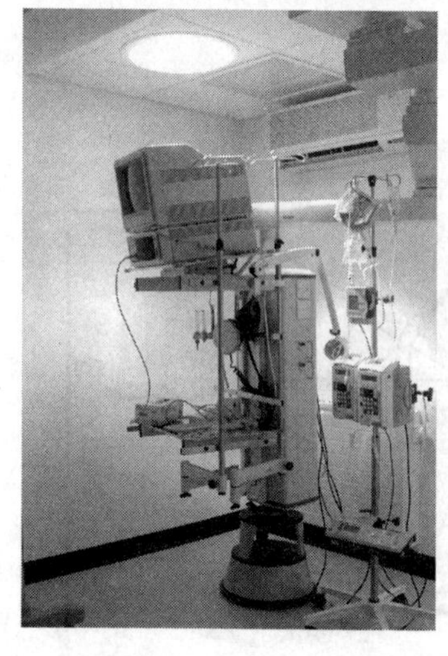

图 8-15　导光管应用于医院

图 8-16　导光管应用于运动场

图 8-17　导光管应用于教室

图 8-18　导光管应用于办公室

图 8-19　导光管应用于地下室

图 8-20　导光管用于储藏室

图 8-21　导光管应用于居室

图 8-22　导光管用于起居室

8.1.2.6 前景分析

导光管有以下优点：节约能源；有益于人的身心健康，提高工作效率；传输距离远，照射区域较大；可配合电光源使用，弥补因天气条件变化而引起的照度不足；使用寿命长，维修方便，造价低廉等。

尽管导光管在天然光照明中有许多优点，但在使用过程中也存在着一些有待解决的问题。主要包括：（1）导光管与建筑之间的结合形式。由于导光管照明是近几年刚刚兴起的一种天然光照明方式，尚处于探索阶段，离大规模普及还有许多工作要做。因此，建筑师在设计建筑物时还不可能考虑到将导光管与建筑物之间进行融洽的结合，这就要求导光管照明系统的设计者要对这一问题进行考虑，尽可能在应用导光管照明系统的同时，又不影响建筑的美观和功能。应尽量利用顶棚、通风系统等位置进行布置，在不影响导光管功能的前提下，根据不同的情况采用不同截面形状的导光管（如矩形、圆形或楔形等）。（2）导光管的隔声隔热问题。由于导光管的采光口直接与外界相通，并且目前应用的导光管多为金属内壁涂覆反射膜制成，隔声性能比较差，这就有可能使室内原有的声环境受到破坏。另外，导光管将光线引入室内的同时，也将热量带入室内，如何使多余的热量不影响人们的正常生活和工作也是一个有待解决的问题。葡萄牙波儿图大学的研究人员设计的通风-导光管结合系统也是解决这一问题的一个有益的启示（图 8-23）。（3）导光管照明系统的传输效率还有待于进一步提高。一般来说，导光管照明系统的总效率取决于聚光系统的效率和传光系统的效率。目前应用的导光管照明系统的效率一般不超过 30%，相对来说不是很高。

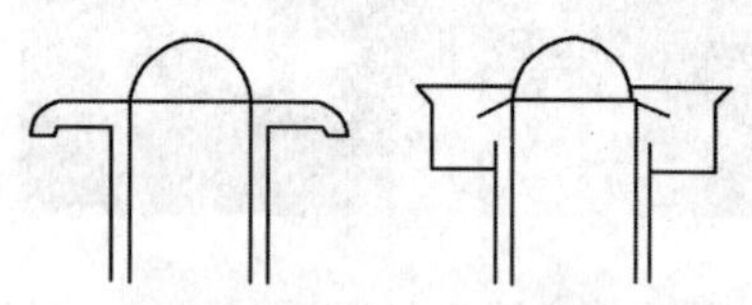

图 8-23 通风-导光管的结构示意图及照片

采集太阳光的导光管绿色照明技术是绿色能源科技的一部分，属于可持续发展能源技术。导光管技术为高效的光能传输提供了一种有效的方法，目前国内外的研究还大多集中于导光管本身的性能研究，未来的发展趋势将更偏重于导光管和其他建筑环境技术的结合，从而为建筑节能改善市内环境品质发挥更大的作用。随着人们对可再生能源的兴趣不断增加，自然通风和自然采光技术越来越多地运用到现代建筑中，然而直到今天，自然光照明和自然通风技术一直是各自发展、自成体系。开发与自然通风相结合的导光管系统将进一步拓宽导光管的应用范围，满足建筑物对自然采光和自然通风的要求，可以使导光管的功能更加完善，在采光的同时使室内保持良好的自然通风，对于加强建筑节能和改善室内空气品质具有积极意义，必将得到更大的发展。

8.1.3 光导纤维采光

8.1.3.1 概述

图 8-24 光纤照明灯具

光纤照明是只传光不带电的 21 世纪照明趋势的新理念，是近年新发展起来的一门全新高科技照明技术，它是一种独特的照明新技术，运用光纤可使照明工程、景观工程、建筑工程增添翡翠般的光彩，另类柔美的光配合上它的实用性、安全性、经济性，定能让建筑物及景观更为壮丽迷人。光纤照明技术近年发展很快，照明实例不胜枚举。它的发展由国防、高科技产业渐渐移向商业照明使用，现已广泛应用于工业、科研、医学及景观设计中，并在国内外市场中已形成各类产品，有着不可估量的发展前景（图 8-24）。

8.1.3.2　光导纤维构造

光导纤维简称光纤，其构造可以简略分为三个部分，分别是核心（Core）、外壳（Cladding）与保护层（Jacket）。

光纤本身的导体主要是由玻璃材料（SiO_2）抽丝制成，它的传输是利用光经由高折射率的介质、以高于临界角的角度进入低折射率介质时会产生全反射的原理，让光在这个介质里能够维持光波形的特性来进行传输。其中高折射率的核心部分，就是光传输的主要通道。而低折射率的外壳，则包覆住整个核心，由于核心的折射率比外壳高出很多，所以会产生全反射，光也因此可以在核心里传输。

大部分光纤有第三层保护层。保护层有黑色、透明的或半透明的白色。对于末端发光的光纤使用黑色不透明的保护层。对于看上去像霓虹灯的侧面发光的光纤，或者对于类似于荧光灯的条形发光光纤，使用透明或白色的保护层的目的，主要是为了保护外壳与核心不易损坏，同时也可以增加光纤的强度。

8.1.3.3　系统组成

光纤照明系统一般由发光器、发光导体、终端附件和灯具四部分组成。

（1）发光器

将光纤照明系统用的光源装入外罩内的装置称为发光器。外罩用薄金属板耐冲击塑料制成。发光器装置包括光源、电器元件、返热片、散热片、风扇及旋转式玻璃色盘（可选配件）。

发光器可配装滤光镜头用来滤除灯所发射出来的大部分红外线（IR）和紫外线（UV）能量。因此，光纤照明系统用于照射纺织品、绘画和食品是很理想的。对于理想的光纤照明灯是具有非常小的发光面积而光通量输出很高的灯。光源后部的反射器和前部的透光镜有助于高效地把光传输入光纤。通常使用的灯包括 20～75W 低压 MR16 灯和 70～250W 金属卤化物（M-H）灯。

（2）发光导体

用于将光从光源传输到灯具的材料被称为光导体。常见的发光导体有以下两种：

1）点发光光纤（端点发光）（图 8-25）

点发光是将光束传到端点后通过尾灯进行照明，光纤外有一层不透明的包层，既防止光线外泄，又用于保护和支撑光纤，并需配有发光终端附件，其外径规格有 4mm、6mm 及 8mm 三种。

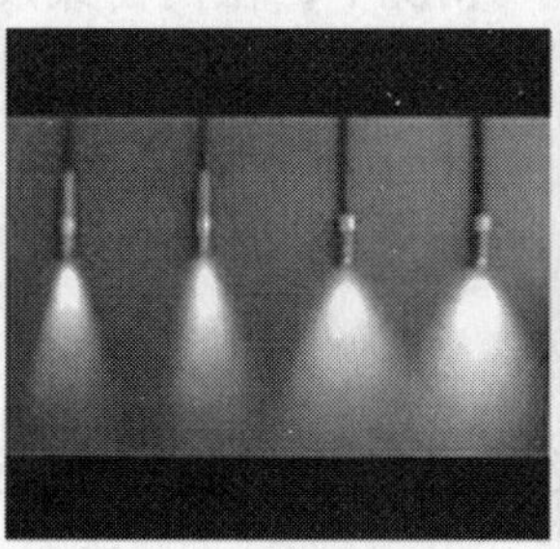

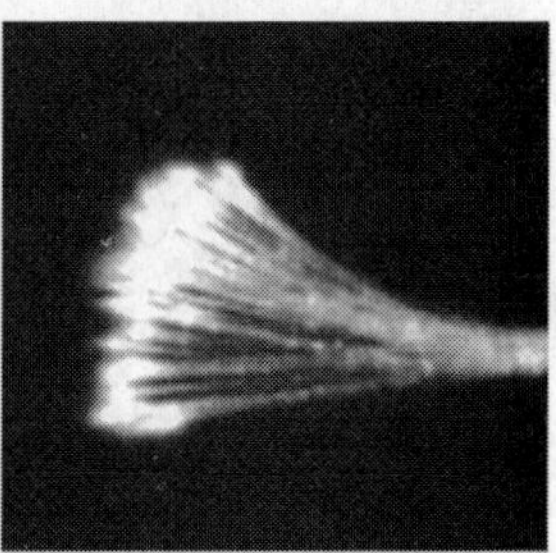

图 8-25　点发光光纤

2）体发光光纤（侧面发光）（图 8-26）

体发光指光纤本身就是发光体，形成一根柔性光柱。光纤采用特殊结构，可通长发光，其外可以包覆一层 PVC 透明保护层，该透明的衬层起保护和支撑光纤的作用，无需配有发光终端附件，其外径规格有 8mm、12mm、16mm 及 20mm 四种。

（3）终端附件

图 8-26　体发光光纤

终端附件包括连接器、耦合器和套圈

使用这些器件将一个系统的各个部件作机械上或光学上的连接。用连接器将一条光纤固定到端口或灯具上，将一条光纤对准装配到发光器上或两条光纤相互之间的对接则用耦合器。套圈是一个终端器件，用于保护光纤的正确定位。套圈通常与特定的光纤一起由工厂设计加工，因此只要简便地将套圈插入灯具的连接套内即可。

(4) 灯具

由于光纤照明灯具品种繁多，很难了解使用哪一种。然而，大部分灯具都有特定的应用范围，包括：

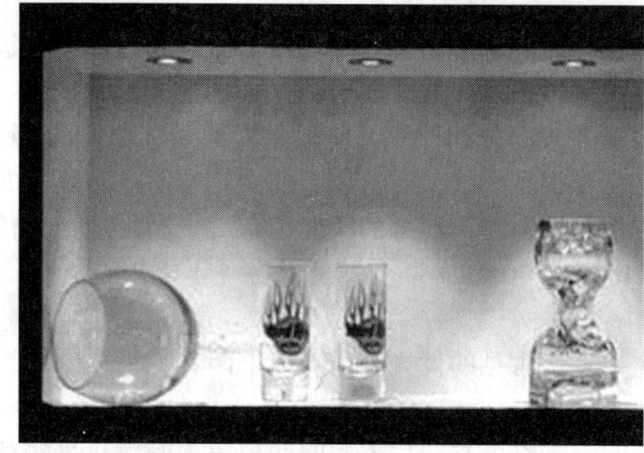

图 8-27　下射型灯具

1) 下射型灯具（图 8-27）

一般由塑料模压或铸铝制成，且有多种设计和成品上市供应。制造商通常在灯具罩内装一个不可调的透光镜以提供若干种聚集的光束。由于它们的轻便性及小尺寸，几乎能在任何地方使用。

2) 墙灯和重点照明灯具

人们经常把这种灯具称为眼球，为易于对准目标，这些灯具用一个灯座来调整。在灯具上装一个可调的透光镜，使光线可在窄光束至宽光束范围内进行焦距的调节。多数情况下，在橱窗或展区内可使用带有各种光束形状的重点照明灯具。

3) 景观和室外照明灯具

照射景观、人行道或花园的各式各样设计的灯具已得到应用。不少人在景观型灯具上采用装饰件。

4) 水下照明灯具

因光纤没有电气元件，使它成为游泳池、旋流池、喷泉和类似场所照明的理想选择方案。

5) 特殊照明灯具

配有轮廓清晰的透明玻璃、彩色玻璃或磨砂玻璃的、花色齐全的小型灯具，可构成细小的光点——设在顶棚上或别的地方，可起到装饰作用。

6) 定制的灯具

因为光纤照明没有任何电气方面的限制，所以可将光纤束安装在各种物体上，包括家具、扶栏和艺术品上。

8.1.3.4　照明原理（图 8-28）

当光源通过反光镜后，形成一束近似平行光。由于滤色片的作用，又将该光束变成彩色光束。当光束通过光纤后，彩色光束就随着光纤照明的路径送到预定的地方。由于光在传输中的损耗较小，所以光源一般都很强。

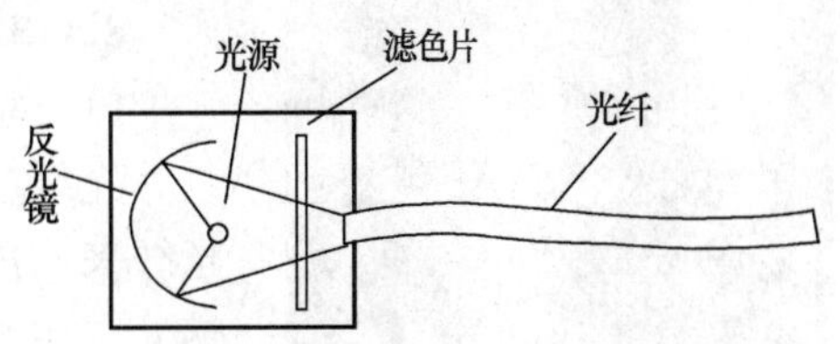

图 8-28　光纤照明原理图

为了获得近似平行光束，发光点应尽量小，近似于点光源。反光镜是获得近似平行光束的重要元件，所以一般采用非球面反光镜。滤色片是改变光束颜色的元件。根据需要调换不同颜色的滤光片，即可获得相应的彩色光。光纤是光纤照明系统中的主体，光纤照明的作用是将光传送到预定地点。对光纤照明材料而论，必须是在可见光范围内，对光能量应损耗最小，以确保照明质量。但实际上不可能不损耗，所以光纤传送距离约 30m 左右为最佳。

8.1.3.5　光纤种类

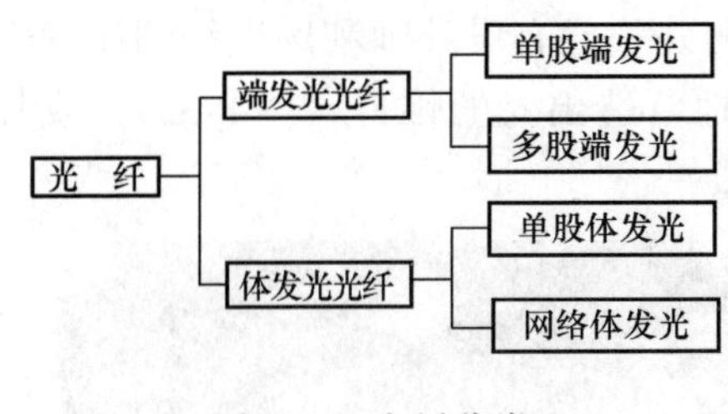

图 8-29　光纤分类

光纤有单股、多股和网状三种（图 8-29）。单股光纤的直径为 6 ~ 20mm，可分为体发光和端点发光两种，而多股光纤均为端点发光，其直径一般为 0.5 ~ 3mm，而股数常见为几根至上百根。网状光纤均由细直径的体发光光纤组成，可以组成柔性光带。利用透镜和反光镜等光学元件可以无限次改变光线的传播方向。而光纤的出现正是建立在有限次改变光线传播方向的基础上，实现了光的柔性传播。

8.1.3.6　照明特点

光纤照明与普通照明相比有很多优点，光纤照明中单一的光源可以同时拥有多个发光特性相同的发光点，利于使用在一个较广区域的配置上。发光点是透过光纤来传输的，因此发光器可以放置在非专业人员难以接触的位置，具有防止破坏的功能。发光点的输出光中无紫外线与红外线可减少对某些珍贵物品如文物、古建筑的损坏；光源易更换，也易于维修；光纤的使用寿命长达 20 年。发光点可以制做成很小的尺寸，放置在不同的容器或其设计空间里，可以营造出与众不同的装饰照明效果。光纤照明不受电磁的干扰，可以应用在核磁共振室、雷达控制室等有电磁屏蔽要求的特殊场所里。光与电是分离的，适合应用在石油、化工、天然气、喷泉水池等有火灾、爆炸性危险或潮湿多水的特殊场所空间里。可以自动变换光色；可重复使用，节省投资；光线可以柔性传播，具有轻易改变照射方向的特性。塑料光纤的材质柔软，易折而不易碎，可以轻易加工成各种不同的图案；系统发热低于一般照明系统，可降低空调系统的电能消耗。

因为光纤有上述的特性，所以我们认为在设计上的变化性是最高的，也因此最能辅助设计师实现其设计理念。

8.1.3.7　施工与安装

光纤照明系统几乎能在任何地方安装。对于所有形式的灯具，在光源的周围都必须具有足够的空间以散发灯所产生的热量。很多发光器采用内部风扇形成空气循环。用弹簧夹、螺丝或胶黏剂将众多的末端发光的灯具固定就位。由于安装方便因而适合在展区或橱窗使用这些灯具。如果使用需安装导轨，制造商可将它切割成所需的长度，更便于工地使用。每个灯具在导轨上可定位销入或滑到想要的位置。应确保光纤束的弯曲程度没有超过制造商的规定。大体上，玻璃纤维的弯曲可达光导体直径的 10 倍。如将玻璃纤维的弯曲超过 90°，则单根纤维可能折断，减少光的输出。细的光缆可装配在几乎任何现有建筑物的顶棚或墙内。对于有历史意义的建筑物，当不能穿

图 8-30　水晶吊灯

透建筑材料时，用光纤照明是很理想的。可用光纤照明翻新改造原先的灯具，重新创造有历史性的色彩和照度水平。

8.1.3.8　应用及实例

（1）室内照明

光纤应用在室内的照明是最普遍的，在室内装饰中，用侧发光光纤来构成轮廓线条，光照均匀、颜色柔和，给人一种和谐幸福的感觉。在酒店大厅中，安装流星光纤制成的水晶吊灯（图 8-30），通过各种色彩和亮点的变化，更显得华丽别致，给人耳目一新的感觉；在 KTV 包房和演艺大厅里面，用端光光纤拼组成具有艺术效果的图案，如吊顶可模拟星空效果，忽明忽暗，使人有无限的太空遐想；立体墙可安装三维镜，在变化的色彩中产生一种无限深远的景观；也可安装瀑布等。

目前常见的应用有天花板的星空效果（图 8-31），像知名的 Swarovski 就利用水晶与光纤的结合，发展了一套独特的星空照明产品。除了天花板的星空照明外，也有设计师利用光纤的体发光来做室内空间的设计，利用光纤柔性照明的效果，可以轻易地营造出光的帷幕（图 8-32），或其他特殊的场景。

图 8-31　天花板的星空效果

图 8-32　光的帷幕

（2）水景照明

水景离开了照明就失去了迷人的景色，而普通照明又给游人带来危险的隐患。由于光纤照明实现了光电分离，具有亲水的特性，所以使用在水景的照明方面，可以轻易营造出设计师想要的效果，而另一方面它也没有电击的问题，能达到安全上的要求。除此之外，应用光纤本身的结构，也可以与水池相互搭配，让光纤本体也成为水景的一部分，不但颜色鲜艳新颖，而且安全可靠。光纤照明除了针对水体照明时使水色更为艳丽动人外，也可用侧光光纤来构成水池的轮廓线。使垂直的彩色水姿与横向的水池轮廓，形成协调的线条美。这是其他照明设计不易达成的效果（图 8-33）。

（3）泳池照明

泳池照明（图 8-34）或是现在流行的 SPA 场合的照明，光纤的应用可说是最佳选择。因为这是人体活动的场所，安全性的要求远高于上面的水池或是其他室内场所，因此光纤本身的光电分离特性以及色彩的多样演色效果，同时可以满足这一类场所的需求。

（4）建筑照明

在建筑方面大多使用体发光的光纤照明来达到凸显建筑物轮廓线的效果。也因为光电分离的特性，可以有效地降低整体照明的维护成本。因为光纤本体的寿命长达 20 年，而光投射机可以设计在内部的配电箱里，维护的人员可以轻易地进行光源的更换。而传统的照明设备，若是设计的位置较为特殊，往往得动用许多机器设施才能进行维护，成本的消费就比光纤照明高出很多。城市建筑在灯光工程中，用侧发光光纤来勾勒建筑的轮廓。可使建筑物轮廓的色彩随季节或气候而变化，更显得人性化。

图 8-33　光纤喷泉

图 8-34　泳池照明

（5）园林绿化

在园林绿化中，用端发光光纤来做庭院灯、地埋灯，使绿地、道路在照明的同时也有色彩变化。

（6）道路照明

在景观道路上，装上星星点点的端发光光纤，成为光纤通道，更增加了景观的趣味性，同时可以将流星光缆平铺于地面，人们走在上面如同在光色中浮游，给游玩的人们无穷的遐想。

（7）溶洞照明

溶洞是一种自然景观，由于它没有阳光照射，全靠灯光来展示它的风采。多变的光色和柔性的光纤，对无规则的溶石和湖岸更显出它的用武之地，使溶洞的景色更迷人。

（8）古建筑与文物照明

一般而言，紫外线容易使图书文物、木结构等建筑物加速老化，同时有电会造成火灾的危险。由于光纤照明没有紫外线与热的问题，因此很适合这类场所的照明。除此之外，现在应用最普遍的，是在钻石珠宝或水晶饰品的商业照明中(图 8-35)。在这类商业照明的设计中，大多都是采取重点照明的方式，透过重点照明来凸显商品本身的特性。因此利用光纤照明一方面没有热的问题，同时又能满足重点照明的需求，所以目前这类商业照明也是光纤照明应用较广泛的部分。

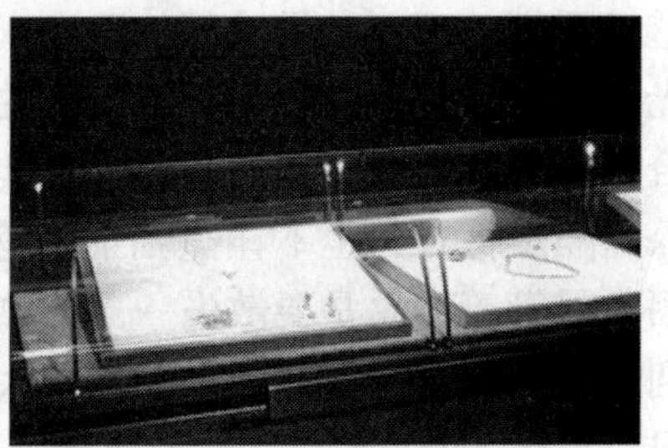

图 8-35　珠宝照明

（9）易燃易爆场合照明

在油库、矿区、化工厂等严禁火种入内的危险场合中，应用其他的照明设备都有明火的危险，如不小心就会酿成大祸。从安全的角度看，因光与电分开，这一部分用光纤照明就可以解决这类的问题。而在医疗或是特殊实验的环境里，有电磁屏蔽问题的场所，也是光纤照明广泛应用的场所。

除了这三种常用的主要导光技术外，还有卫星反射镜法即用高空卫星反射镜把太阳光反射送到需要光线的地区；高空聚光法即用反光镜把太阳光聚集在高空，形成的高亮度光源供夜间照明等多种方法。

8.2 太 阳 灶

8.2.1 概述

太阳灶是利用太阳能的一种装置，即利用太阳光辐射能，通过聚光、传热、储热等方式获取热量，进行炊事烹饪食物的一种装置。可以用它来烧水、煮饭、炒菜等。人类利用太阳能来烧水、做饭已有200多年的历史，特别是近二三十年来，世界各国都先后研制生产了各种不同类型的太阳灶。尤其是在发展中国家，太阳灶受到了广大用户的欢迎和好评，并得到了较好的推广和应用。

8.2.2 结构类型及原理

根据太阳灶收集太阳能量的不同，基本上可分为箱式太阳灶、聚光太阳灶和综合型太阳灶三种基本结构类型。

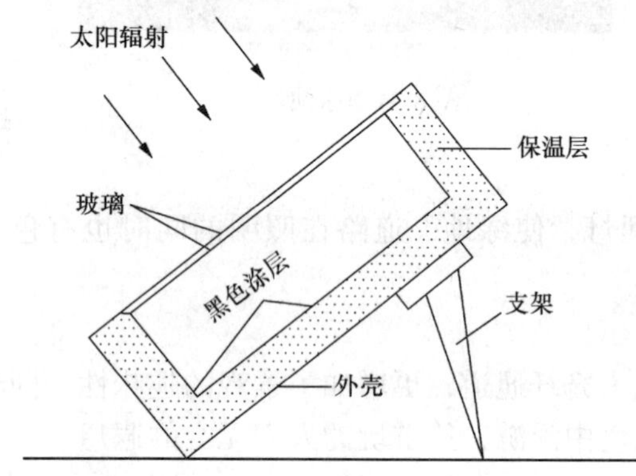

图 8-36 箱式太阳灶基本结构

(1) 箱式太阳灶

箱式太阳灶的基本结构为一箱体（图 8-36），箱体上面有1~3层玻璃（或透明塑料膜）盖板，箱体四周和底部采用保温隔热层，其内表面涂以太阳吸收率比较高（应大于0.90）的黑色涂料，此外还有外壳和支架。蒸煮食物可以放在箱内预制好的木架或铅丝弯成的托架上。使用时，将箱体盖板沿太阳光垂直方向放置、预热一定时间后，使箱内温度达100℃时，即可放入食物，箱子封严后即可开始蒸煮食物，使用时要进行几次箱体角度的调整，一般1~2h后即熟。箱式太阳灶可以用来炊事和蒸煮医疗器具。

箱式太阳灶的工作原理是：太阳的辐射能即阳光，主要是可见光和近红外线，几乎能够全部透过平板玻璃（如果玻璃的透光率很高）。当阳光透过玻璃进入保温箱体后，遇到黑色的吸收体，光即转变为热。在物理学上，热的辐射也是一种物质运动的形式，主要为红外辐射，波长较长，恰好玻璃能阻止长波的通过，安装双层玻璃，红外辐射就更难透过。同时，箱体四周和底部均有保温隔热材料，也不让热辐射外逸。换言之，玻璃起了让短波阳光进、不让长波红外线出的作用。尽管箱体总是要散失一部分热量，但箱内的温度随着闷晒时间的延续，将会逐渐升温，直至到达平衡为止。由此可见，这种太阳灶的箱内最高温度取决于保温材料的优劣。通常采用棉花保温，可达150℃左右。为了提高箱式太阳灶的效率，缩短闷晒时间或防止多云时影响灶温下降，可在箱侧加装反光镜，增大受光面积；也可在箱底加装金属油箱（薄盒），借助油的储热作用，维持太阳间歇性照射时箱内的温度稳定。在条件允许的情况下，盖面玻璃的表面可以加涂一层光谱选择性材料，如二氧化硅之类的透明涂料，以改变阳光的吸收与发射，提高太阳灶的效率。

此类太阳灶的优点是结构简单、成本低廉、使用方便。箱式太阳灶的箱内温度是逐渐积累起来的，受风速影响较大，为防止热损失，使用时要注意放置在向阳背风的地方。虽然闷晒时间较长，但不用人看管，并具有较好的保温性，使用得当，可以节省柴草，适合有些农村使用。但由于聚光度低、功率有限、箱温不高，只能适合于蒸煮食物，而且时间较长，使用受到很大的限制。

（2）聚光太阳灶

聚光太阳灶（图 8-37）利用抛物面聚光的特性，将较大面积的阳光聚焦到锅底，使温度升到较高的程度，以满足炊事要求。它大大提高了太阳灶的功率和聚光度，使锅圈温度可达 500℃以上，并缩短了炊事作业时间。这种太阳灶的关键部件是聚光镜，不仅有镜面材料的选择，还有几何形状的设计。最普通的反光镜为镀银或镀铝玻璃镜，也有铝抛光镜面和涤纶薄膜镀铝材料等。

图 8-37　聚光太阳灶

聚光太阳灶又可以根据聚光方式的不同，分为旋转抛物面太阳灶、球面太阳灶、抛物柱面太阳灶、圆锥面太阳灶和菲涅耳聚光太阳灶等。由于旋转抛物面太阳灶具有较强的聚光特性、能量大，可获得较高的温度，因此使用最广泛。

聚光太阳灶的镜面设计，大都采用旋转抛物面的聚光原理。若有一束平行光沿主轴射向抛物面，遇到抛物面的反光，则光线都会集中反射到定点的位置，于是形成聚光，或叫“聚焦”作用。作为太阳灶使用，要求在锅底形成一个焦面，才能达到加热的目的。换言之，它并不要求严格地将阳光聚集到一个点上，而是要求一定的焦面。确定了焦面之后，研究聚光器的聚光比，它是决定聚光太阳灶的功率和效率的重要因素。聚光比 K 可用公式求得：K = 采光面积/焦面面积。采光面积是指太阳灶在使用时反射镜面阳光的有效投影面积。

旋转抛物面聚光镜是按照阳光从主轴线方向入射，所以往往在通过焦点上的锅具时会留下一个阴影，这就直接影响了太阳灶的功率。而偏轴聚焦的原理，克服了上述弊病。目前，我国大部分太阳灶的设计均采用了偏轴聚焦原理。

聚光太阳灶除采用旋转抛物面反射镜外，还有将抛物面分割成若干段的反射镜，光学上称之为菲涅耳镜，也有把菲涅耳镜做成连续的螺旋式反光带片，俗称“蚊香式太阳灶”。这类灶型都是可折叠的便携式太阳灶。聚光式太阳灶的镜面，有用玻璃整体热弯成型，也有用普通玻璃镜片碎块粘贴在设计好的底板上，或者用高反光率的镀铝涤纶薄膜裱糊在底板上。底板可用水泥制成，或用铁皮、钙塑材料等加工成型。也可直接用铝板抛光并涂以防氧化剂制成反光镜。聚光太阳灶的架体用金属管材弯制，锅架高度应适中以便于操作，镜面仰角可灵活调节。在有风的地方，太阳灶要能抗风不倒。可在锅底部位加装防风罩，以减少锅底因受风的影响而功率下降。有的太阳灶装有自动跟踪太阳的跟踪器。中国农村推广的一些聚光式太阳灶中，大部分为水泥壳体加玻璃镜面，造价低，便于就地制作，但不利于工业化生产和运输。

（3）综合型太阳灶

综合型太阳灶是利用箱式太阳灶和聚光太阳灶所具有的优点加以综合，并吸收真空集热管技术、热管技术研发的不同类型的太阳灶。现简单介绍以下几种：

1）热管式太阳灶

分为两个部分：①室外收集太阳能的集热器，即自动跟踪的聚光太阳灶。②热管。热管是一种高效传热件，利用管体的特殊构造和传热介质的蒸发与凝结作用，把热量从管的一端传到另一端（图 8-38）。热管式太阳灶是将热管的受热端即沸腾段置于聚光太阳灶的焦点处，而把释热端即凝结段置于散热处或蓄热器中。于是，太阳热就从户外引入室内，使用较为方便。有的将蓄热器置于地下，利用大地作绝热保温器，其中填以硝酸钠、硝酸钾和亚硝酸钠的混合物作蓄热材料。当热管传递的热量熔化了这些盐类，盐熔液就把蛇形管内的载热介质加热，载热介质流经炉盘，炉盘受热即可作炊事用。

2）储热太阳灶（图 8-39）

太阳光通过聚光器，将光线聚集照射到热管蒸发段，热量通过热管迅速传导到热管冷凝端，通过散热板将它传给换热器中的硝酸盐，再用高温泵和开关使其管内传热介质把硝酸盐获得的热量传给炉盘，利用炉盘所达到的高温进行炊事操作。这类太阳灶实际上是一种室内太阳灶，比室外太阳灶有了很大改进，但技术难度在于研制一种可靠的高温热管以及管道中高温介质的安全输送和循环，而且对工作可靠性要求很高。

这类太阳灶实际上是一种室内太阳灶，比室外太阳灶有了很大改进，但技术难度在于研制一种可靠的高温热管以及管道中高温介质的安全输送和循环，且对工作可靠性要求很高。

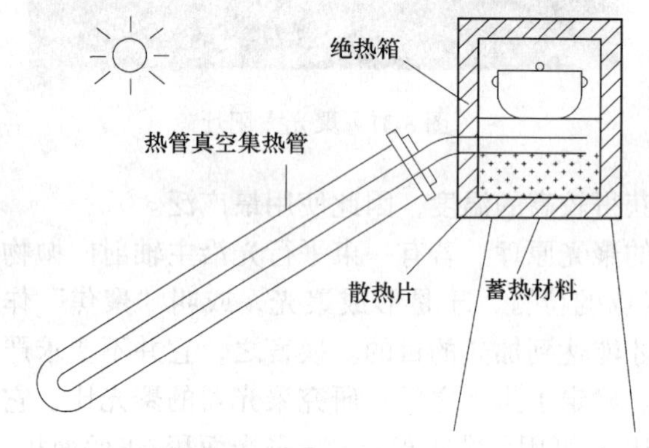

图 8-38　热管真空集热管太阳灶

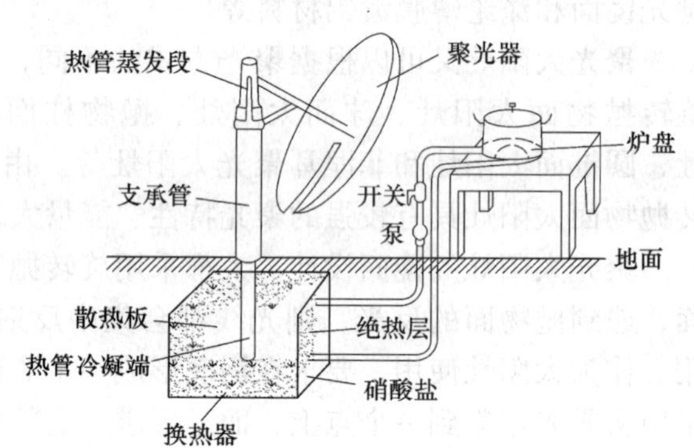

图 8-39　储热太阳灶

8.2.3　结构设计

（1）太阳灶的灶面结构

太阳灶的灶面结构包括基面部分和反光材料。从曲面类型分，有旋转抛物面、球面、圆锥面、菲涅耳反射面、抛物柱面等。

从太阳灶的灶形来分，有正轴灶（正圆、椭圆、扁圆），偏轴灶（矩形、扇形、椭圆、扁圆）；而灶面结构也有整块、两块、三块或四块组合灶面。

（2）太阳灶的支承和跟踪装置

1）太阳灶的支承机构

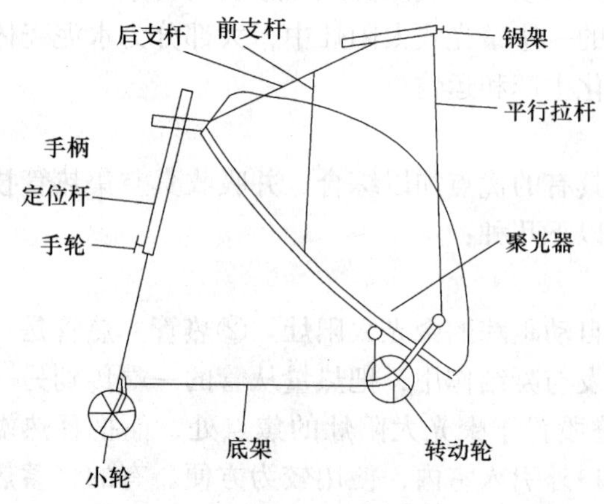

图 8-40　灶面支承结构

太阳灶的支承机构包括灶面支承体和锅架支承体。灶面支承体常见的有重心支承体和小车支承体。而锅架支承体也有两种形式，一是以地面作支承体，锅架转动时，锅具位置不变。另一种是锅架被支承在灶面上，隔 10min 左右要调一次灶面位置，以确保锅具处于焦点位置。

灶面支承结构（图 8-40），该灶采用小车支承。特点是移动十分方便，当阳光被遮挡后，人们可以很轻松地把太阳灶推移到太阳光线比较好的地方进行使用。

2）太阳灶的支承和跟踪装置是相互关联的，它们应共同满足下列要求：

①确保锅底处在焦点（斑）位置。

②保持锅架水平稳定，不得倾斜。

③能及时跟踪太阳方位角和高度角的变化。

3）太阳灶的跟踪装置

太阳灶的跟踪装置可分为手动跟踪、自动跟踪和控放式自动跟踪装置。

8.2.4　效益分析

（1）经济效益

太阳灶根据不同的使用地区、使用人员、生活习惯，其经济效益有着明显的差别。甘肃省近几年来，每年销售太阳灶达三四万台，节能效果显著，每台灶年节约 800 ~ 1000kg 柴草，一台太阳灶两年就可收回成本。西藏因太阳能资源丰富，常规能源价格昂贵，每台太阳灶每年可节省燃料费 600 元左右。

（2）社会效益

主要体现在三个方面：一是省劳力，甘肃、青海、新疆等地，部分地区严重缺柴，群众需要一人专职砍柴，使用太阳灶后可省下这方面的劳力；二是节柴省煤，使用太阳灶的地区，既节约煤炭减少污染，又省去长途运输费用；三是改善饮食条件、提高健康水平，部分贫困地区由于缺柴，中午大都用生水配饭吃，严重影响了健康。

（3）生态效益

在一些干旱地区自然生态失调，有气候原因和人为因素。干旱造成植物生长缓慢，又因缺柴而被连根铲出，生态向恶性循环发展。而这些地区，大都雨量稀少，阳光辐射强烈，农户的燃料十分匮乏，如果家家能用上太阳灶，加之综合治理与多能互补，生态破坏就可能中止或减轻。太阳灶在干旱与半干旱地区、沙化与半沙化地区、封山育林地区、燃料匮乏地区使用，有着特殊的生态意义。

我国太阳灶的研究及推广应用已经历了 20 个年头，从分散的探索性试验，到全国性有组织的联合攻关、深入系统的研究；从试制、试用，到组织工厂化批量生产、规模推广；从国家无偿投放、补贴推广，到半商品化、商品化销售，无论从设计理论、材料工艺、技术标准，还是工业化生产、推广销售及售后服务，太阳灶的技术和应用都有了长足的进展，取得了可喜的成绩，引起了国内外的广泛关注。目前，全国太阳灶的保有量已达到 30 余万台，是世界上推广应用最多的国家，取得了明显的社会效益和经济效益。随着太阳灶研制生产技术工艺水平的不断改进和市场需求的增加，同时也由于环境污染日益严重，我国太阳灶行业将会有进一步的发展。

8.2.5　应用实例

图 8-41、图 8-42 为国外新型太阳灶。

图 8-41　国外新型聚光太阳灶

图 8-42　国外新型箱式太阳灶

第 9 章 太阳能建筑实例及方案

9.1 国外太阳能建筑实例

实例 1：HELIOTRO（图 9-1 ~ 图 9-7）

工程概况

建造地点：德国

建筑规模：285 m^2

竣工时间：1994 年

设计者：罗尔夫·迪施

罗尔夫·迪施通过他的建筑作品实践着他的观点，他于 1995 年设计建造的自宅及工作室（HELIOTROP）较完整地体现了他的设计理念。

图 9-1 旋转太阳房 HELIOTRO

太阳能与生态技术

1. 太阳能自动跟踪系统
2. 太阳能被动式采暖系统
3. 太阳能热水系统
4. 光伏发电系统
5. 中空保温玻璃窗
6. 雨水收集系统

7. 微生物分解技术

经济性分析

旋转太阳房设计建造的非常成功，年能耗为 25.3kW·h/m^2（常规建筑年能耗 120kW·h/m^2），远远低于法律所规定的新建住宅建筑年能耗 100kW·h/m^2 的标准。

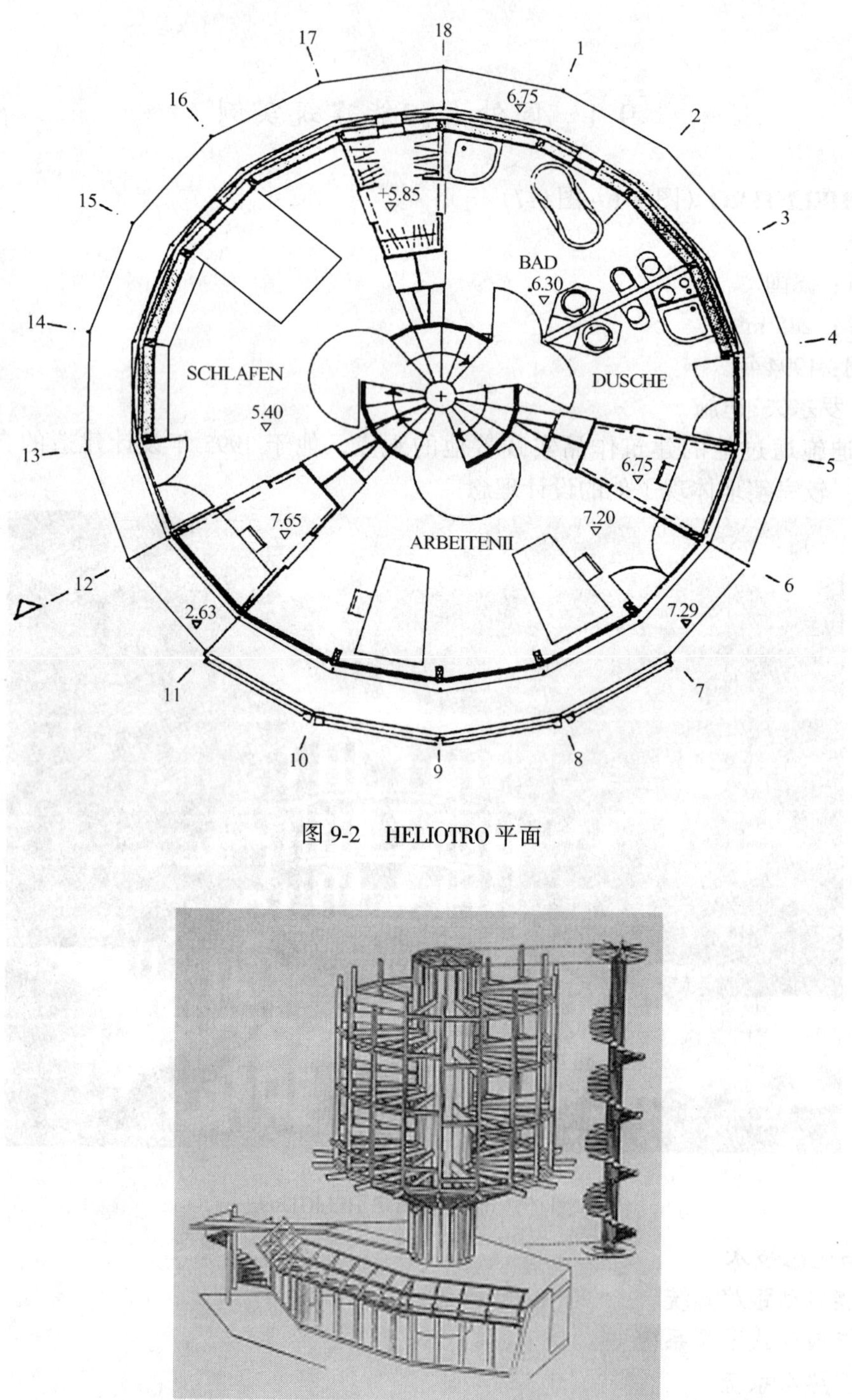

图 9-2　HELIOTRO 平面

图 9-3　HELIOTRO 结构框架

图 9-4　底部可旋转齿轮及柱中组件

图 9-5　屋顶光伏光电板

图 9-6　栏杆上的集热管

图 9-7　室内环境

图 9-8　社区建筑变化丰富、风格统一

实例 2：弗赖堡施利尔伯格山麓的太阳能社区（图 9-8 ~ 图 9-10）

工程概况

建造地点：德国弗赖堡

建筑规模：58 栋住宅

设计者：罗尔夫·迪施

太阳能社区的住宅采用模数化、标准化结构装配形式（ModularSystem）装配而成，并鼓励住户进行创造性的设计，整个社区的建筑外墙采用了多种颜色以及包括金属和木材在内的多种外墙材质，各种颜色醒目而又和谐。

太阳能与生态技术

1. 太阳能热水系统

2. 光伏发电系统

3. 可控通风技术

经济性分析

由于保温性能良好，采暖能耗仅为传统住宅的 1/10，因此室内能常年保持 15 ~ 20℃而不需要集中采暖或空调。光伏发电系统，发电并入市政公网，20 年内至少可以获得 0.42euro/（kW·h）的收益。

图 9-9　屋顶光电板

图 9-10　舒适的室内外环境

实例 3：雷根斯堡住宅（图 9-11 ~ 图 9-15）

工程概况

建造地点：雷根斯堡

竣工时间：1977 年

设计者：托马斯·赫尔佐格

该住宅的基地被绿树环绕，周围是一些建于 20 世纪 50 年代的多层建筑，地面标高低于街道水平面 2m，并有一条小溪从中流过。为了与自然环境相协调，设计者设计了一栋结构简单的住宅。无论是室内还是室外设计，都充分体现了几何美学特征。

太阳能与生态技术

1. 直接受益窗
2. 楼地板蓄热技术
3. 太阳能自然通风技术
4. 地下蓄热采暖系统

图 9-11　南立面

图 9-12　东立面

图 9-13　过渡空间

图 9-14　起居室

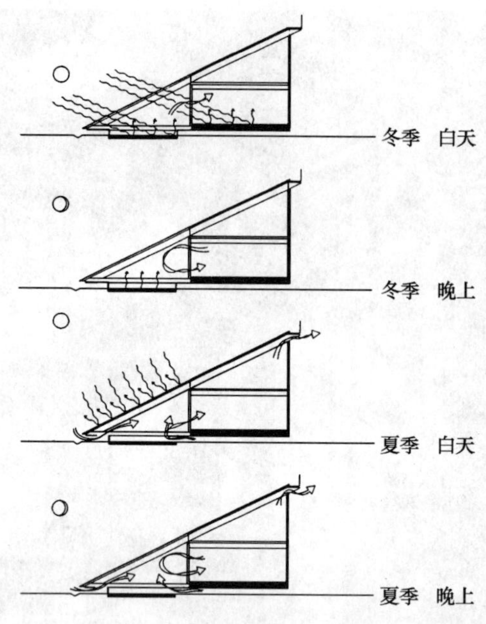

图 9-15 太阳能利用概念图

实例 4：慕尼黑住宅（图 9-16 ~ 图 9-21）

工程概况

建造地点：德国慕尼黑

竣工时间：1982 年

设计者：托马斯·赫尔佐格

该项目位于慕尼黑市正北部的一个狭长基地外。根据业主要求，本建筑可以被隔成一个工作室和一个独立的住宅。建筑设计轻盈而透明，并且便于安装太阳能设施。

太阳能与生态技术

1. 太阳能自然通风技术
2. 光伏发电系统
3. 太阳能热水器

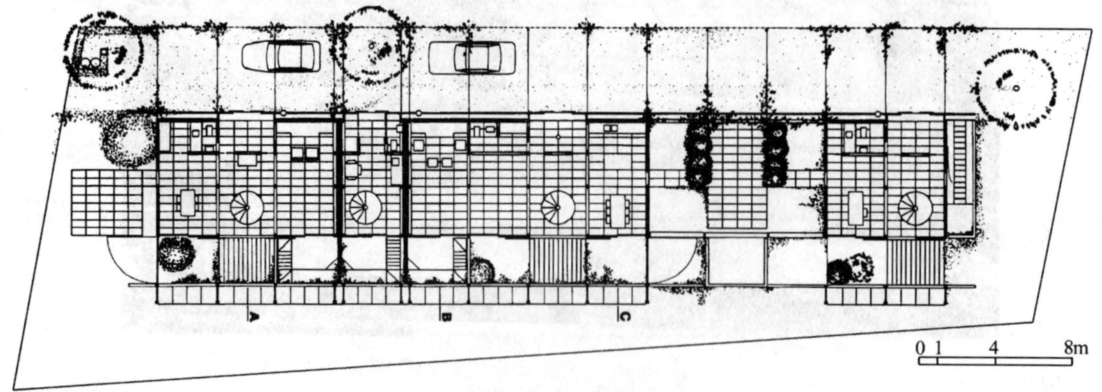

图 9-16 平面草图

图 9-17　南立面

图 9-18　内外层表皮

图 9-19　从北面看光电板

图 9-20　过渡空间

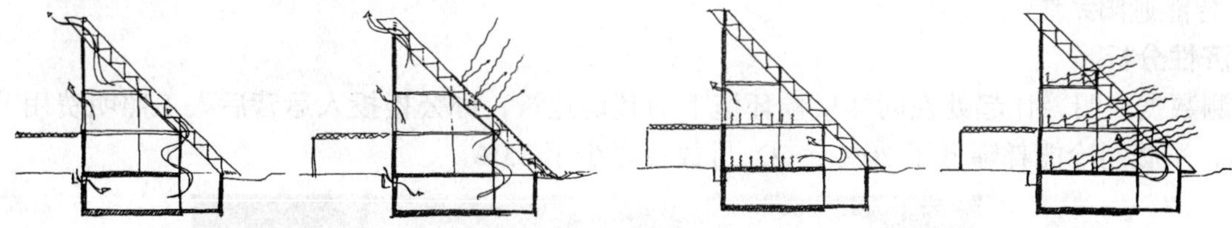

图 9-21　能源利用概念图

实例 5：戴姆勒·奔驰办公楼（图 9-22 ~ 图 9-27）

工程概况

建造地点：德国　柏林

建筑规模：60000 m^2

竣工时间：2000 年

设计者：理查德·罗杰斯

戴姆勒·奔驰办公楼（Daimler Benz Offices）为奔驰公司总部大楼，坐落在柏林波茨坦广场上，是波茨坦广场周边开发工程的一部分。该楼由三栋建筑组成，总建筑面积约 60000m^2，容纳了办公、商业、金融、公寓等设施。通过精心的设计，建筑的每个部分都获得了最好的环境要件。在高密度城区实现了对太阳能最大限度的利用能耗降到非常低的水平。

太阳能与生态技术

1. 太阳能自然通风技术
2. 自然采光
3. 钢结构集热蓄热系统

图 9-22　建筑外景

4. 智能遮阳系统

经济性分析

检测数据表明，比起处在同样气候环境下的其他建筑，办公楼投入运营后人工照明费用节省了 35%，采暖制冷能耗降低了 30%，CO_2 排放量减少了 35%。

图 9-23 垂直遮阳板

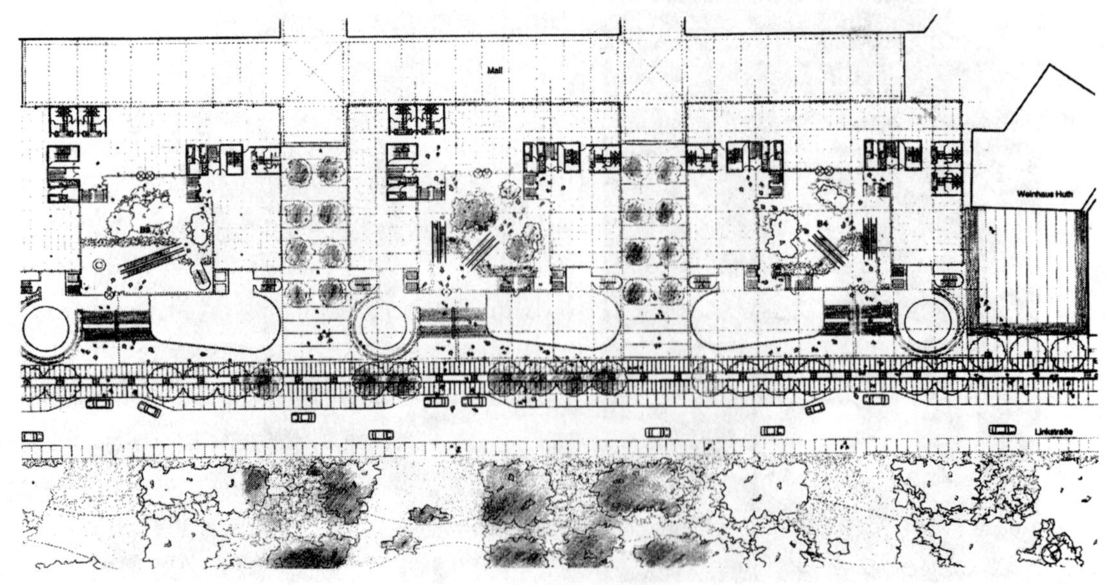

图 9-24 总平面图

图 9-25　日照通风总体布局考虑

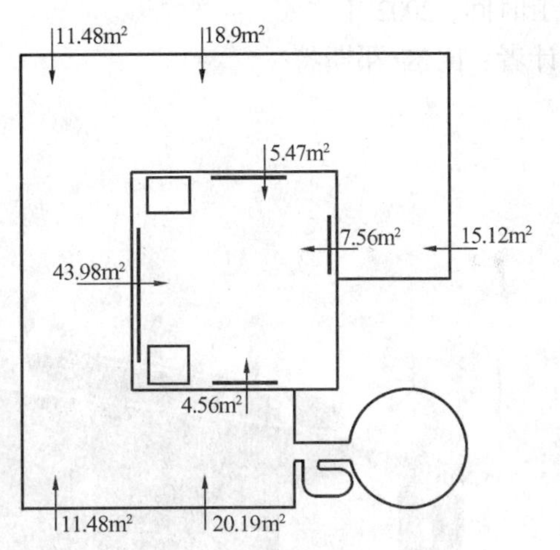

图 9-26　平面通风考虑

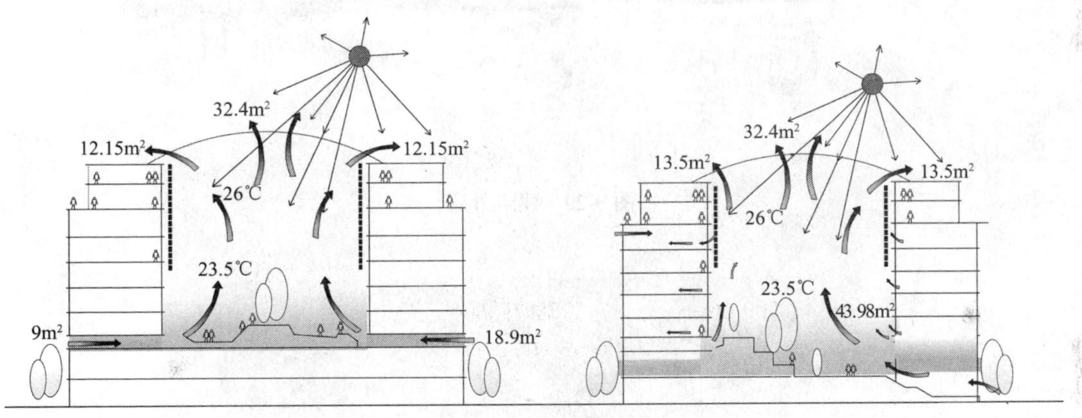

图 9-27　平面立体自然通风及温控分析

实例 6：英国贝丁顿零能耗社区（图 9-28 ~ 图 9-33）

工程概况

建造地点：伦敦萨顿市

图 9-28　社区鸟瞰图

建筑规模：82 套公寓 + 2500 m^2 公共建筑
竣工时间：2002 年
设计者：比尔·邓斯特

图 9-29　建筑外观

图 9-30　建筑南立面

该项目被誉为英国最具创新性的住宅项目，为居民提供了绿色健康舒适的生活环境。其先进的可持续发展设计理念和环保技术的综合利用，使之当之无愧地成为目前英国最先进的生态住宅小区。

太阳能与生态技术

1. 内充氩气三层玻璃窗
2. 太阳能自然通风技术
3. 污水处理系统
4. 雨水收集系统

经济性分析

入住第一年的监测数据显示，小区节约了采暖能耗的88%，热水能耗的57%，电力需求的25%，用水量的50%。

图9-31　风帽

图9-32　窗户

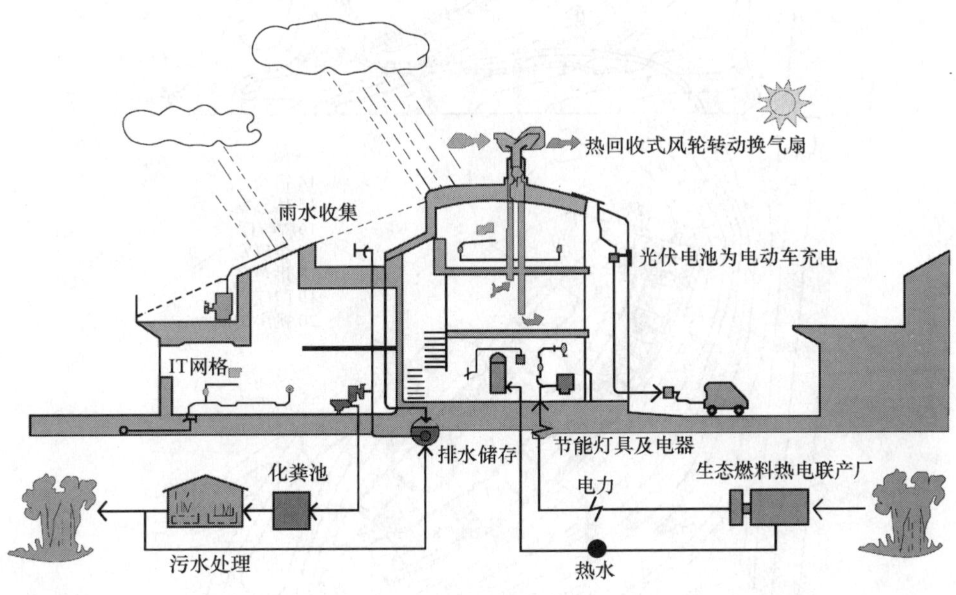

图9-33　能源利用和通风分析

实例 7：地球环境战略研究所（图 9-34 ~ 图 9-37）

工程概况

建造地点：日本神奈川

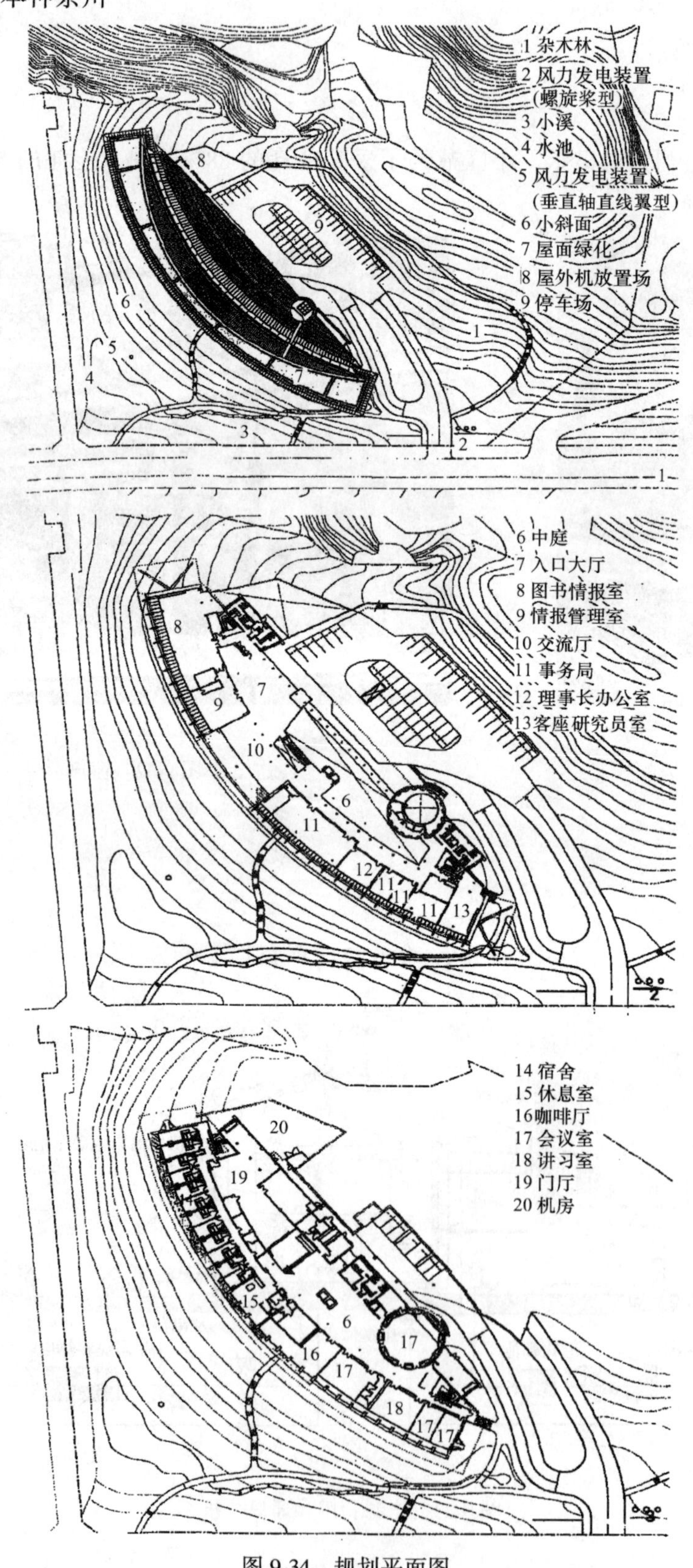

图 9-34 规划平面图

建筑规模：7000m^2

竣工时间：2002 年

设计单位：日建设计

该建筑是对地球环境进行战略性政策研究与实践的地球环境战略研究所（IGES）的总部大楼。

图 9-35　立面效果图

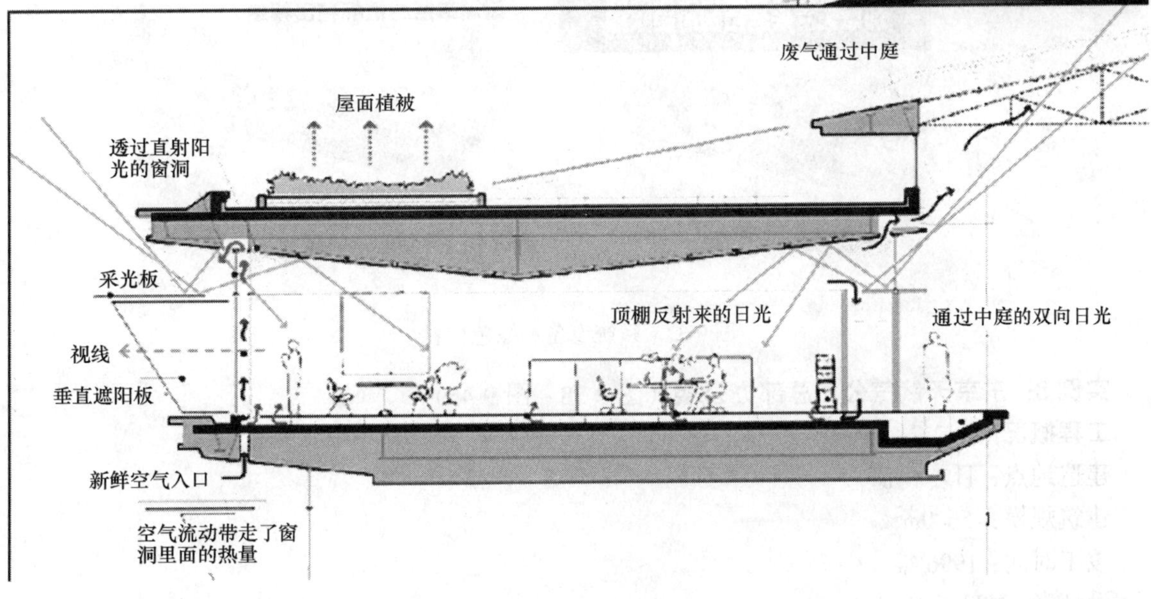

图 9-36　剖面分析图

太阳能与生态技术

1. 太阳能采暖降温技术
2. 光伏发电技术
3. 风力发电技术
4. 屋顶栽培技术
5. 地热利用隧道技术

经济性分析

通过对自然能源的最佳运用，使该建筑的能源消耗量比同类建筑节省约50%，二氧化碳排放量也大幅降低。

图9-37　系统设备和绿色材料

实例8：东京天然气公司总部办公楼（图9-38～图9-45）

工程概况

建造地点：日本横滨

建筑规模：5600m^2

竣工时间：1996年

设计者：Nikken Sekkei

东京天然气公司总部办公楼位于横滨市。这一建筑的设计和建造体现了对提高能源使用效率的追求和公司在环境保护方面的努力。

太阳能与生态技术

1. 光伏发电技术

2. 太阳能自然通风技术

3. 生态中庭

经济性分析

建筑的流线体型、通风、生态中庭、自然采光和通风手段等措施使得这座建筑的能源消耗减少到日本建筑能耗标准的77%。

图9-38　办公楼实景

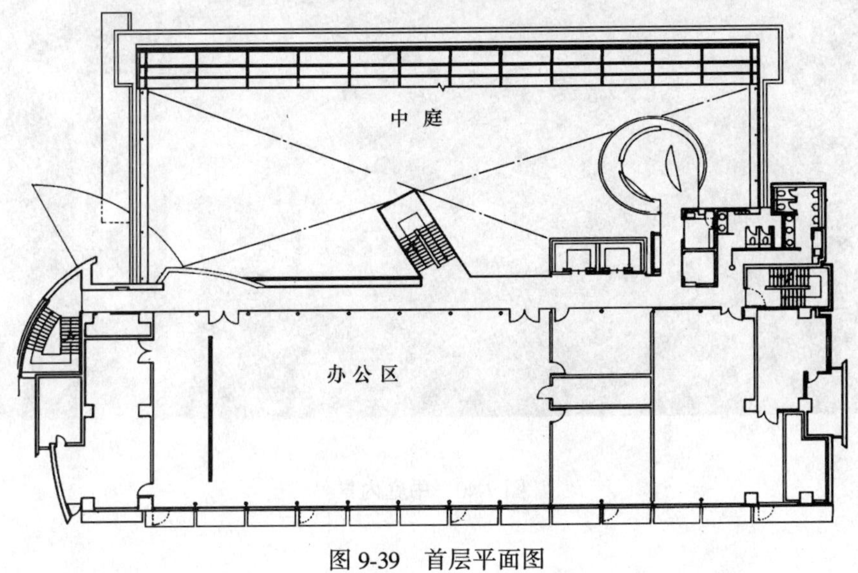

图9-39　首层平面图

图 9-40　中庭内景

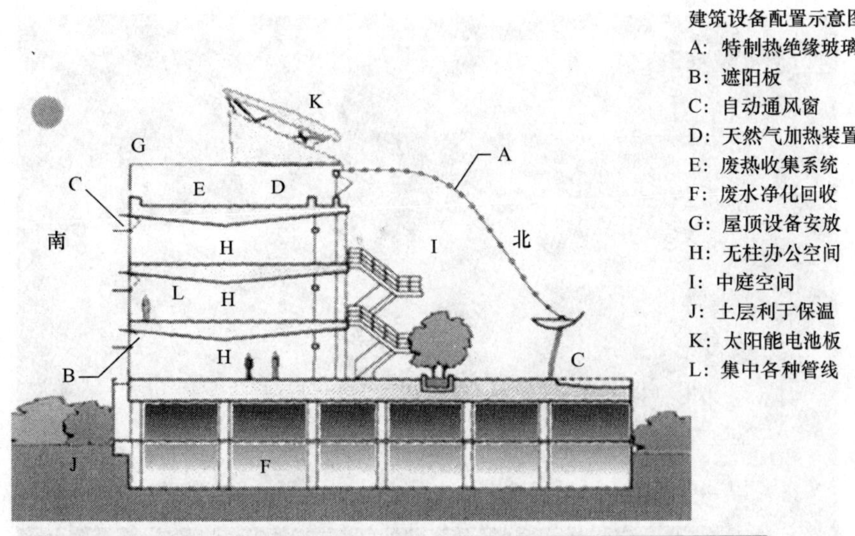

图 9-41　建筑设备配置图

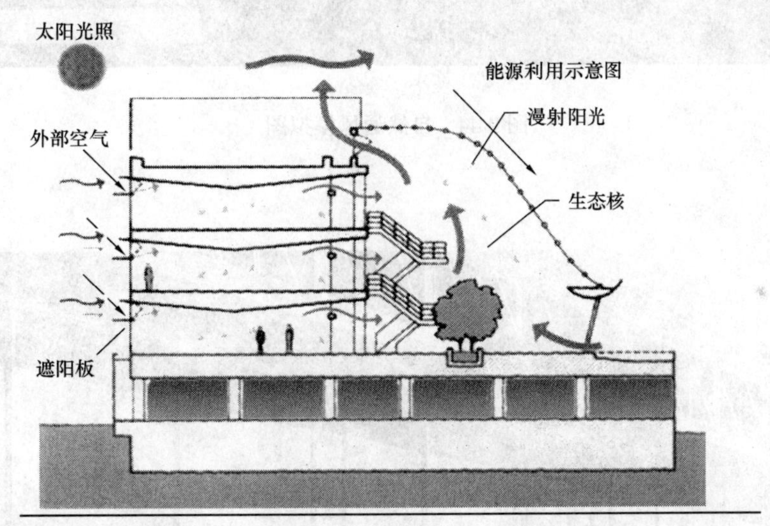

图 9-42　生态通风技术示意图

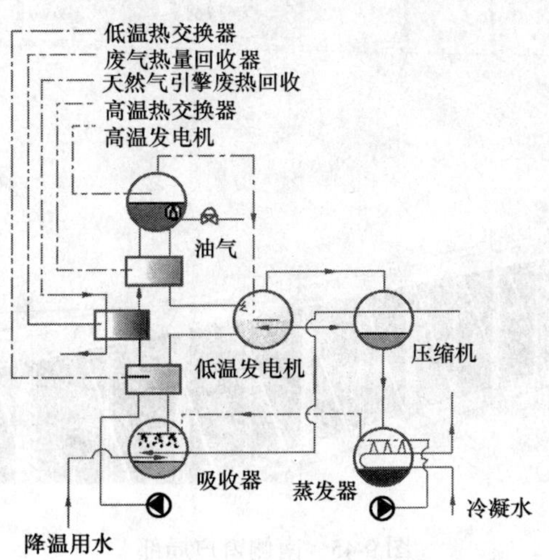

图 9-43　热回收技术示意图

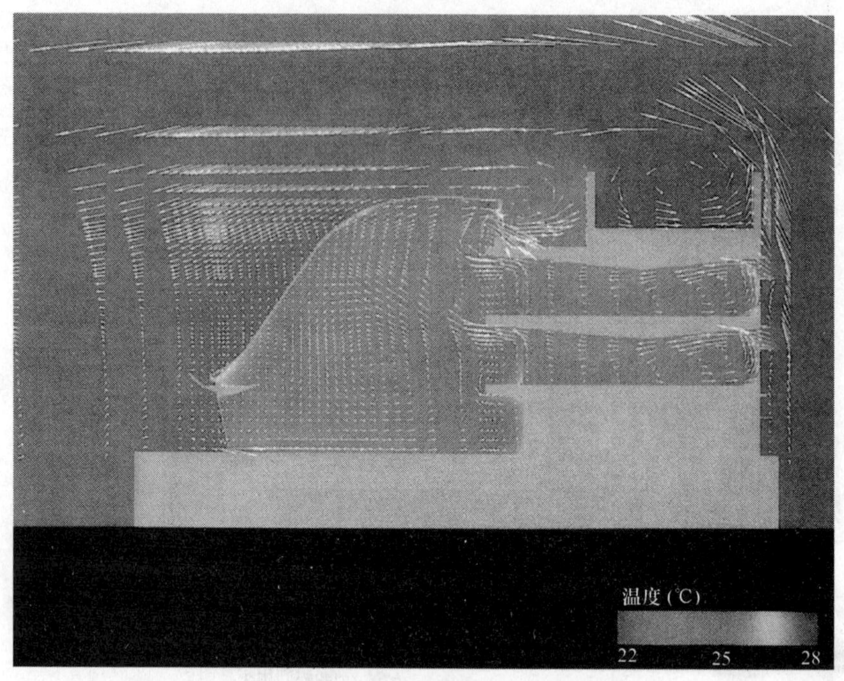

图 9-44　自然通风模拟图

图 9-45　南侧窗户局部

9.2　国内太阳能建筑实例

实例1：清华大学超低能耗示范楼（图9-46~图9-61）

工程概况

建造地点：北京市

建筑规模：3000m^2

竣工时间：2005年

设计单位：清华大学

超低能耗楼是国家“十五”科技攻关项目“绿色建筑关键技术”研究的技术集成平台，旨在通过其体现奥运建筑的“高科技”、“绿色”、“人性化”的同时，展示和实验各种低能耗、生态化、人性化的建筑形式及先进的技术产品，并在此基础上陆续开展建筑技术科学领域的基础与应用性研究，在公共建筑和住宅上示范并推广应用节能、生态、智能技术。

图9-46　建筑效果图

太阳能与生态技术

1. 驱动溶液除湿系统
2. 太阳能热发电系统
3. 光伏发电系统
4. 太阳光照明系统
5. 自然通风技术
6. 景观型湿地
7. 种植屋面

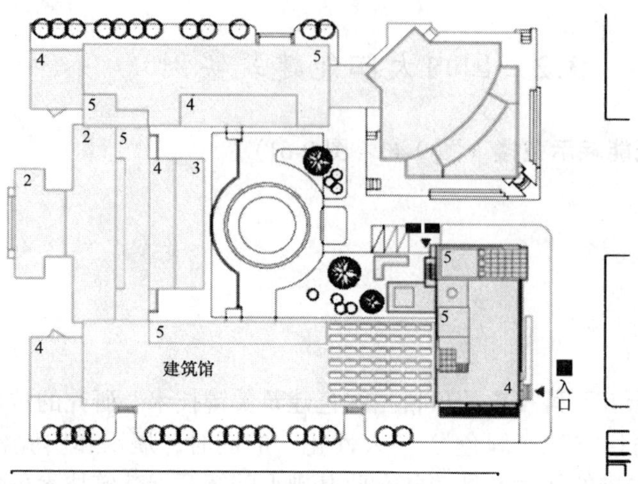

图 9-47　规划平面

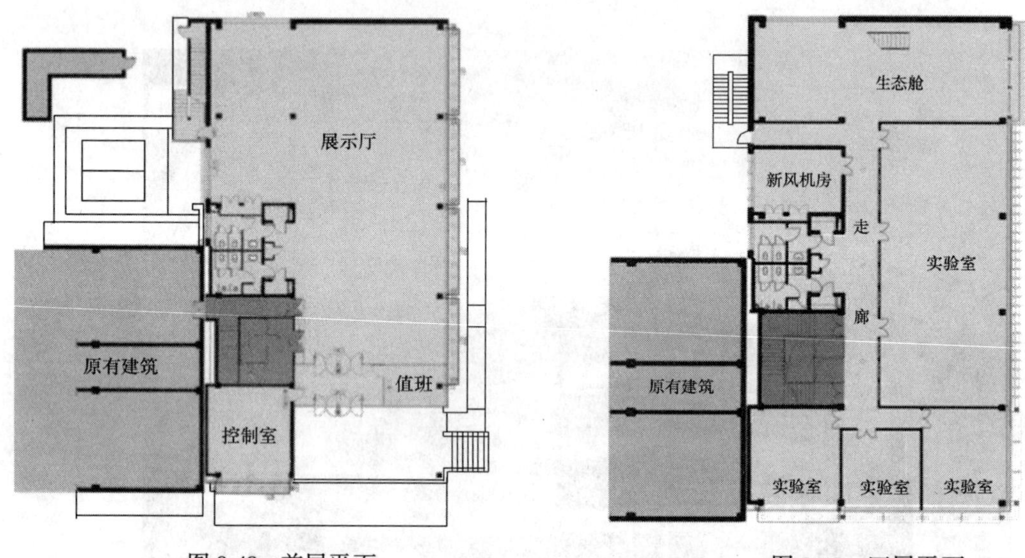

图 9-48　首层平面　　图 9-49　四层平面

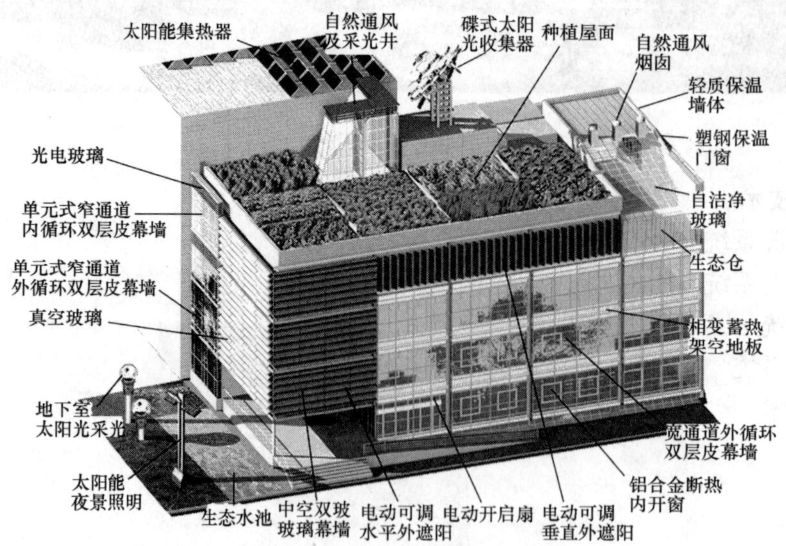

图 9-50　生态技术图解

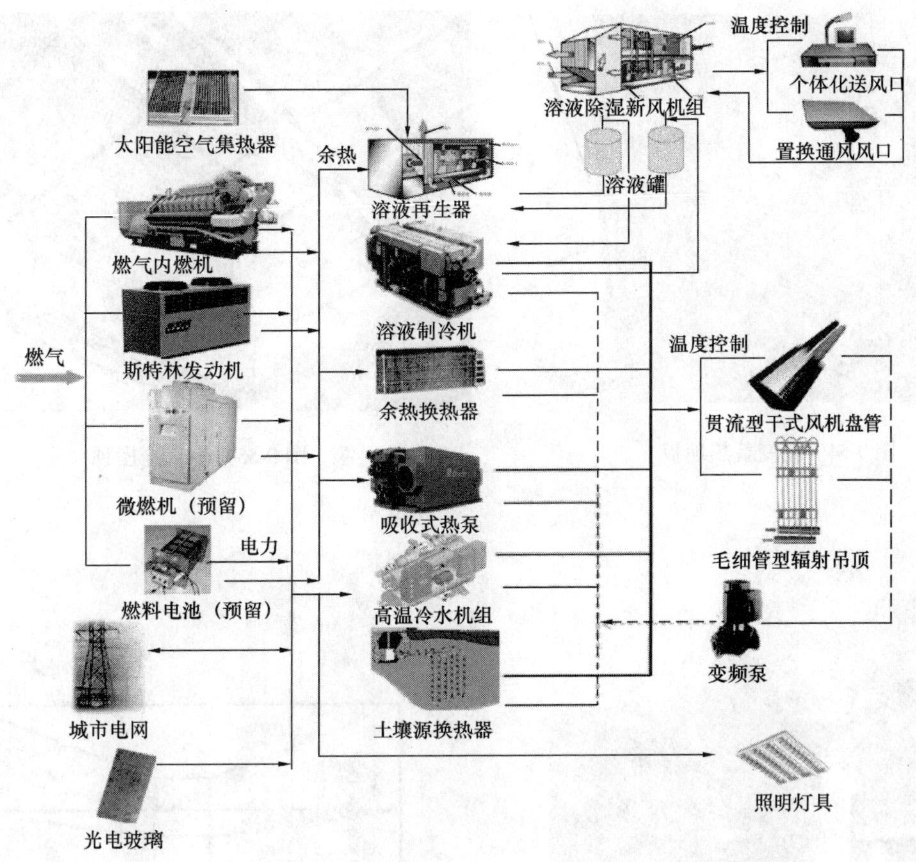

图 9-51　能源系统

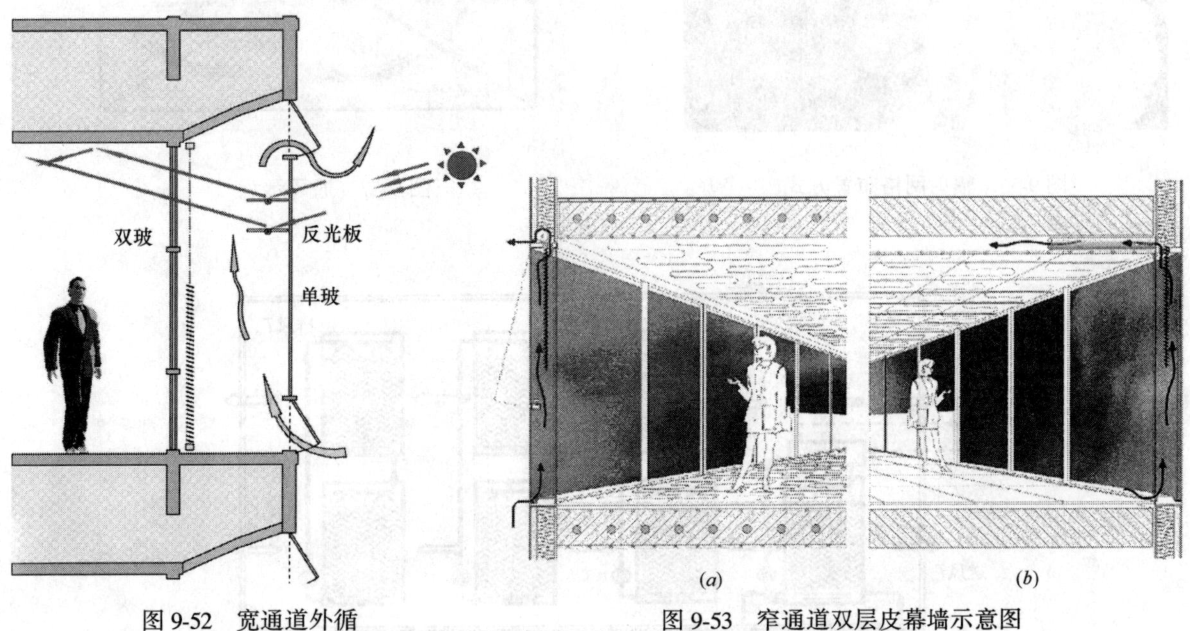

图 9-52　宽通道外循环双层皮玻璃幕墙示意图

图 9-53　窄通道双层皮幕墙示意图
（a）外循环；（b）内循环

图 9-54 相变蓄热地板

图 9-55 生态仓屋顶

图 9-56 辐射网格布置方式

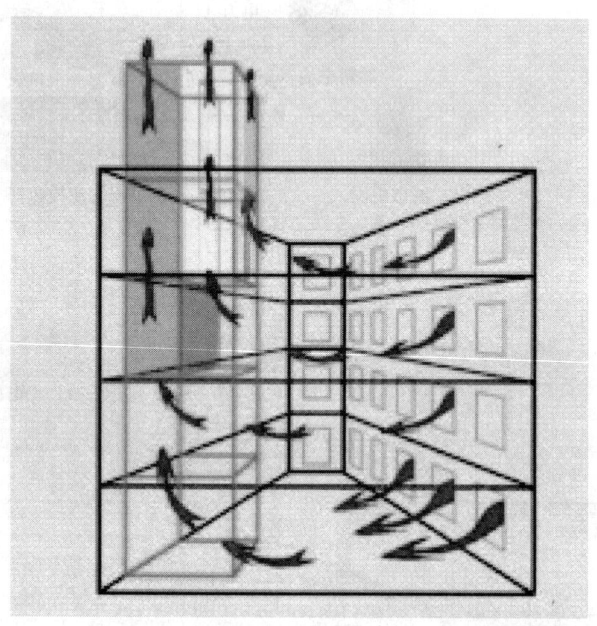

图 9-57 通风示意

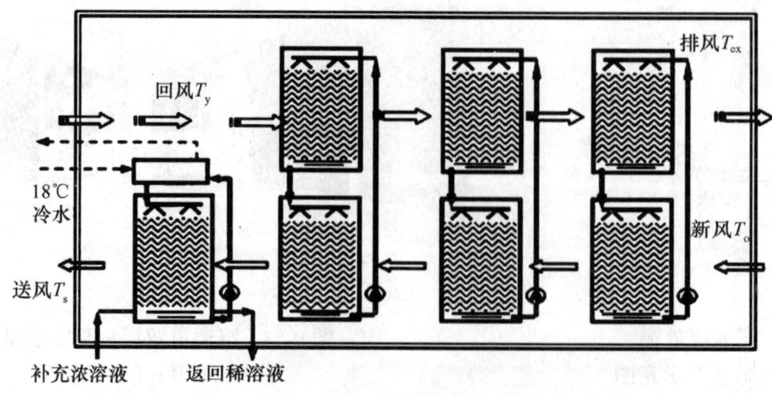

图 9-58 溶液除湿新风机组流程

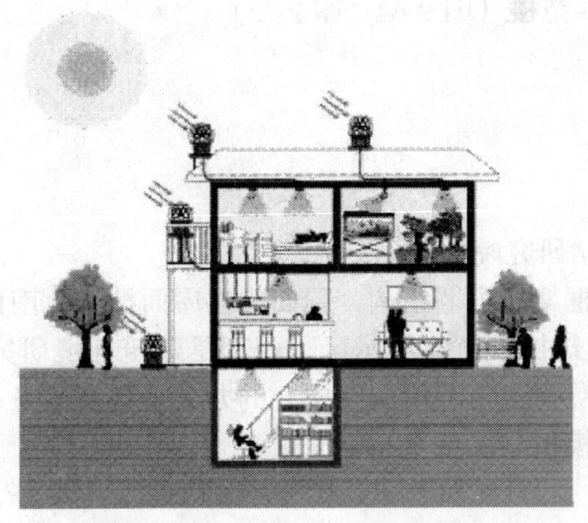

图 9-59　太阳光采光系统示意图

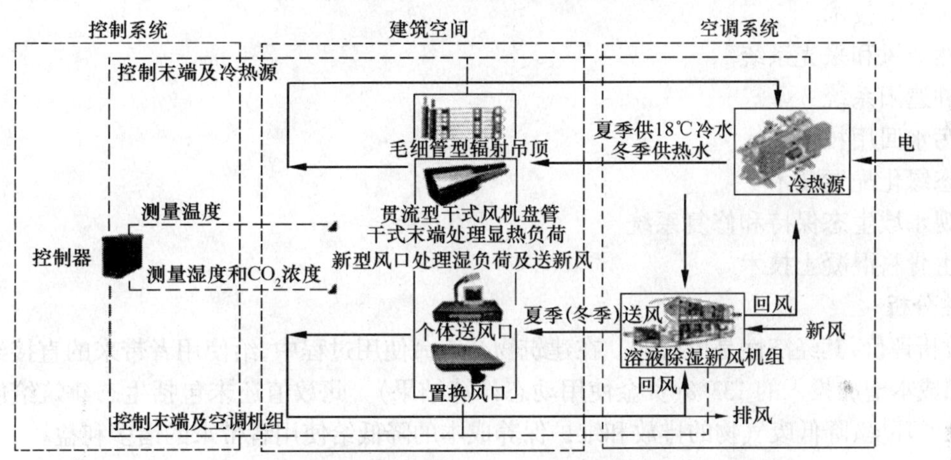

图 9-60　主动式环控系统

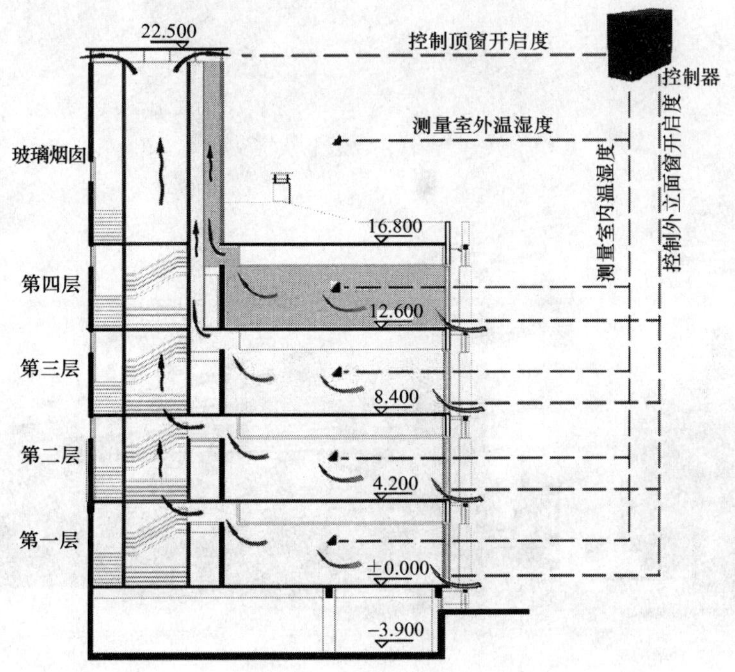

图 9-61　被动式环控系统

实例 2：上海生态办公示范楼（图 9-62 ~ 图 9-75）

工程概况

建造地点：上海市

建筑规模：1900 m^2

竣工时间：2004 年

设计单位：上海建筑科学研究院

建筑主体为钢筋混凝土框架剪力墙结构，屋面为斜屋面结构。南面两层、北面三层。一层东半部约 350m，大厅为生态建筑技术交流展示区，西部是建筑环境研究中心的声学、光学实验室和空调设备性能实验室；二层为建筑环境研究中心的办公室和测试室；三层为建筑环境研究中心的微生物实验室和室内环境模拟实验室（chamber）。

太阳能与生态技术

1. 太阳能空调和地板采暖系统
2. 光伏发电技术
3. 自然通风和采光系统
4. 多种遮阳系统
5. 雨污水回用技术
6. 生态绿化配置技术
7. 景观水域生态保持和修复系统
8. 再生骨料混凝土技术

经济性分析

通过分析评价，其经济性是可行的。在建筑物全寿命使用过程中，给使用者带来的直接经济效益是建造初期成本增加投入的 133%（资金使用动态计算结果）。此数值还未包括生态建筑给使用者提供舒适健康的环境，降低废气物的排放和维护保养成本的降低给使用者带来的诸多利益。

图 9-62　办公楼外观

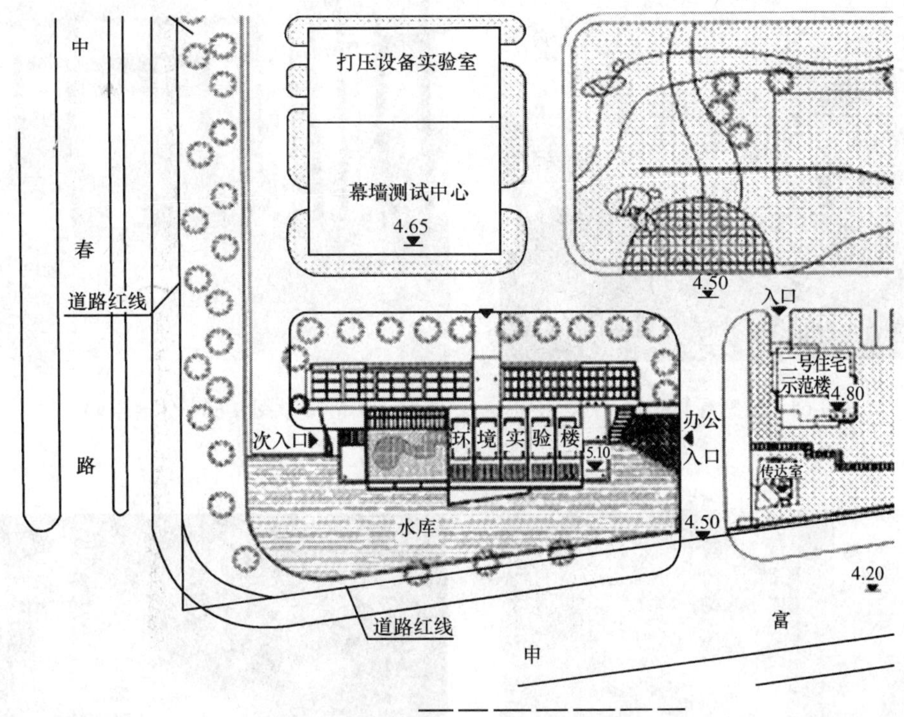

图9-63 总平面图

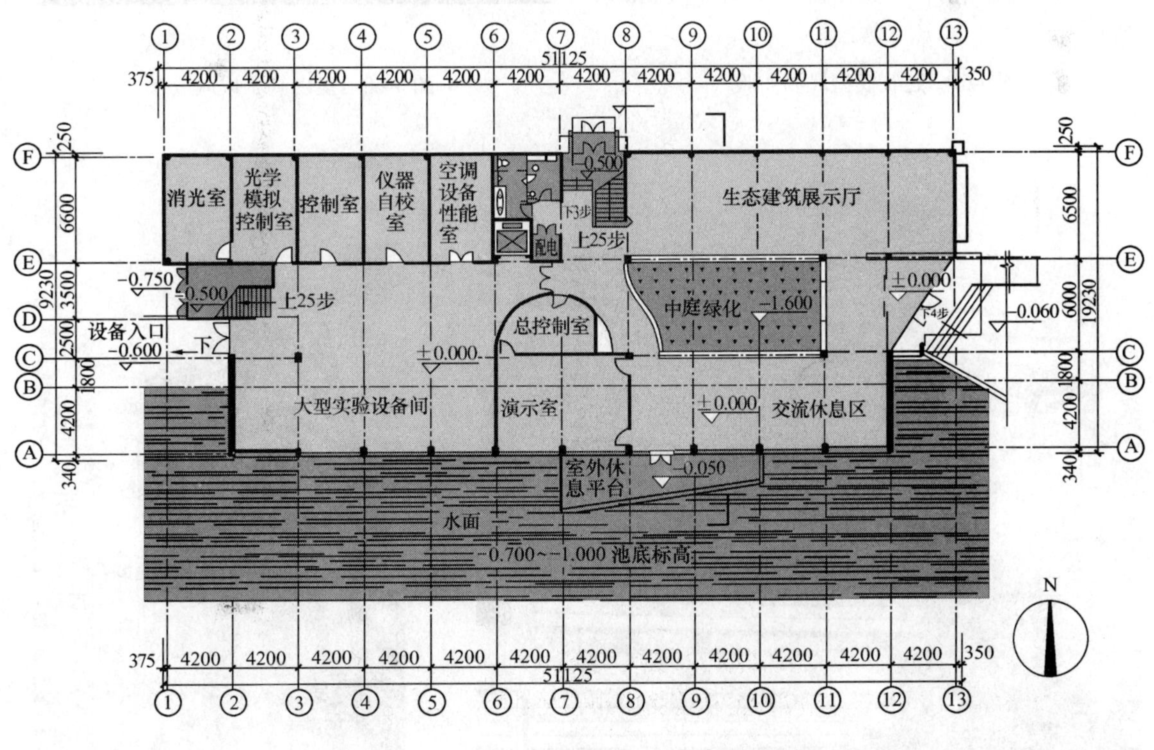

图9-64 标准层平面

图 9-65　中庭绿化

图 9-66　休憩空间

图 9-67　建筑模型风洞实验

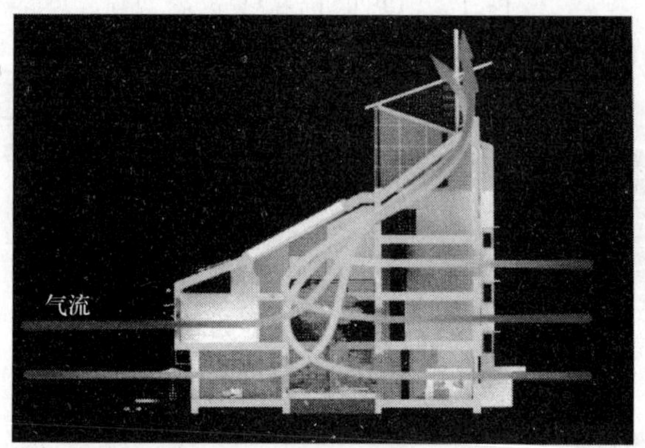

图 9-68　室内热压拔风效果

图 9-69　天窗遮阳

图 9-70　西立面遮阳

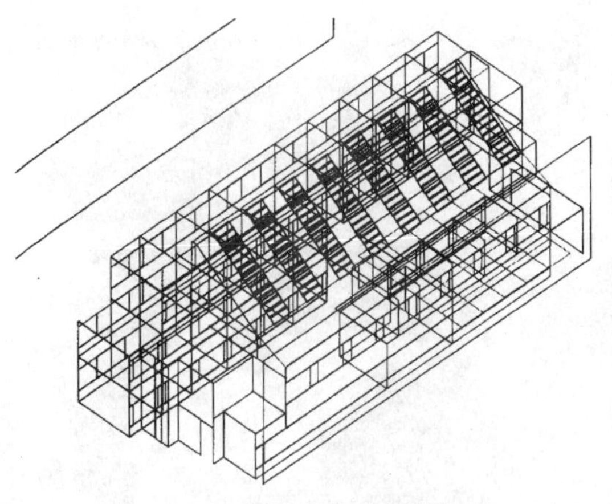

图 9-71　天然采光模拟及采光效果

图 9-72　太阳能集热器和光电板

图 9-73　景观水体

图 9-74　生态楼绿化实景

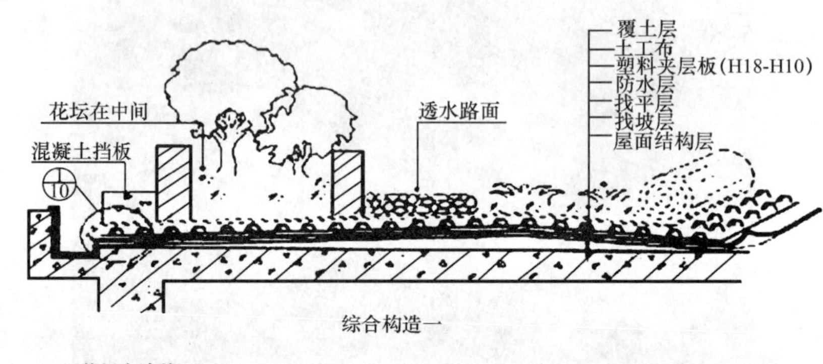

综合构造一

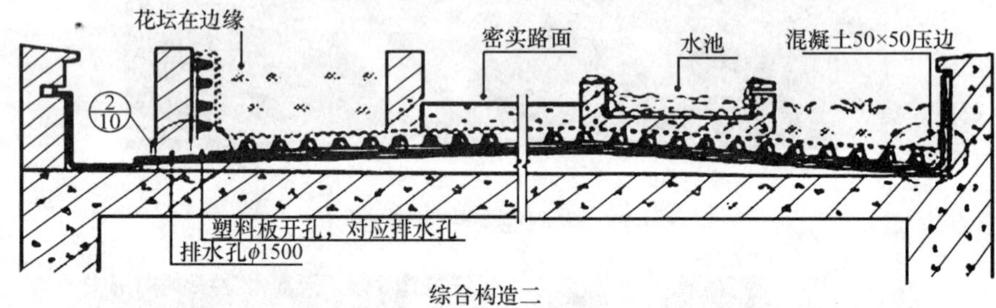

综合构造二

图 9-75　屋顶绿化构造

实例 3：上海生态住宅示范楼（图 9-76 ~ 图 9-91）

工程概况

建造地点：上海市

建筑规模：238m^2

竣工时间：2004 年

设计单位：上海建筑科学研究院

"上海生态住宅示范楼"位于上海市建筑科学研究院莘庄科技发展园区内（上海市闵行区申富路 568 号，近中春路口），"上海生态办公示范楼"东侧，由一幢代表联排小住宅一个单元（一户）的"零能耗"独立住宅和一幢代表多层公寓的低能耗生态多层公寓组成。

太阳能与生态技术

1. 超低能耗围护结构

2. 高效智能遮阳系统

图 9-76　鸟瞰图

图 9-77　建筑实景图

图 9-78　铝合金百叶

3. 地源热泵空调系统
4. 光伏发电系统
5. 太阳能集热器与建筑一体化
6. 风力发电系统
7. 空气源热泵热水系统

经济性分析

住宅竣工并运行一段时间后，分别应用美国 LEED-H，英国 Eco-home 和我国《绿色建筑评价标准》(GB/T 50378) 对生态住宅示范楼的生态性能进行自评估。结果表明，生态独立住宅的等级都达到了优秀级，说明所采用的生态技术目前在国内外处于领先水平；生态多层公寓的等级都达到了良好级，说明采用的生态技术先进、实用，实现了整体设计的预期目标。

图 9-79 天窗遮阳帘

图 9-80 可伸缩遮阳篷

图 9-81　毛细管辐射末端

图 9-82　太阳能光电板

图 9-83　太阳能草坪灯

图 9-84　阳台太阳能集热器

图 9-85　屋檐太阳能集热器

图 9-86　风力发电

图 9-87　相变储能罐

图 9-88　木结构加层

图 9-89　屋顶绿化

图 9-90　窗台绿化

图 9-91　垂直绿化

实例 4：山东建筑大学生态学生公寓（图 9-92 ~ 图 9-110）

工程概况

建造地点：山东济南

建筑规模：2300m^2

竣工时间：2004 年

设计单位：山东建筑大学

生态学生公寓位于山东省济南市山东建筑大学新校区内，建筑面积 2300m^2，六层，综合式太阳能采暖技术使用直接受益窗和太阳墙新风采暖技术。该建筑是山东建筑大学与加拿大国际可持续发展中心（ICSC）的合作项目，旨在通过其进行生态建筑的课题研究和工程实践，实现建筑环境的可持续发展。

太阳能与生态技术

1. 太阳墙采暖技术
2. 太阳能烟囱通风技术
3. 太阳能热水技术
4. 光伏发电技术
5. 外墙外保温技术

图 9-92　生态公寓建成实景

6. 背景通风技术体系
7. 中水技术
8. 楼宇自动化控制技术
9. 环保建材技术

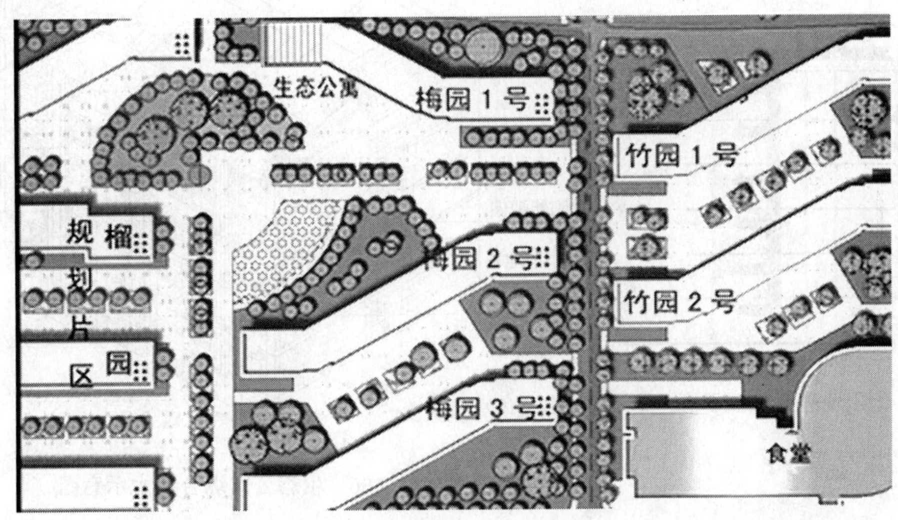

图 9-93　规划平面图

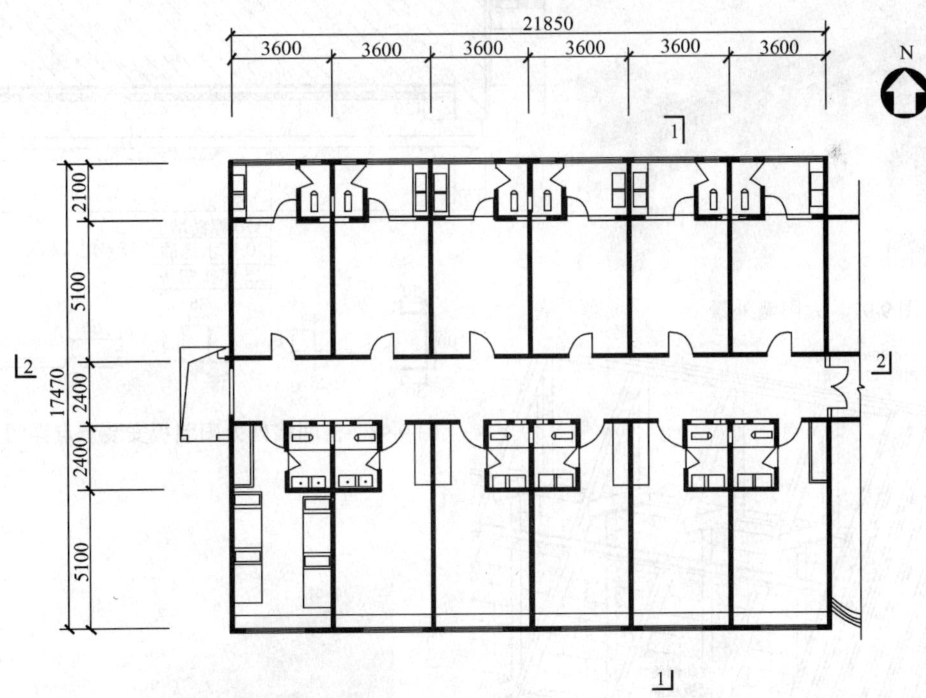

图 9-94　生态公寓标准层平面

经济性分析

生态学生公寓总投资为350万元人民币，其中生态技术增加的造价包括：太阳墙系统16万元（包括加拿大进口太阳墙板、风机及国产风管），太阳能烟囱5万元，弱电控制5万元，另外还有窗和外保温，合计约34万元。建筑面积2300m²，平均每平方米增加造价148元，即11.4%，充分说明通过适宜技术的合理应用可以在增加有限投资的情况下，达到良好的建筑环境和室内舒适度。

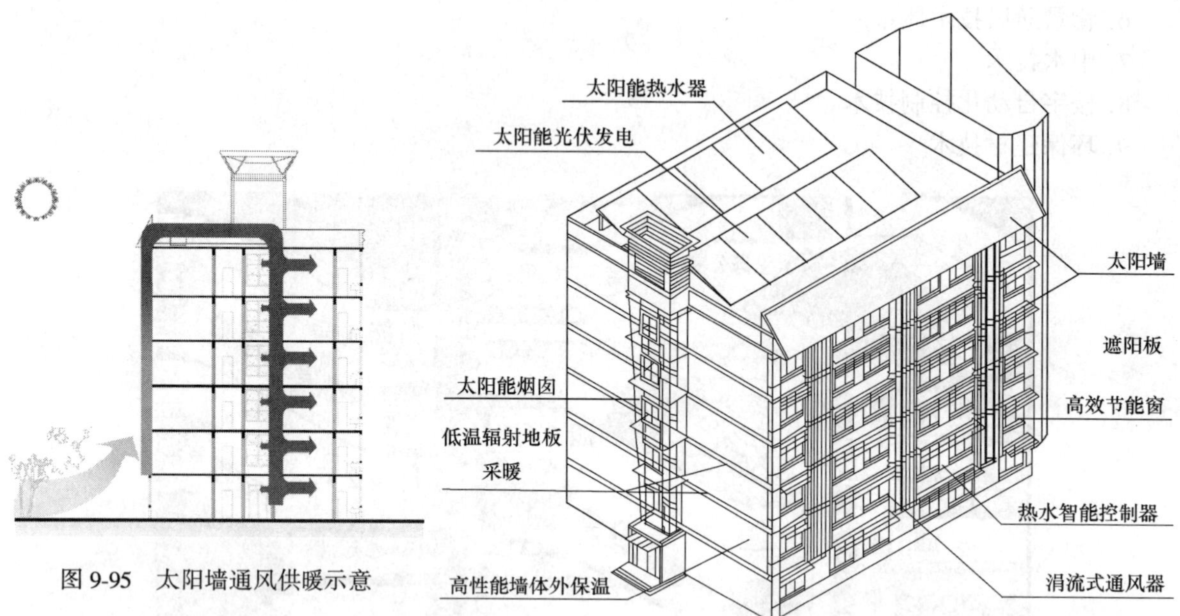

图 9-95 太阳墙通风供暖示意

图 9-96 生态公寓综合技术示意图

图 9-97 太阳墙外景

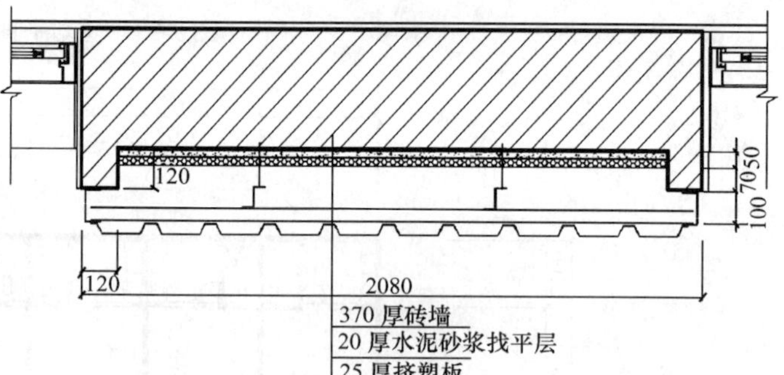

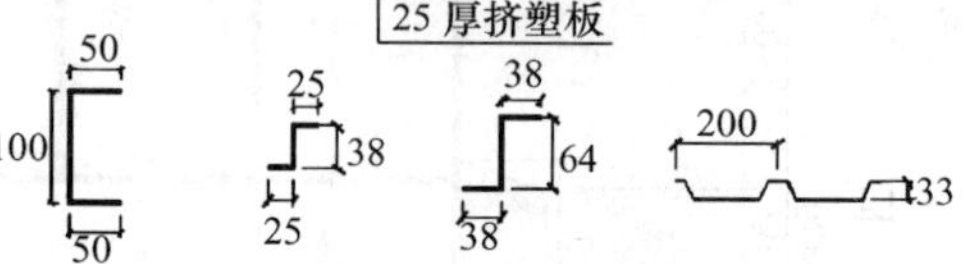

图 9-98 窗间墙处太阳墙板安装节点详图

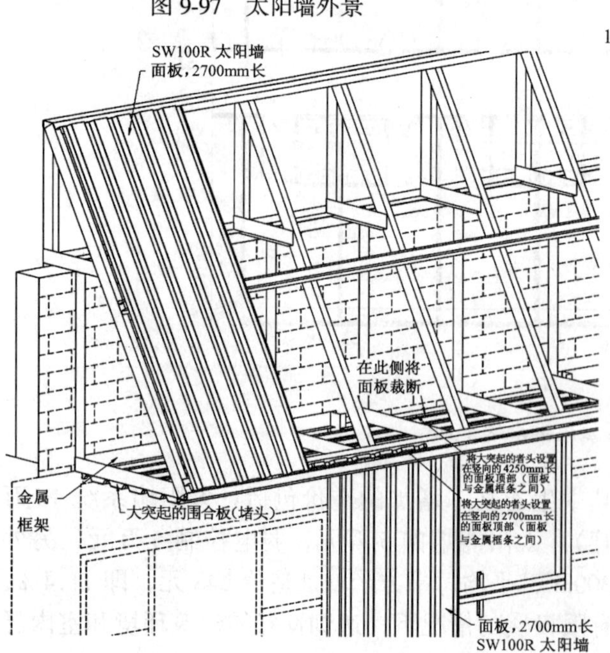

图 9-99 女儿墙位置的斜向集热部分

图 9-100 集热部分屋面位置两端的散热口和中间的出风口

图 9-101　太阳墙出风口通过风机与风管相连

图 9-102　走廊内的太阳墙风管

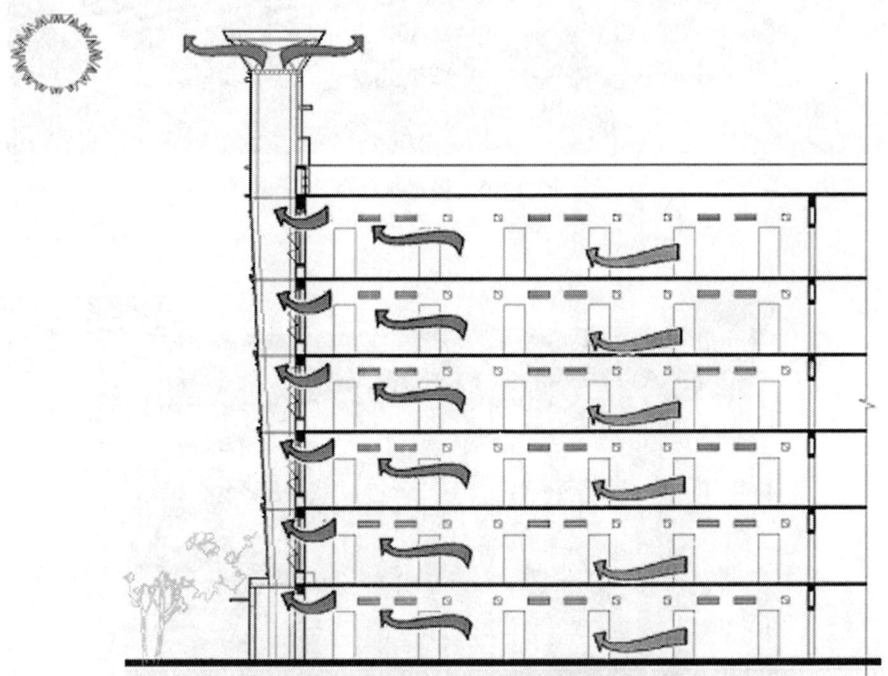

图 9-103　太阳能烟囱通风示意

图 9-104　太阳能烟囱实景

图 9-105　热水集热器

图 9-106　太阳能综合实验房

图 9-107　窗上 VFLC 通风器

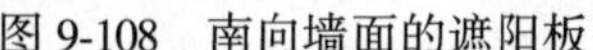

图 9-108　南向墙面的遮阳板

图 9-109　背景通风体系风机

图 9-110　背景通风体系风口

实例 5：皇明太阳能示范园（图 9-111 ~ 图 9-114）

工程概况

建造地点：山东德州

建筑规模：4 栋别墅 + 部分多层住宅

竣工时间：2004 年

设计单位：皇明太阳能公司

海棠苑

海棠苑顶层为太阳房，契形屋面，集热管遍布屋面及阳面，充分利用了太阳能。建筑墙体采

图 9-111　海棠苑

图 9-112　石榴苑

用新型保温材料和施工工艺，保温效果好，美观大方；屋面采用聚苯乙烯挤塑保温板；门窗采用温屏节能玻璃塑钢窗。太阳能热水系统提供生活热水的同时，可以循环加热室内游泳池的池水。

石榴苑

石榴苑为两层平屋顶节能建筑，墙体采用 100mm 厚苯板进行外保温处理；门窗采用温屏节能玻璃密封窗；别墅的空调采暖系统采用的是水源热泵系统。

该别墅在起居室阳面加设了阳光间，阳光间的阳面围护采用的是倾斜布置的玻璃幕墙结构，玻璃幕墙外侧设置太阳能真空管集热器。玻璃幕墙内部阳光间内设置小型水疗游泳池，外部有光电喷泉。

樱花苑

樱花苑又称零排放别墅。

图 9-113　樱花苑

墙体保温采用 150mm 厚苯板，墙体传热系数降至 0.36；门窗采用双层玻璃密封窗，传热系数达到 2.7；新风热回收系统，把室外新鲜空气送入室内的同时，将室内污浊空气排出室外，并利用室内排出空气的冷（热）量对新风进行预处理；采用变频一拖多空调系统，节能率达 30%；另外，利用装在墙上的空气集热器吸收太阳热量，并由热媒将能量传送到地下鹅卵石蓄热，冬季再将地下蓄热送入室内。

另外，该别墅使用的电源全都由光电系统提供，室内的电器也都采用了智能控制系统。

紫薇苑

紫薇苑为两户联体别墅。墙体、屋面和门窗均采用新型保温节能材料在起居室的阳面增加了阳光间，阳光间设有倾斜布置的玻璃幕墙。玻璃幕墙外侧的钢结构支撑横向放置带有间隔距离的太阳能真空管。冬季，部分阳光加热管内媒质，部分阳光可以透过真空管之间的间隔，进入阳光间，使室内的温度上升；夏季太阳的高度角增大，密排的真空管既可以提供热水又可以起到遮阳的作用。别墅的空调采暖系统采用水源热泵技术，利用地下水实现了低品位热能向高品位热能的转换。

图 9-114　紫薇苑

实例 6：太阳能采暖卫生院项目（图 9-115 ~ 图 9-119）

工程概况

建造地点：青海省　甘肃省　山西省

建筑规模：7861m^2

竣工时间：2003 年

图 9-115　娄烦县杜交曲乡卫生院

由世界银行赠款支持，国家卫生部组织实施的中国农村卫生院被动式太阳房全球环境基金项目（简称 GEF 项目）已于 2004 年 6 月全部完成，验收合格投入使用。该项目所建 29 栋被动式太阳房卫生院分布在我国山西、甘肃和青海省的 29 个贫困县，总建筑面积 7861m^2。

被动式太阳房的建成，对于改善农村基层医疗卫生条件和加强公共卫生基础设施建设将起到重要的示范作用。

图 9-116　青海乐都县马营乡卫生院（附加阳光间）

太阳能与生态技术

1. 直接受益窗

2. 集热蓄热墙

3. 附加阳光间

经济性分析

评估表明，按室温 14±4℃标准计算，可节约采暖用常规能源 60%～70%；最短的回收年限仅为 4.32 年。

图 9-117　青海大通县清平乡卫生院（直接受益窗、集热蓄热墙）

图 9-118　甘肃省广河县阿里马土乡卫生院（直接受益窗、对流环路集热墙）

图 9-119　山西省榆社县东汇乡卫生院（附加阳光间、对流环路集热墙）

实例 7：山东诸城华元山庄（图 9-120 ~ 图 9-132）

工程概况

建造地点：山东潍坊

建筑规模：314m^2

竣工时间：2004 年

设计单位：山东华元建设集团

诸城华元山庄旅馆是旅游度假村华元山庄内的一幢单层太阳能建筑，平面布局为单内廊式，南侧布置客房，北侧为走廊。走廊布置在北侧可形成温度阻尼区，有利于保持室温。平面形式采用前后相错的一字形，保证了较小的体型系数，同时兼顾了建筑空间与造型的活跃。

太阳能与生态技术

1. 直接受益窗与集热墙
2. 直接受益窗与热风集热系统

图 9-120　南向外景

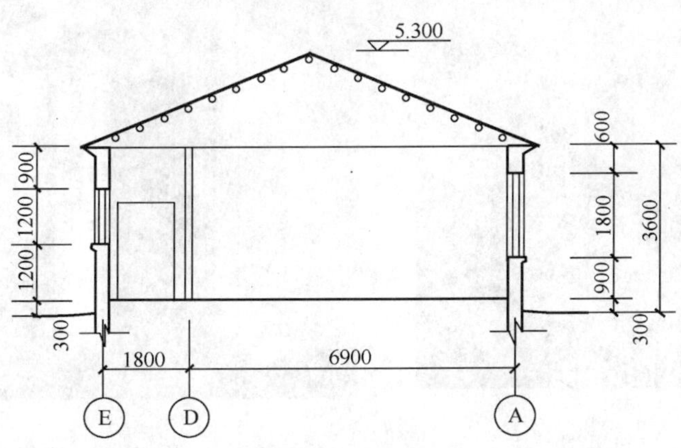

图 9-121　剖面图

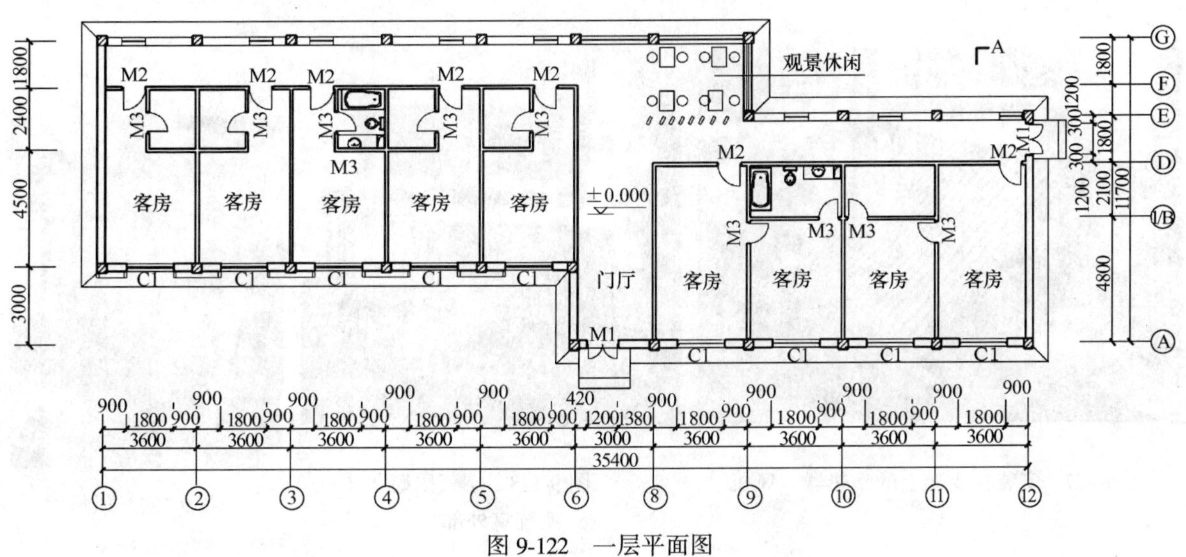

图 9-122　一层平面图

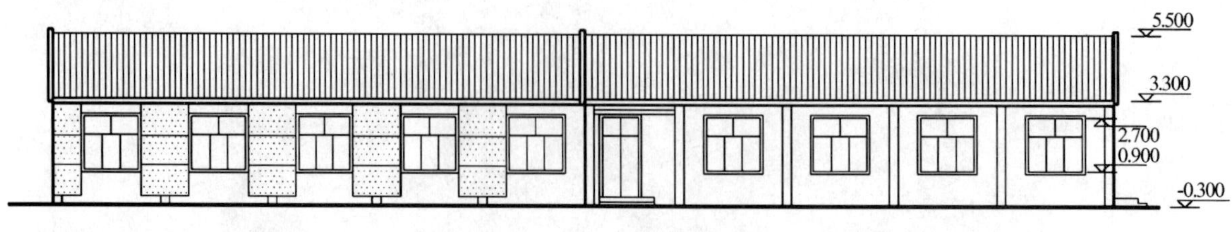

图 9-123　南立面图

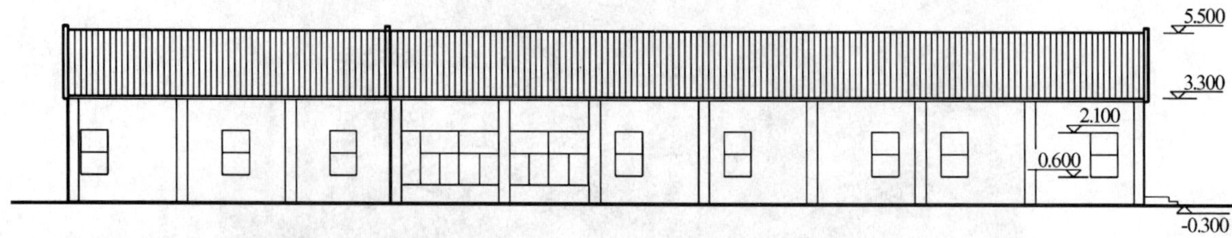

图 9-124　北立面图

图 9-125　风口与风帽

图 9-126　空气采暖系统

图 9-127　安装在支架上的集热器、风机

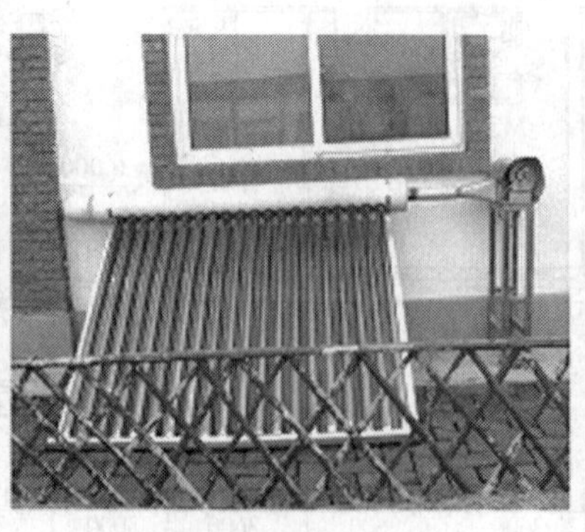

图 9-128　空气采暖系统室外部分

图 9-129　风机

图 9-130　进风口与风机开关位置

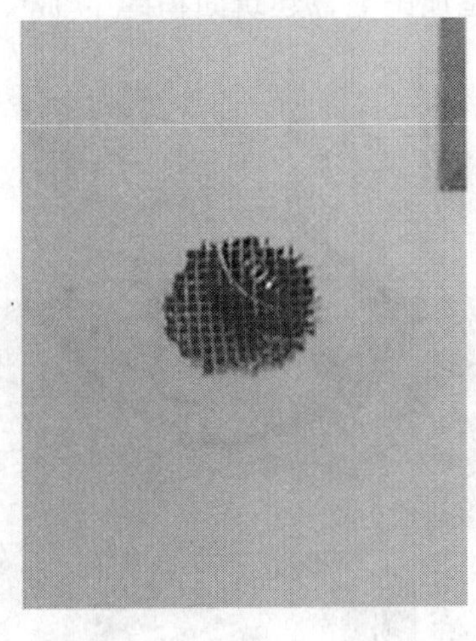

图 9-131　内侧带铁丝网的进风口

图 9-132　室内风管与出风口

实例 8：北京平谷区农村太阳房（图 9-133 ~ 图 9-138）

工程概况

建造地点：北京平谷

建筑规模：150m^2

竣工时间：2005 年

北京市平谷区新农村改造项目，在保护当地自然环境的前提下，通过重新规划和建造，改变农民的居住条件，提高农民收入，并使改造后的新农村成为体现北方山村自然特色的新型民俗休闲旅游度假村。项目从减排温室气体和能源、经济、社会可持续发展的高度，要求尽可能利用太

图 9-133　村落鸟瞰

阳能等可再生资源解决新民居的生活热水和冬季采暖问题，并要求能源设备与建筑完美结合，实现与环境的协调。

示范建筑为两层南北朝向双坡屋顶民宅，建筑面积约 $140m^2$，层高 3m，240mm 砖墙，6cm 厚的聚苯板外墙外保温，外贴防火板。

太阳能与生态技术：

1. 分体式太阳能配水系统

2. 薪柴保障体系

图 9-134　农宅外景

图 9-135　北入口

图 9-136　屋顶集热器

图 9-137　室内环境

图 9-138　蓄热水箱和采暖炉

9.3 太阳能方案设计

为响应国家提出的建设“节能省地型”建筑的要求，广泛传播太阳能建筑理念，中国建筑学会和中国太阳能学会联合举办了“中国太阳能建筑设计竞赛”。本次竞赛是国内最高级别的学术竞赛之一，自 2005 年 3 月竞赛开始以来共收到来自内地、港澳、海外等参赛作品 87 项。最终，山东建筑大学选送的作品《生活　生态　生长》在参赛作品中脱颖而出，获得该项赛事的一等奖，另外其他选送作品也获得了二等奖、三等奖及技术专项奖等。

此外，山东建筑大学在威海国际建筑设计竞赛、山东齐鲁新民居设计竞赛中也取得了很好的成绩。

作品 1：首届中国太阳能竞赛一等奖获奖作品

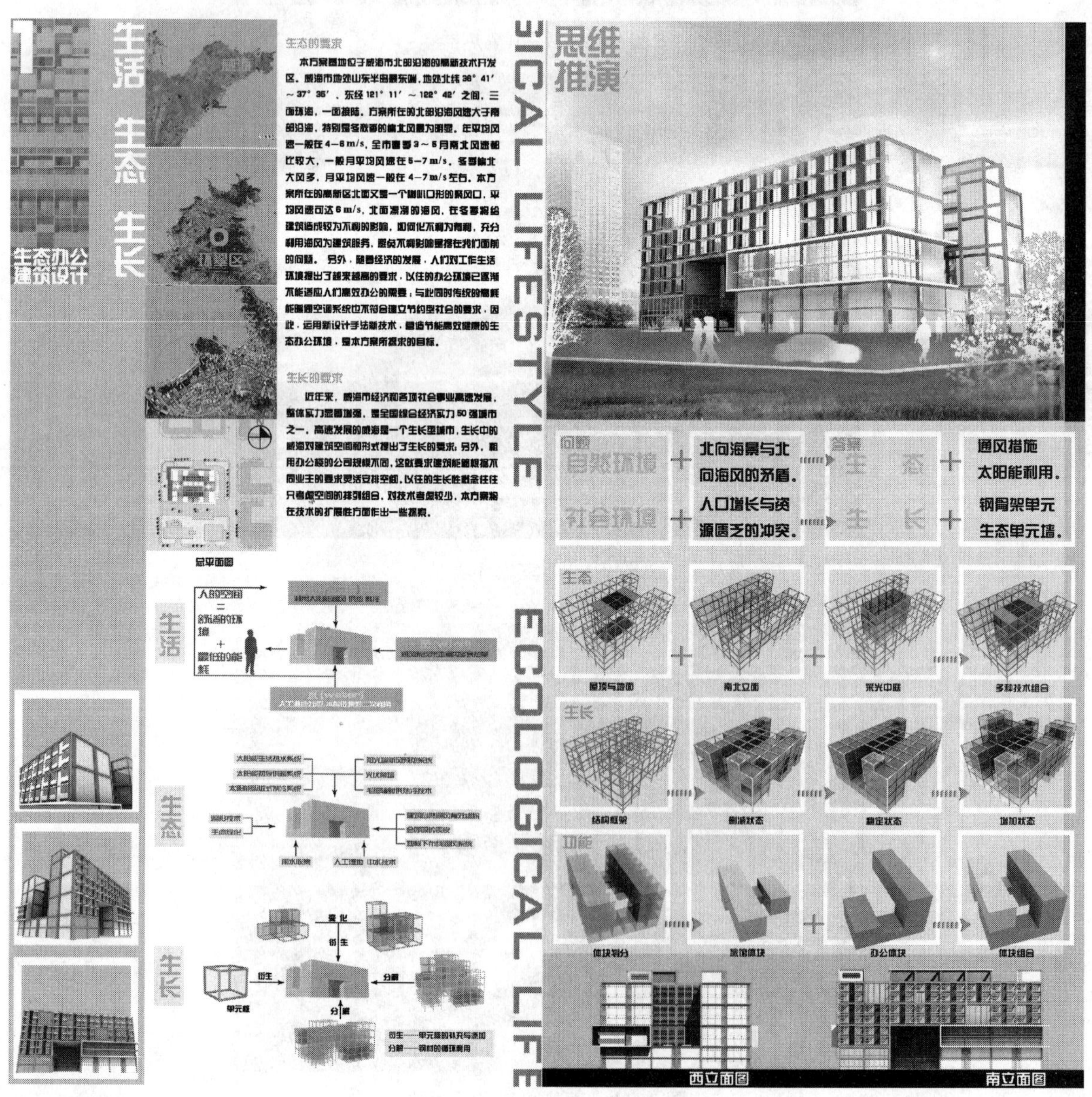

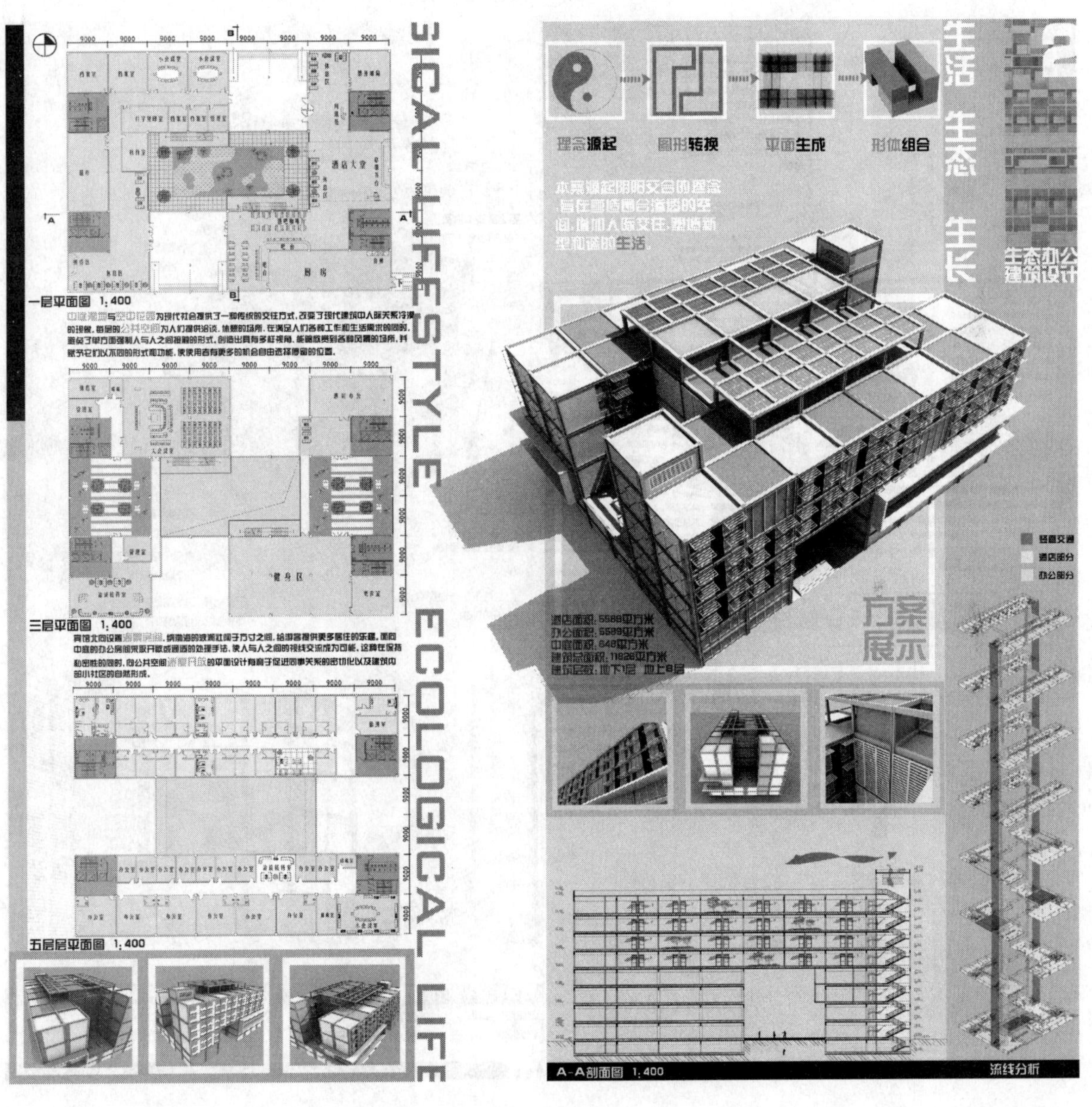
理念源起
图形转换
平面生成
形体组合
生活 生态 生长
生态办公建筑设计
本案源起阴阳交合的理念，旨在营造围合渗透的空间，增加人际交往，塑造新型和谐的生活。
方案展示
一层平面图 1:400
三层平面图 1:400
五层层平面图 1:400
A-A剖面图 1:400
流线分析
ECOLOGICAL LIFE

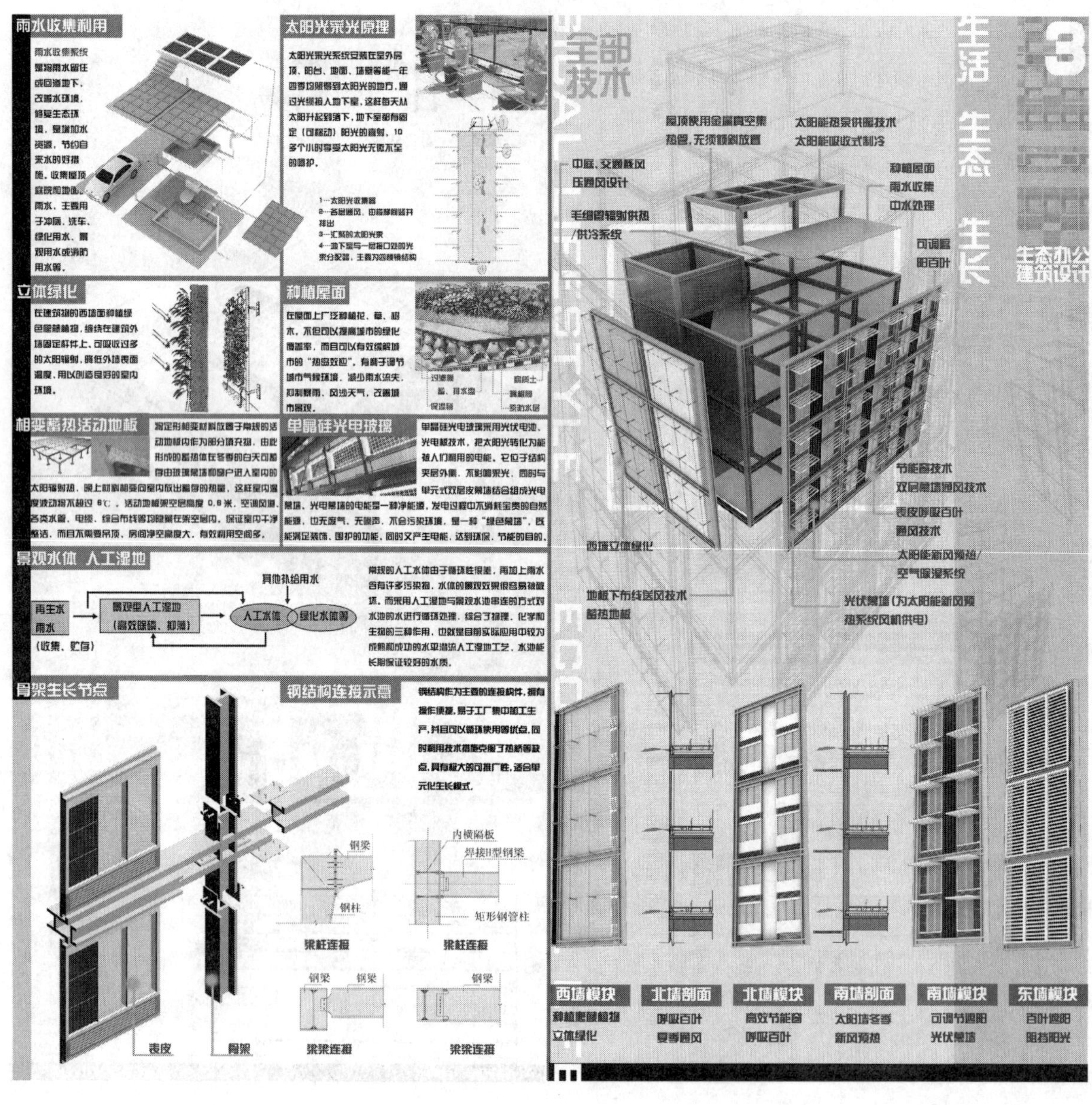
雨水收集利用
雨水收集系统是将雨水留住或回渗地下，改善水环境，修复生态环境，是增加水资源，节约自来水的好措施。收集屋顶庭院和地面雨水，主要用于冲厕、洗车、绿化用水、景观用水或消防用水等。
太阳光采光原理
太阳光采光系统安装在室外房顶、阳台、地面、墙壁等能一年四季均照得到太阳光的地方，通过光缆输入地下室，这样每天从太阳升起到落下，地下室都有固定（可移动）阳光的直射，10多个小时享受太阳光无微不至的呵护。
1—太阳光收集器
2—各层通风，由楼梯间竖井排出
3—汇聚的太阳光束
4—地下室与一层接口处的光束分配器，主要为凹棱镜结构
立体绿化
在建筑物的西墙面种植绿色爬藤植物，缠绕在建筑外墙固定杆件上，可吸收过多的太阳辐射，降低外墙表面温度，用以创造良好的室内环境。
种植屋面
在屋面上广泛种植花、草、树木，不但可以提高城市的绿化覆盖率，而且可以有效缓解城市的“热岛效应”，有利于调节城市气候环境，减少雨水流失，抑制暴雨、风沙天气，改善城市景观。
过滤层
蓄、排水层
保温层
腐殖土
隔根层
防水层
相变蓄热活动地板
将定形相变材料放置于常规的活动地板内作为部分填充物，由此形成的蓄热体在冬季的白天可蓄存由玻璃幕墙和窗户进入室内的太阳辐射热，晚上材料相变向室内放出储存的热量，这样室内温度波动将不超过 6℃。活动地板架空层高度 0.6 米，空调风道、各类水管、电缆、综合布线等均隐藏在架空层内，保证室内干净整洁，而且不需要吊顶，房间净空高度大，有效利用空间多。
单晶硅光电玻璃
单晶硅光电玻璃采用光伏电池、光电板技术，把太阳光转化为能被人们利用的电能。它位于结构夹层外侧，不影响采光，同时与单元式双层皮幕墙结合组成光电幕墙。光电幕墙的电能是一种净能源，发电过程中不消耗宝贵的自然能源，也无废气、无噪声，不会污染环境，是一种“绿色能源”，既能满足装饰、围护的功能，同时又产生电能，达到环保、节能的目的。
景观水体 人工湿地
其他补给用水
再生水
雨水
（收集、贮存）
景观型人工湿地
（高效除磷、抑藻）
人工水体
绿化水体等
常规的人工水体由于循环性很差，再加上雨水含有许多污染物，水体的景观效果很容易被破坏。而采用人工湿地与景观水池串连的方式对水池的水进行循环处理，综合了物理、化学和生物的三种作用，也就是目前实际应用中较为成熟和成功的水平潜流人工湿地工艺，水池能长期保证较好的水质。
骨架生长节点
钢结构连接示意
钢结构作为主要的连接构件，拥有操作便捷，易于工厂集中加工生产，并且可以循环使用等优点，同时利用技术措施克服了热桥等缺点，具有极大的可推广性，适合单元化生长模式。
内横隔板
钢梁
焊接H型钢梁
钢柱
矩形钢管柱
梁柱连接
梁柱连接
钢梁
钢梁
钢梁
梁梁连接
梁梁连接
表皮
骨架
全部技术
生活
生态
生长
3
生态办公建筑设计
屋顶使用金属真空集热管，无须倾斜放置
太阳能热泵供暖技术
太阳能吸收式制冷
中庭、交通核风压通风设计
毛细管辐射供热/供冷系统
种植屋面
雨水收集
中水处理
可调遮阳百叶
节能窗技术
双层幕墙通风技术
表皮呼吸百叶
通风技术
太阳能新风预热/空气除湿系统
西墙立体绿化
地板下布线送风技术
蓄热地板
光伏幕墙（为太阳能新风预热系统风机供电）
西墙模块
种植爬藤植物
立体绿化
北墙剖面
呼吸百叶
夏季通风
北墙模块
高效节能窗
呼吸百叶
南墙剖面
太阳墙冬季
新风预热
南墙模块
可调节遮阳
光伏幕墙
东墙模块
百叶遮阳
阻挡阳光

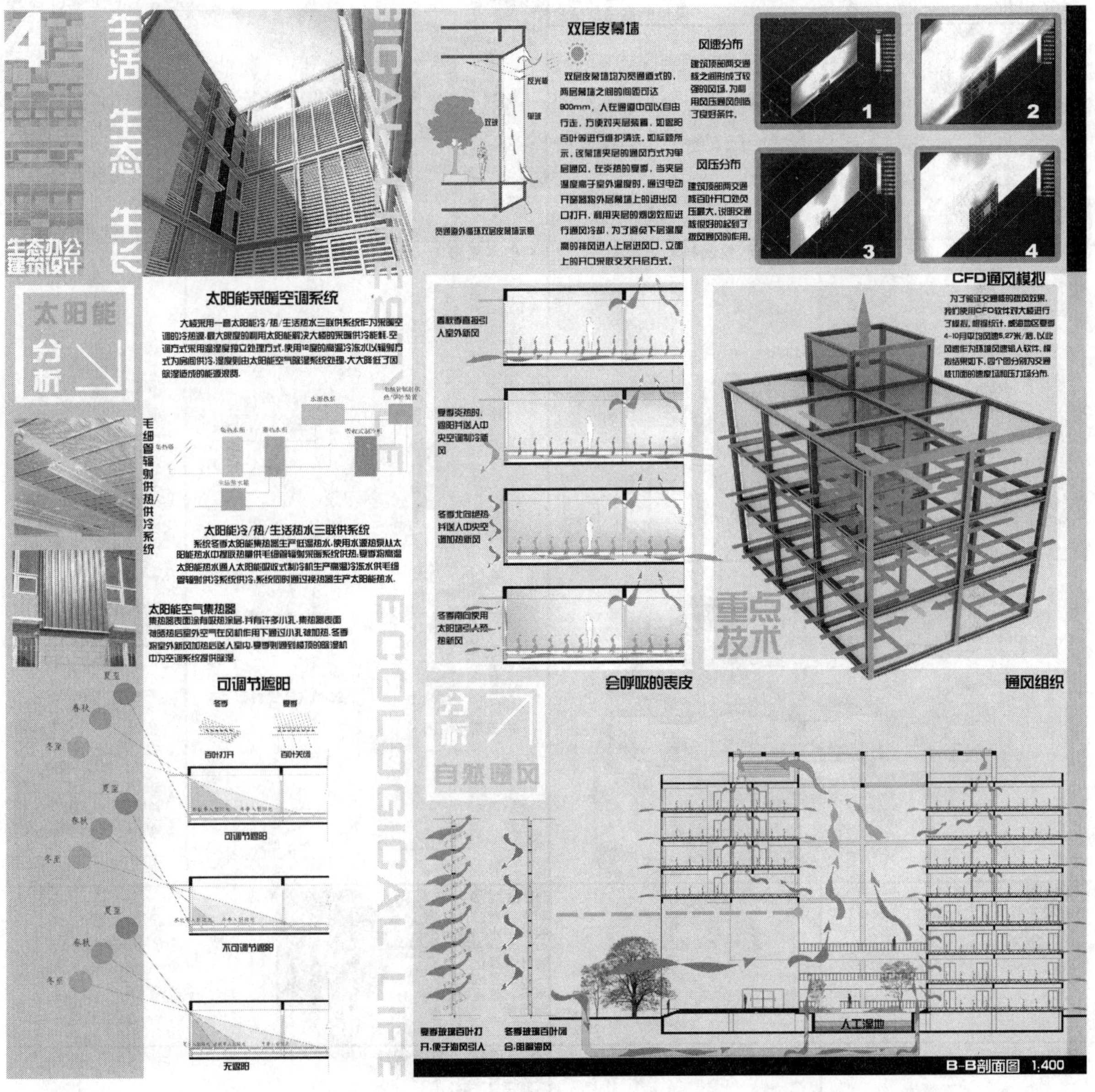
4
生活 生态 生长
生态办公建筑设计
ECOLOGICAL LIFE
太阳能分析
太阳能采暖空调系统
大楼采用一套太阳能冷/热/生活热水三联供系统作为采暖空调的冷热源,最大限度的利用太阳能解决大楼的采暖供冷能耗.空调方式采用温湿度独立处理方式,使用12度的高温冷冻水以辐射方式为房间供冷,湿度则由太阳能空气除湿系统处理,大大降低了因除湿造成的能源浪费.
毛细管辐射供热/供冷系统
太阳能冷/热/生活热水三联供系统
系统冬季太阳能集热器生产低温热水,使用水源热泵从太阳能热水中提取热量供毛细管辐射采暖系统供热;夏季将高温太阳能热水通入太阳能吸收式制冷机生产高温冷冻水供毛细管辐射供冷系统供冷;系统同时通过换热器生产太阳能热水.
太阳能空气集热器
集热器表面涂有吸热涂层,并有许多小孔.集热器表面被晒热后室外空气在风机作用下通过小孔被加热.冬季将室外新风加热后送人室内,夏季则通到楼顶的除湿机中为空调系统提供除湿.
可调节遮阳
冬季
夏季
百叶打开
百叶关闭
可调节遮阳
不可调节遮阳
无遮阳
双层皮幕墙
双层皮幕墙均为贯通道式的,两层幕墙之间的间距可达800mm,人在通道中可以自由行走,方便对夹层装置,如遮阳百叶等进行维护清洗。如标题所示,该幕墙夹层的通风方式为单层通风,在炎热的夏季,当夹层温度高于室外温度时,通过电动开窗器将外层幕墙上的进出风口打开,利用夹层的烟囱效应进行通风冷却,为了避免下层温度高的排风进入上层进风口,立面上的开口采取交叉开启方式。
反光板
双玻
单玻
贯通道外循环双层皮幕墙示意
风速分布
建筑顶部两交通核之间形成了较强的风场,为利用风压通风创造了良好条件.
风压分布
建筑顶部两交通核百叶开口处负压最大,说明交通核很好的起到了拔风通风的作用.
1
2
3
4
CFD通风模拟
为了验证交通核的拔风效果,我们使用CFD软件对大楼进行了模拟,根据统计,威海地区夏季4-10月平均风速5.27米/秒,以此风速作为环境风速输入软件,模拟结果如下,四个图分别为交通核切面的速度场和压力场分布.
春秋季直接引人室外新风
夏季炎热时,遮阳并送人中央空调制冷新风
冬季北向绝热并送人中央空调加热新风
冬季南向使用太阳墙引人预热新风
会呼吸的表皮
重点技术
通风组织
分析
自然通风
夏季玻璃百叶打开,便于海风引人
冬季玻璃百叶闭合,阻挡海风
人工湿地
B-B剖面图 1:400

作品 2：首届中国太阳能竞赛三等奖获奖作品

HUMAN.ARCHITECTURE.ENVIRONMENT

SUNH

SOLAR URBAN NEW HOUSING

- 最小的能源消耗
- 最少的环境负荷
- 最优的人文交往
- 最好的生态环境
- 最佳的室内舒适度

导言

快速城市化进程，使城市人口迅速扩张，这决定了未来一段时间内集合住宅仍是主要的居住建筑类型。能源问题日益凸现，开发新能源和使用可再生能源取代常规能源显得尤为迫切。

2005年，温家宝总理在《政府工作报告》中明确提出鼓励发展节能省地形住宅和公共建筑。

节能的重要策略之一是应用太阳能资源；

省地的重要策略之一是建设集合式住宅。

对于未来居住建筑我们这样认识：
未来居住建筑是有机的、生态的、节能的；
未来居住建筑是联系人与环境、人与人的纽带。

- 为居住者提供高舒适度的室内环境
- 对环境条件的改变产生灵活反应，降低能耗，减小环境负荷
- 为人与人之间的交往提供平台
- 给予人贴近自然的亲和性关怀

项目背景

基地位于淄博市的一个废弃铝土矿厂。基地东北角现有三口废矿井，地势高差大，地貌复杂。当地夏季主导风向为东南风，冬季为西北风。夏季最热月平均气温28℃，冬季最冷月平均温度地理位置，东经117°50′北纬36°30′。

基地现状照片

淄博市气象资料

平均温度

平均风速

年平均相对湿度

月平均相对湿度

年日照总时数

年降水总量

户型平面参考

标准层平面图

屋面图

SOHO户型标准层平面

地下层平面图

SOHO跃层式户型平面

五层平面图

顶层平面图

1-1剖面图

单体立面

西立面图

南立面图

北立面图

规划总平面

现状图

废矿井垂直深度约200m

水体景观分析

结合地形，收集雨水，形成水体景观

利用原有凹地，收集雨水和建筑中水，一方面浇灌社区绿化，另一方面形成微型水系，改善社区微气候

规划平面示意

深层地下空气交换系统

通风效果分析

依势而建，节能省地

基地南低北高，顺势而为，减少土方量，在满足日照前提下，减少间距，并为充分利用太阳能创造条件

利用地势高差设计车库

SOLAR URBAN NEW HOUSING 太阳能集合住宅设计

HUMAN.ARCHITECTURE.ENVIRONMENT

SUNH

SOLAR URBAN NEW HOUSING

- 最小的能源消耗
- 最少的环境负荷
- 最优的人文交往
- 最好的生态环境
- 最佳的室内舒适度

通风道顶部的吸热板可加强通风道的拔风作用

阳台底部安装太阳能集热器，提供生活热水

夏季阳光厅南侧的可调遮阳遮住强烈的太阳光

太阳能热水器集热板提供采暖热水

太阳能屋面板集光电、光热转换于一体

遮阳露台

阳光间是室内外的过渡空间，也是冬季里的温室

阳光厅为住户提供了交流场所，也是寒冷季节的暖源

太阳能组合屋面

太阳能屋面板由光电板和集热板组成，覆盖在传统屋面上。集热板由波形多孔镀锌钢板构成。

空气在波形集热板形成的空腔中流动，使屋面温度降低；光电板在较低温度下运行，电力输出效率大大提高。

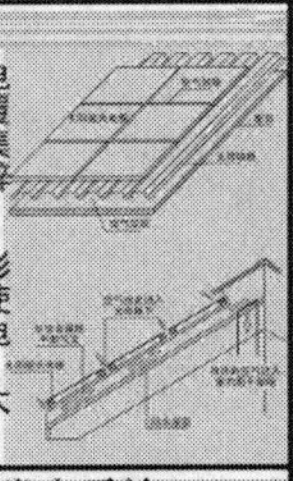

太阳能热泵地板采暖系统

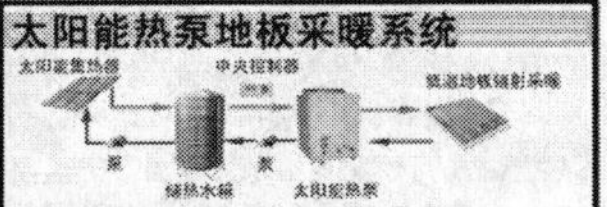

太阳能热泵低温地板辐射供暖系统，可全天候工作。该系统比用燃气和电热节能60%～80%，比普通电辅助加热太阳能热水系统节能50%。

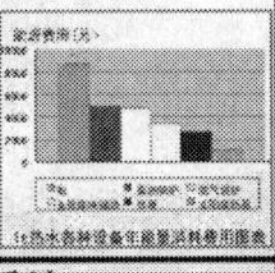

联网太阳能光伏发电系统

每单元太阳能光电板面积：168m²
每天发电量：185kW·h
每天用电负荷：72kW·h
每天供城市电网：113kW·h
每天节约标准煤：74kg
每年减排CO2：67.3t

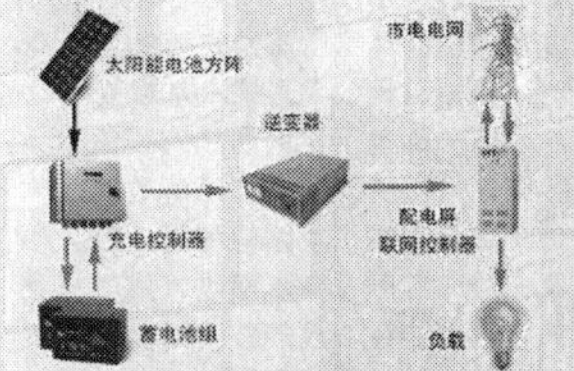

阳台太阳能热水系统

安装在阳台上的热水器连接管道短，维护清洁简单易行。

集热器面积4.75m²/户
产热量65.73GJ/年
年减排CO_2 19.51t
回收年限 4.8年

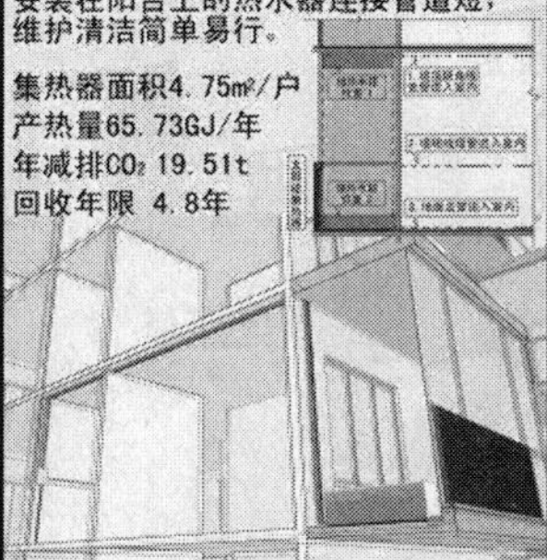

阳光厅夏季工况

夏季，阳光厅南侧的可调遮阳遮住强烈的太阳光，阳光厅顶部的通风天窗打开，利用热压形成烟囱效应，将热空气通过天窗排出。

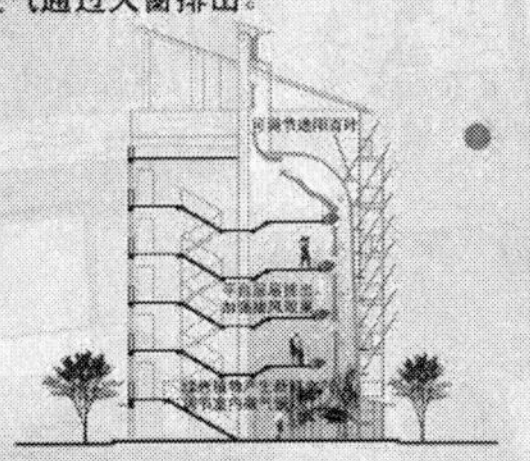

阳光厅冬季工况

冬季，关闭阳光厅顶部的天窗，太阳光射入阳光厅，阳光厅形成一个大暖房。被阳光厅加热的空气通过进风口进入房间。

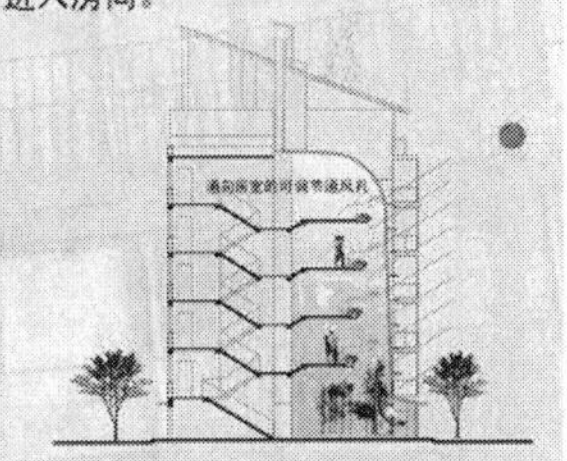

建筑通风系统

深层矿井地下空气交换系统制冷的冷空气通过管道进入住户室内。同时，拔风烟道将室内的热空气带走。

地下空气交换系统

利用基地原有的三个废弃矿井，设置深层地下空气交换系统，利用地下自然冷源制冷，在炎热的夏天为社区提供天然冷气。

夏季通风示意

夏季，矿井地下空气交换系统为室内提供凉爽的新风，楼梯间拔风管道排走室内的热空气。

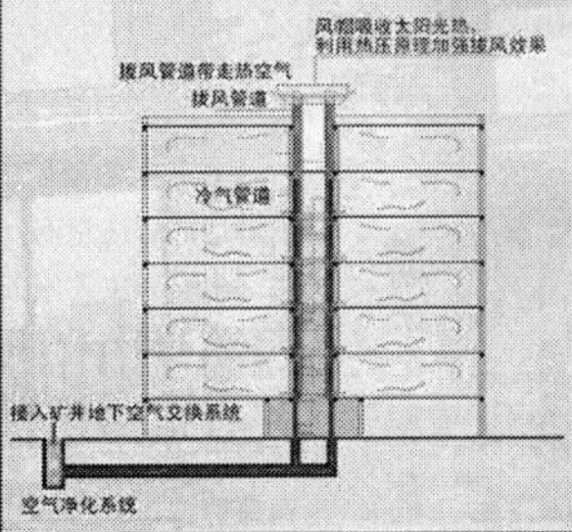

冬季通风示意

阳光厅内的热空气通过可调式百叶风口进入居室，同时将新鲜空气带入室内。

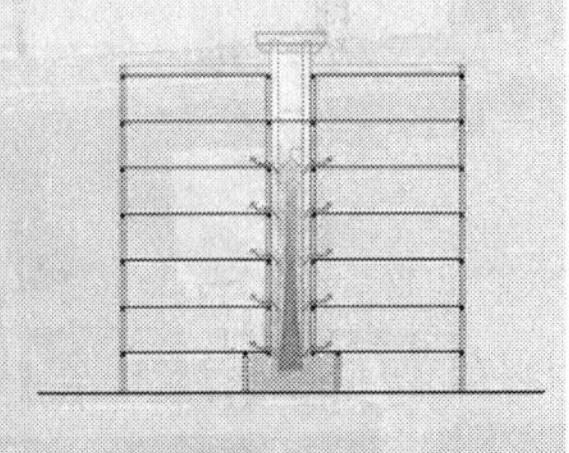

太阳墙采暖系统

每单元太阳墙面积：51m²
每年（五个月）产热量:18.6MW·h
回收成本年限：5.6年
使用年限内创造产值:$228881
每年节约标准煤：7440kg
每年减排CO2：18.5t

采用的被动式太阳能采暖技术——穿孔金属太阳墙，为室内提供高效采暖和有效新风。

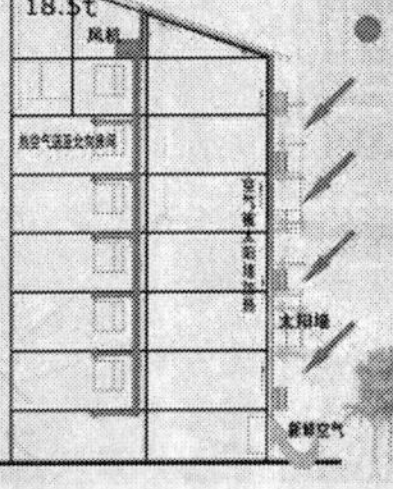

阳光间冬季工况

冬季，阳台封闭形成绿色阳光间，吸收太阳辐射热，为相邻房间提供热量。

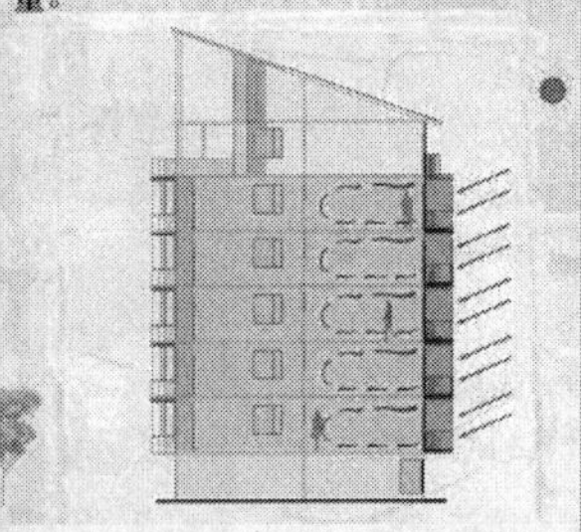

阳光间夏季工况

夏季，阳台窗打开，形成开敞式阳台，有效遮挡直射入房间内的强太阳辐射。

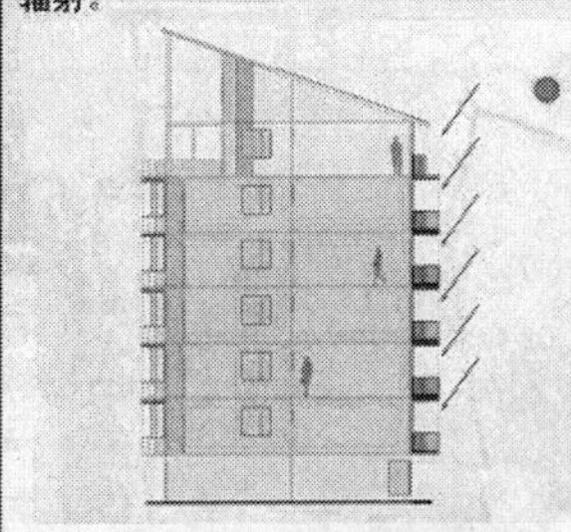

结语

未来居住建筑的设计应综合考虑经济、社会、人文、技术、环境等诸方面因素。一方面，满足人们日益增长的对高生活质量的要求，提高居住舒适度，加强人性化的交流。另一方面应当充分的尊重自然，节约资源，创造一个绿色、生态的住区环境。

我们认为未来居住建筑应该作为一个中间元素，它应合理考虑人与环境两方面的因素，并最终实现人与环境的和谐共处。

此项目设计应用了上述的若干理论，在能源消耗、环境负荷、人文交往、生态环境、室内舒适度等方面进行了许多有益的探索......

SOLAR URBAN NEW HOUSING 太阳能集合住宅设计

作品3：首届中国太阳能竞赛技术专项奖作品

北京平谷传统农宅的生态设计

THE ECOLOGICAL DESIGN FOR PINGGU DWELLING

landform analyse

前言 FOREWORD

近年来，北京市平谷区政府大力发展以农民为主体的民俗休闲旅游业。对传统农宅进行改建，满足山区农民与旅游者要求，一方面使农民获取更多收入，另一方面使旅游者享受自然风光。欲建成集居住、接待、观光、节能于一体的新型生态农宅。

地理条件

建设地点：北京平谷东北部
环境：四面环山，旅游资源丰富
纬度：39° 18′
经度：116° 28′
海拔：500m
年均气温：8℃

基地现状

矛盾 CONTRADICTION

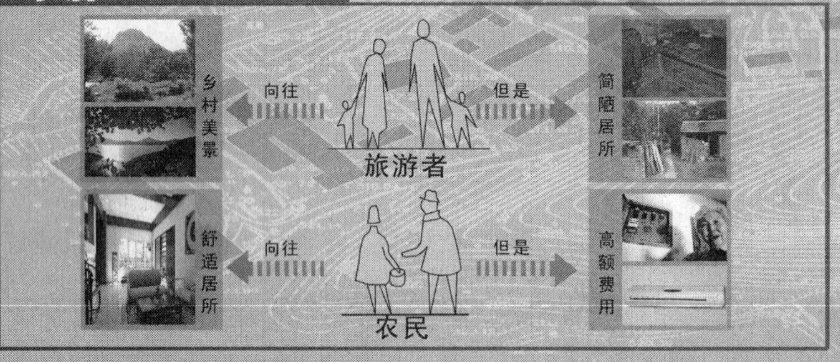

设计说明

该方案设计在结合旅游资源开发的同时，根据当地农宅形式，加以现代技术改造，改善了当地居民的居住环境，同时可接待游客增加经济效益。方案设计综合考虑了太阳能利用、自然通风、绿化遮阳、中水回收、沼气利用等多项可持续发展的技术措施，并根据当地居民的居住习惯和传统的建筑风格，增设了阳光走廊和太阳炕等新型技术。

解决 RESOLUTION

节地

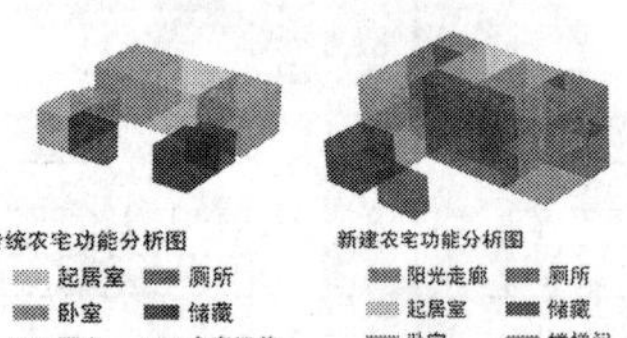

在有限的基地中，运用简洁几何体块，创造出舒适的居住空间，适用于不同地形环境。一层空间主要为主人服务，二层空间为客人服务。起居室均与阳光间相通，提供更多的阳光与共享空间，增加了交流的机会，功能独立，私密性强。整个设计是一种小康时代的新型生态居住形式的有益探索。

传统建筑+现代技术

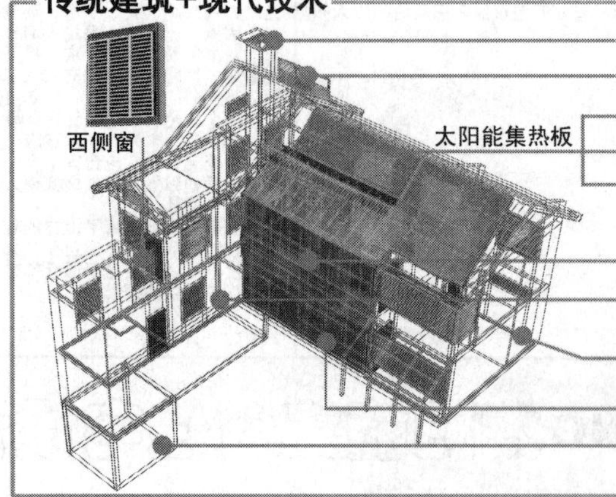

◀风帽处透视

◀阳光间处透视

北京平谷传统农宅的生态设计

THE ECOLOGICAL DESIGN FOR PINGGU DWELLING

Plan&Space Analyse　02

经济技术指标：
集热板面积：16m²
建筑面积　：196m²
占地面积　：166m²

▲一层平面图
交流空间
主人空间
阳光间

▲二层平面图
客人空间
阳光间

▲屋顶平面图
屋顶
集热板
阳光间

▲东立面图　▲南立面图　▲西立面图　▲北立面图

DWELLING DESIGN

建筑表现

Building Appearance

效果圖

▲總平面圖

▲A-A 剖面图

北京平谷传统农宅的生态设计
THE ECOLOGICAL DESIGN FOR PINGGU DWELLING
The use of Solar energy
analyse
03
DWELLING
DESIGN
节能分析
太陽能系統示意圖
太阳能集热板
集热水箱
蓄热水箱
泵1
泵2
泵3
辅助热源
太阳炕
太阳能地板采暖
▲太陽能采暖系統
年模擬分析結果
●技术指标:
总热负荷 3.3 kW
实际耗热量 16.93 W/m²
耗热量指标 20.6 W/m²
集热器面积 16 m²
集热器产热量 1531.06 kW.h /m²
太阳能占总能耗百分比 32 %
●经济指标:
初投资增加 2万元
CO2减排量 8.2 t
年节约资金 4755 元
偿还年限 4年
傳統火炕的新生——太陽炕
方砖
黄土
炉灶
火墙
烟道
青石板
进水口
出水口
▲太陽炕
对北京平谷传统农宅中火炕的能源循环利用和建筑节能构造等技术加以消化，结合现代除湿防潮技术以及太阳能地板采暖技术，创造了新型的太阳炕。当太阳能不丰富时，可采用沼气炉进行辅助加热。
▼太陽能熱水地板采暖系統與傳統采暖方式的比較
地板采暖方式室内温度分布图
对流采暖方式的室内温度分布图
室内温度（℃）
▼生物質能利用
質能利用
“养殖，沼气，厕所”三位一体的生物质能循环系统，实现了资源的优化配置，拓宽了产业链，延伸了经济链，是农民增收节支，保护生态环境的好方法。
沼气池
沼液、沼渣
沼气
农作物
果园
厕所
夏季
陽光間遮陽通風
白天用南部阔叶树，关闭的百叶及拉下的遮阳幕，遮挡太阳直射，阻挡外部热量进入室内。夜晚开窗，通风，降低室内温度。
冬季
陽光間取暖
白天打开反射百叶，阳光不受阔叶树树枝遮挡，直接照射或反射到室内。南侧蓄热外墙卵石石床吸收热量成为太阳能的蓄热体。
夜晚百叶闭合，拉下遮阳幕，减少室内外热量交换。南侧蓄热外墙卵石石床释放白天储藏的太阳能，维持室内温度。

北京平谷传统农宅的生态设计

THE ECOLOGICAL DESIGN FOR PINGGU DWELLING

節材

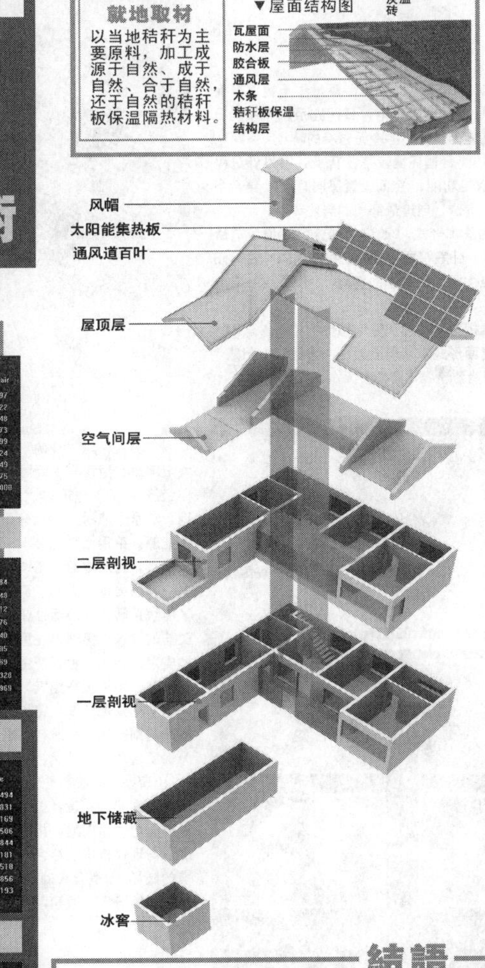

就地取材

以当地秸秆为主要原料，加工成源于自然、成于自然、合于自然，还于自然的秸秆板保温隔热材料。

計算機模擬

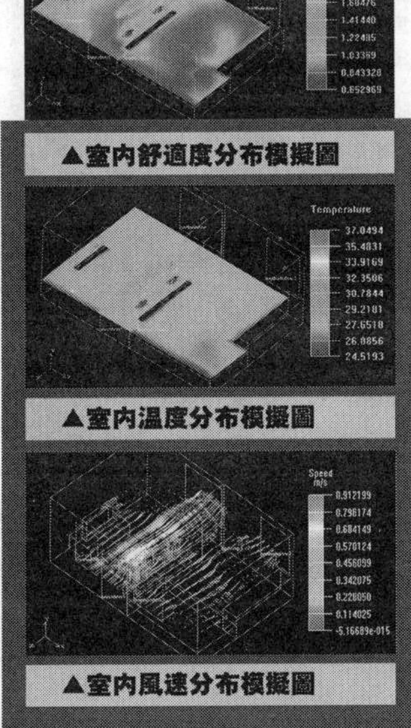

▲室內空氣年齡分布模擬圖

▲室內舒適度分布模擬圖

▲室內溫度分布模擬圖

▲室內風速分布模擬圖

結語

北京平谷生态住宅设计将人、建筑、生态纳入统一视野。

- 秉承传统，开发设计了经济实用的自然空调、太阳炕。
- 节约能源，注重太阳能、生物质能等可再生能源的利用。
- 因地制宜，就地取材，低成本创造新型建筑。
- 舒适的居住与交往空间，为农民与旅游者创造了“双赢”的条件。

自然空調通風

北京平谷地区冬季寒冷，传统院落多设有地下储藏，在设计中利用了地下土壤热容量大且恒温的性能，结合地下储藏在土壤层中设置通风管道和冰窖，将三者有机结合在一起，组成自然空调，把室外的风经过冷却（夏季）或预热（冬季）导入室内，提高室内舒适度。

通風塔

利用烟囱效应，设置通风塔和通风道。通风道结合楼梯间设置，夏季白天可短时间开启通风道顶端百叶，以满足室内空气质量要求。夏季夜晚则可完全开启，以便利用风压效应，充分的进行夜间通风。在厨房与厕所外墙设置通风塔，以驱除不良气体对人的影响。

穿堂風

南部开有大窗，北部开有小窗，夏季可加速热空气的上升，形成良好的穿堂风。南部室外种植阔叶树，夏季可遮挡强烈的阳光，冬季可使阳光走廊接受更多的太阳辐射。北部室外种植长绿树，冬季遮挡北部寒风。

雨水收集系統

在农宅院落地下设有蓄水池，用于收集屋顶及院落内的雨水。收集的雨水用来冲洗农用车，浇灌院内蔬菜瓜果。

作品4：威海国际建筑设计竞赛获奖作品（1）

dicenglianpaizhuzhaisheji

传承

WENMAI

本项目是银川市政府重点扶持的“社会主义新农村建设”项目，基地位于银川市平罗县，毗邻黄河，西屏贺兰山，属中温带大陆性气候，干燥少雨，日照充足，年平均日照2800～3000 h，具有春迟秋早，昼夜温差大，夏热无酷暑，冬冷无奇冷的特点。

农民是农宅居住的主体。银川地区传统农宅室内热舒适环境较差，因此，在设计过程中，充分尊重银川当地农民生活、生产习惯，在农宅功能、空间设置等问题上，结合当地风俗、气候、地理、经济条件，力争以最经济的造价，创造最舒适的居住环境。

承袭传统，改进功能。平面保留了银川地区的基本形式，改进功能分区，设置前后院，从而达到动静分开，洁污分离的目的。起居、卧室等主要房间安排在南向，并与阳光间毗连，创造良好的室内舒适度；北向设置卫生间厨房等辅助房间，形成温度阻尼区，以阻挡冬季寒冷的季风。

立面将银川传统农宅的建筑符号和现代建筑元素相融合，注重体型系数的控制，从而既保证了建筑的造型美观，又减少了冬季热损；屋面形式以坡屋面为主，为保证太阳能的充分利用，在建筑形式上采用长短坡屋面；色调清新淡雅，亲切宜人。

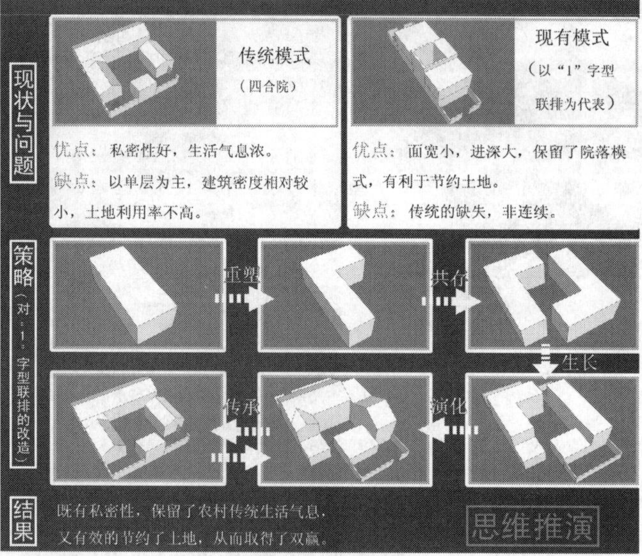

“节流”、“开源”并举，最大限度地利用可再生能源，发展循环经济，实现建筑的“节能、节地、节水、节材”。充分利用可再生能源：采用太阳能热水、附加阳光间、日光温室等生态技术措施，充分利用当地的太阳能资源，克服了传统采暖方式舒适性、卫生条件欠佳的缺点。另外，注重生物质能的应用，将人、牲畜产生的粪便收集起来，用于生产沼气、沼渣、沼液，节约常规能源。银川地区农村盛产的副产品稻草压制成稻草板，作为保温层。

小康型生态农宅是对传统农宅的传承与重塑。在设计过程中，着眼于建筑全生命周期，将传统的生态理念与现代技术相结合，减少对环境的破坏，营造宜人的居住环境，达到人、建筑、环境和谐共生。

银川平罗县陶乐镇小康型生态农宅方案设计

1

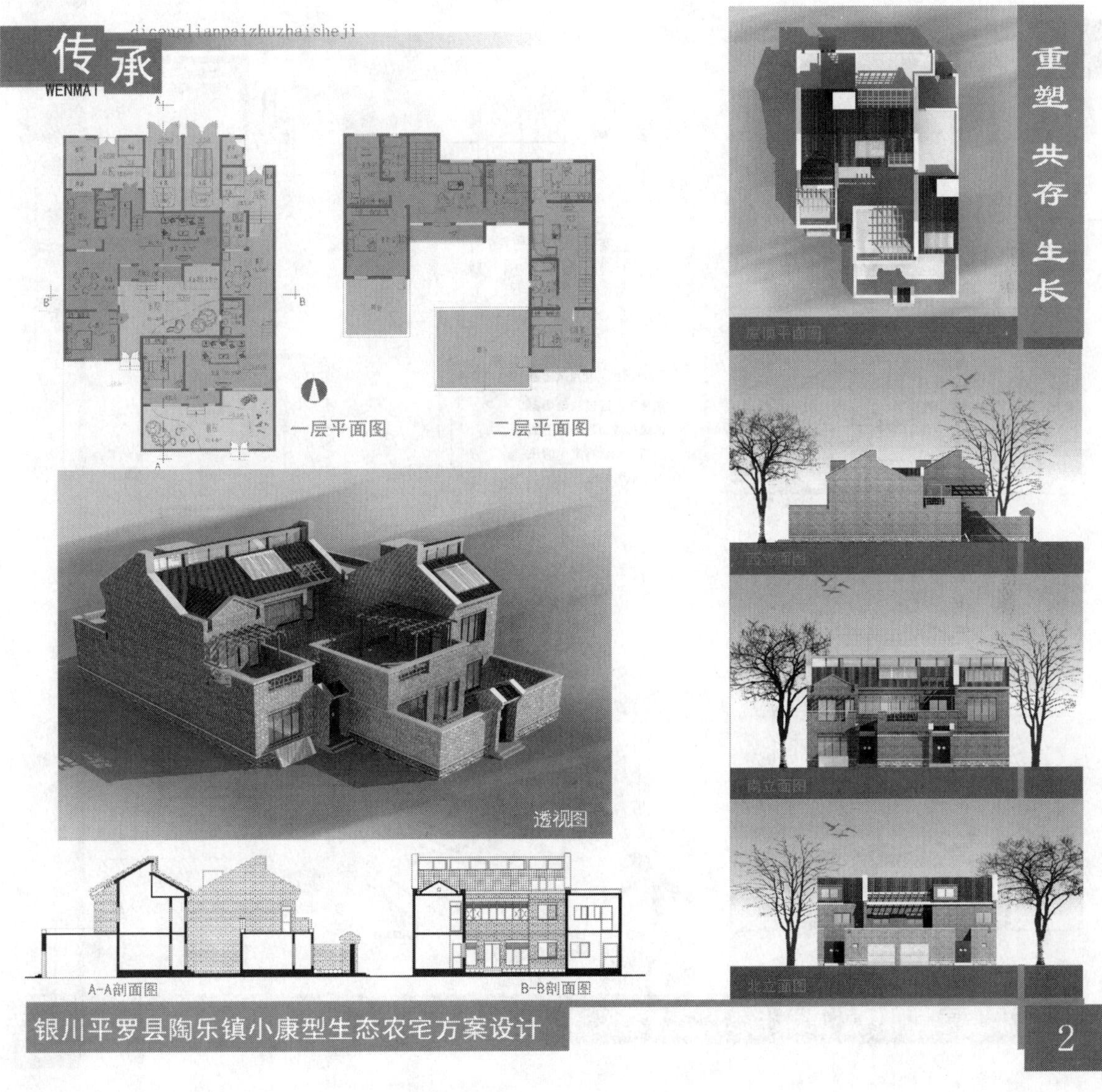
dicenglianpaizhuzhaisheji
传承
WENMAI
重塑 共存 生长
一层平面图
二层平面图
透视图
A-A剖面图
B-B剖面图
银川平罗县陶乐镇小康型生态农宅方案设计
2

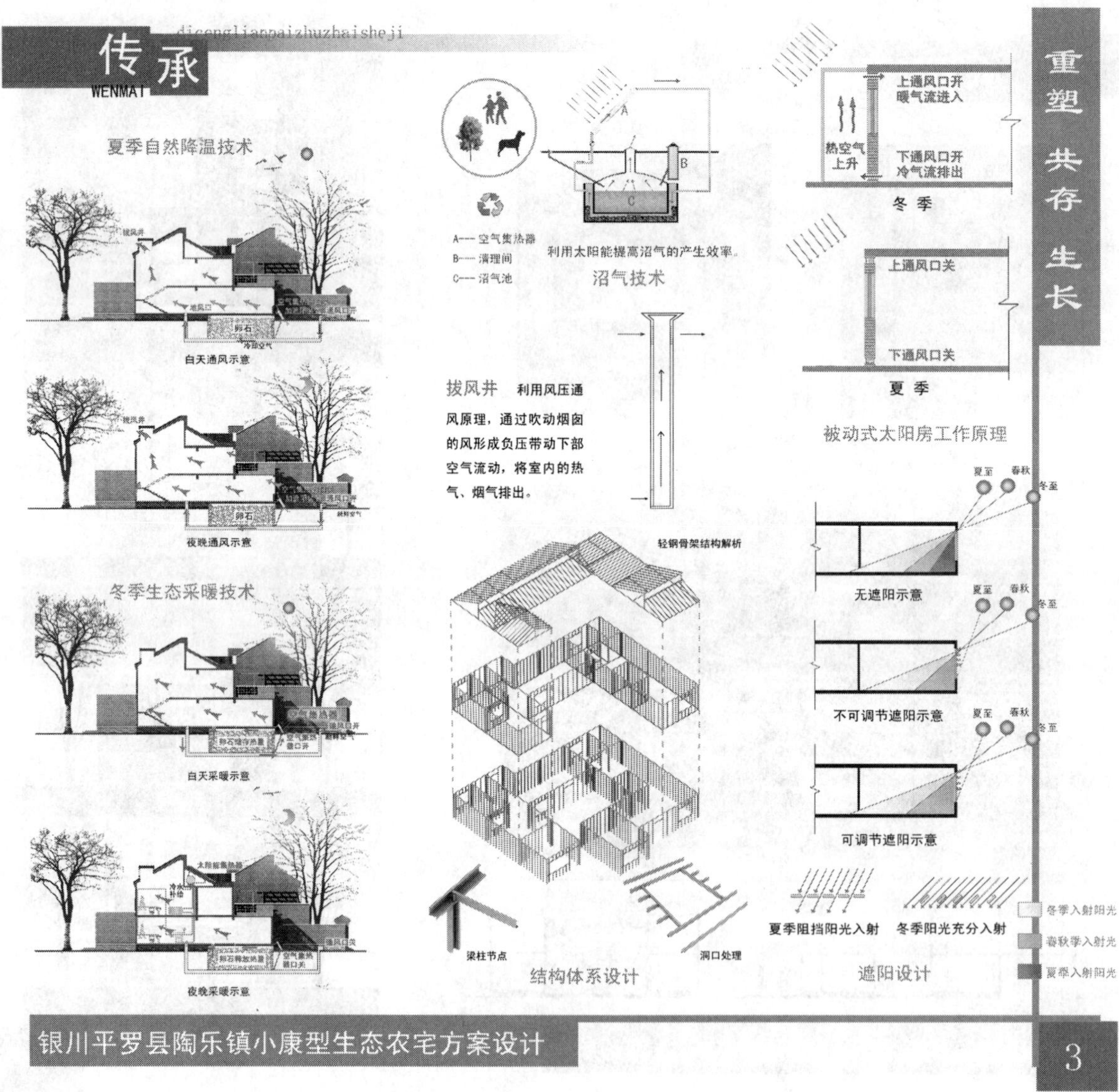

传承
WENMAI
diceng lianpaizhuzhaisheji
夏季自然降温技术
白天通风示意
夜晚通风示意
冬季生态采暖技术
白天采暖示意
夜晚采暖示意
A--- 空气集热器
B--- 清理间
C--- 沼气池
利用太阳能提高沼气的产生效率。
沼气技术
拔风井 利用风压通风原理，通过吹动烟囱的风形成负压带动下部空气流动，将室内的热气、烟气排出。
轻钢骨架结构解析
梁柱节点
洞口处理
结构体系设计
上通风口开
暖气流进入
热空气上升
下通风口开
冷气流排出
冬季
上通风口关
下通风口关
夏季
被动式太阳房工作原理
夏至
春秋
冬至
无遮阳示意
不可调节遮阳示意
可调节遮阳示意
夏季阻挡阳光入射
冬季阳光充分入射
遮阳设计
冬季入射阳光
春秋季入射阳光
夏季入射阳光
重塑 共存 生长
银川平罗县陶乐镇小康型生态农宅方案设计
3

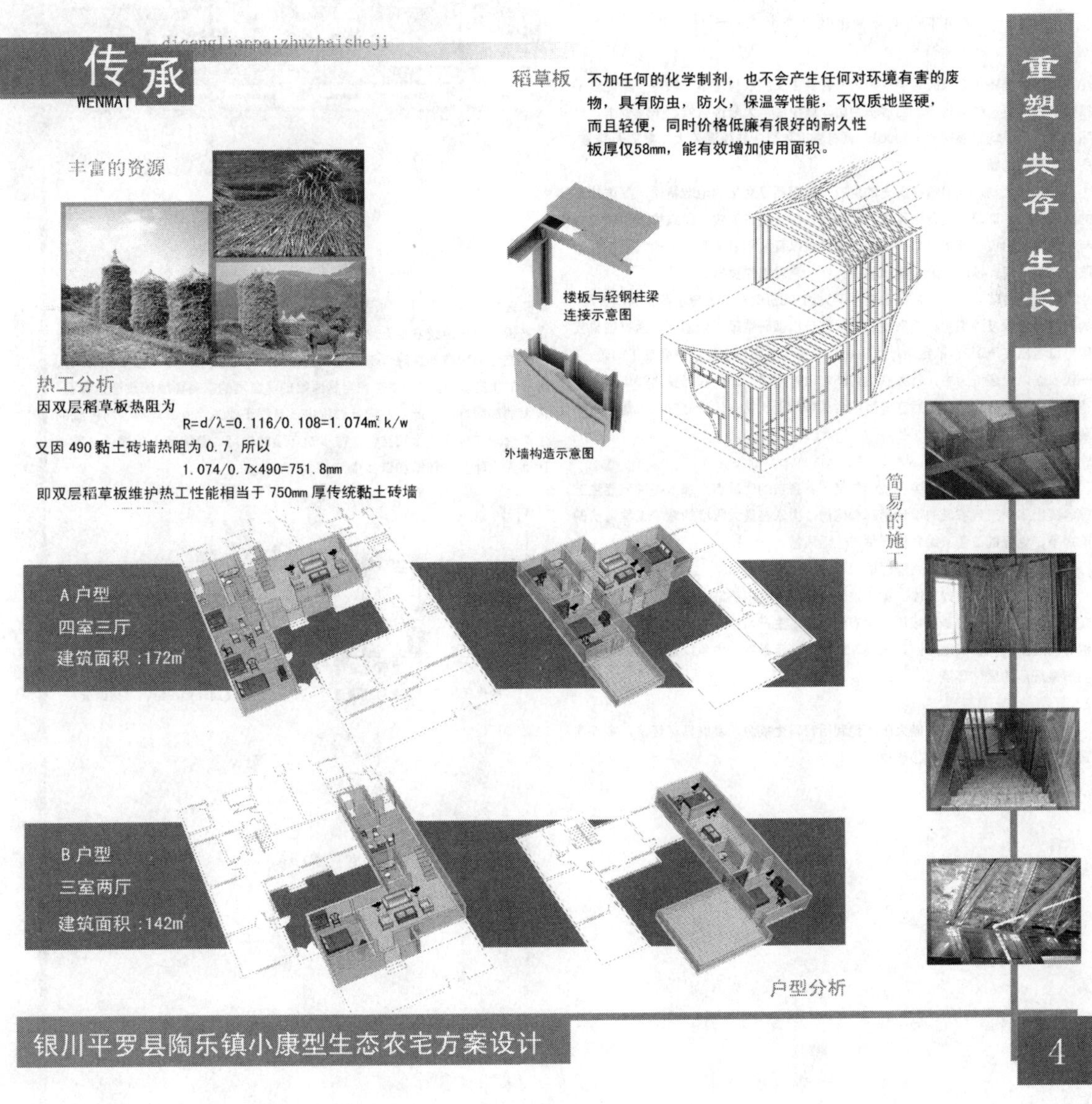
dicengliannpaizhuzhaisheji
传承
WENMAT
丰富的资源
热工分析
因双层稻草板热阻为
R=d/λ=0.116/0.108=1.074㎡.k/w
又因490黏土砖墙热阻为0.7. 所以
1.074/0.7×490=751.8mm
即双层稻草板维护热工性能相当于750mm厚传统黏土砖墙
稻草板 不加任何的化学制剂，也不会产生任何对环境有害的废物，具有防虫，防火，保温等性能，不仅质地坚硬，而且轻便，同时价格低廉有很好的耐久性
板厚仅58mm，能有效增加使用面积。
楼板与轻钢柱梁连接示意图
外墙构造示意图
重塑 共存 生长
简易的施工
A户型
四室三厅
建筑面积：172㎡
B户型
三室两厅
建筑面积：142㎡
户型分析
银川平罗县陶乐镇小康型生态农宅方案设计
4

作品5：威海国际建筑设计竞赛获奖作品（2）

人居节约和谐

人居 节约 和谐

——银川市平罗县陶乐镇生态新农居设计说明

本项目是银川市政府重点扶持的“社会主义新农村建设”项目，基地位于银川市平罗县，毗邻黄河，西屏贺兰山，属中温带大陆性气候，干燥少雨，日照充足，年平均日照2800～3000h，具有春迟秋早，昼夜温差大，夏热无酷暑，冬冷无奇冷的特点。

在设计之初，我们踏寻历史的足迹，触摸西夏文化的地域特质，探访朴实的民风民情，调研几代银川民居，对比几代传统建筑形式、建筑构造和建筑材料，充分利用位于黄河大桥周边的地理优势以及太阳能资源丰富的气候条件，改进建筑形式、建筑构造、能源利用比例，激发创作灵感。

我们走访了几个典型村庄，发放了大约100份问卷，调查了两代典型民居的室内温度以及外围护结构形式，最后统计出调研结果（如图）。通过结果我们可以看出在严寒B区的银川地区农村，冬季采暖仍是全年的主要热工问题。一代农居以土坯墙为主，且大多数为85年以前所建，二代农居多为90年代以后建成，以粘土砖为主，虽然在造型和耐久年限上比第一代稍好些，但是室内温度反而不如第一代。

建筑设计理念

综合比较两代传统农居，我们总结了其各自的优缺点，加入各种节能生态理念提出了第三代农居的设计思路和构想，力求在最大限度的减少工程造价的前提下，更好的改善农民居住条件与生活质量。

1. 人居——以人为本、创造舒适的居住环境

农民是农宅居住的主体。银川地区传统农宅室内热舒适环境较差，因此，在设计过程中，充分尊重银川当地农民生活、生产习惯，在农宅功能、空间设置等问题上，结合当地风俗、气候、地理、经济条件，力争以最经济的造价，创造最舒适的居住环境。

2. 节约——开源节流，实现“四节”目标

“开源节流”并举，最大限度地利用可再生能源，发展循环经济，实现建筑的“节能、节地、节水、节材”。

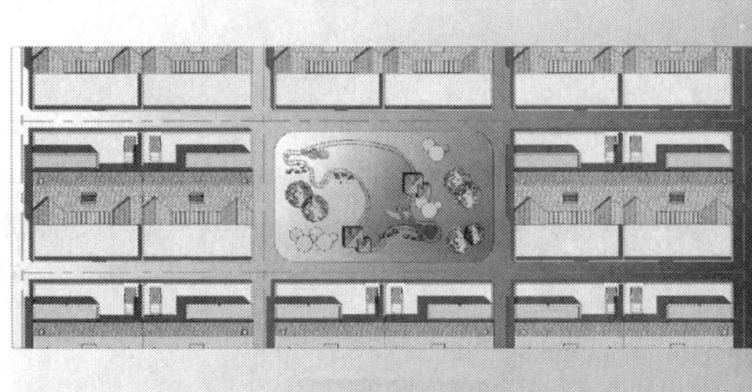

3. 和谐——传承精华，利用现代技术进行生态化改造

银川地区传统农宅无论在院落选址，还是平面布局，尽可能的顺应自然．充分利用自然资源，考虑趋利避害，形成了重视局部生态平衡的天人合一的生态观. 但这种生态完全是原始的，自发的，对环境的改造也具有很大的局限性。因此，在设计过程中，着眼于建筑全生命周期，将传统的生态理念与现代技术相结合，减少对环境的破坏，营造宜人的居住环境，达到人、建筑、环境和谐共生。

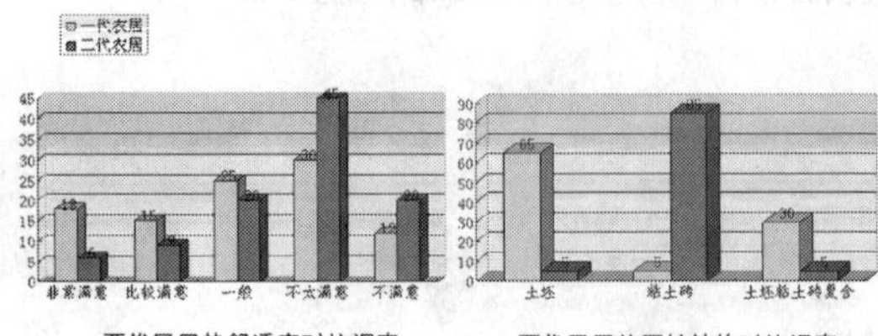

两代民居热舒适度对比调查　　两代民居外围护结构对比调查

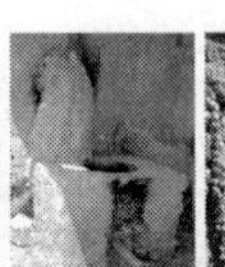

银川平罗县陶乐镇生态新农宅方案设计 1

人居节约和谐

▼院落平面组合图

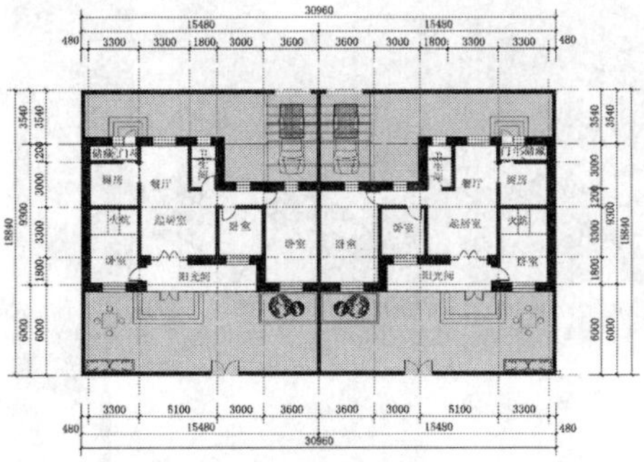

▼建筑透视图

▼南立面图

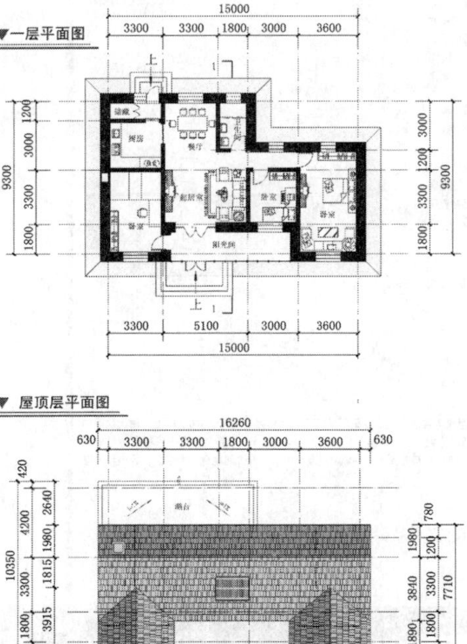

▼一层平面图

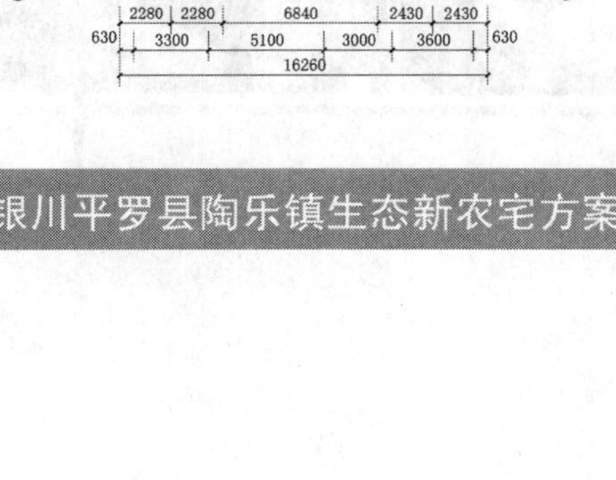

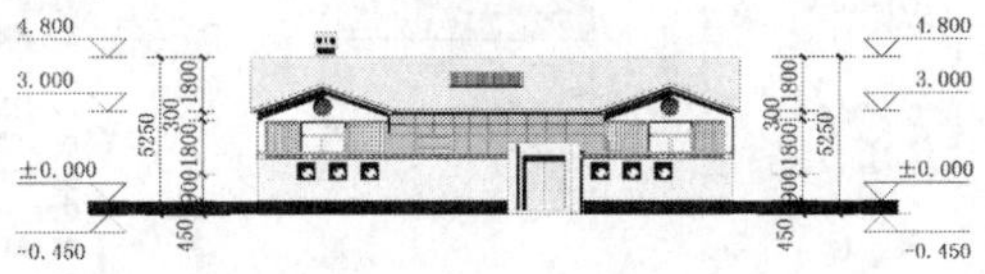

▼北立面图

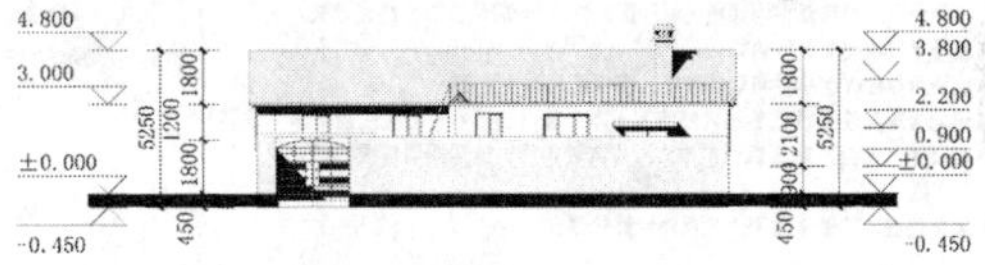

▼西立面图

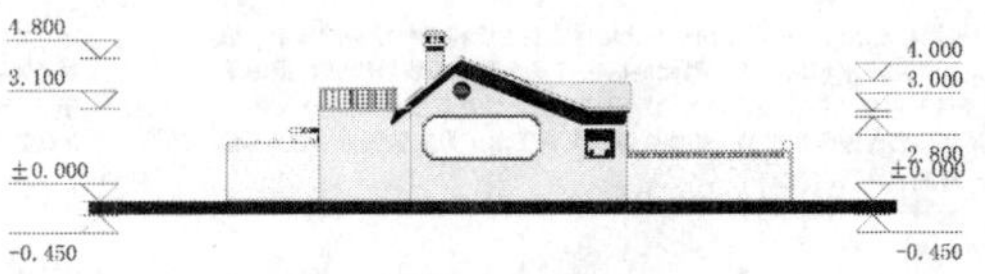

▼ 屋顶层平面图

▼东立面图

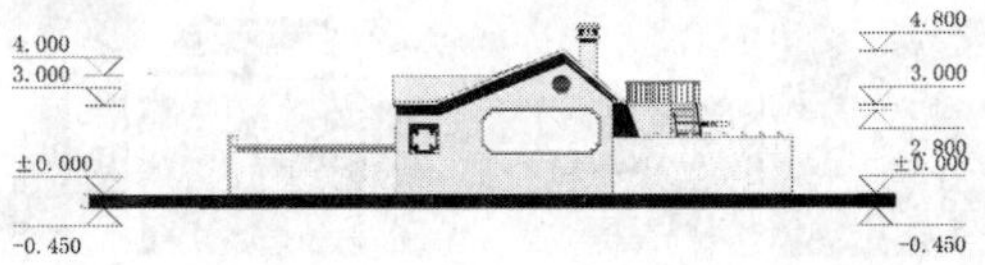

银川平罗县陶乐镇生态新农宅方案设计 2

人居节约和谐

太阳能热水系统

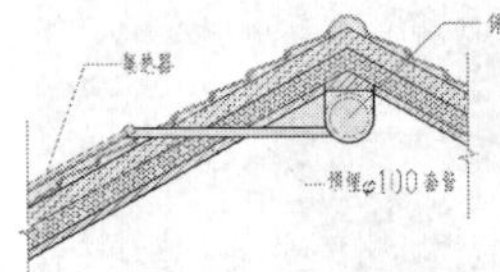

太阳能热水系统为卫生间和厨房提供生活热水，我们将热水器的水箱吊装在屋脊下，集热器安装在水箱高度以下的屋面上，形成一种非承压的分体式热水器，即保证了立面的美观，又保证了热水系统的安装使用要求。

太阳能空气集热器

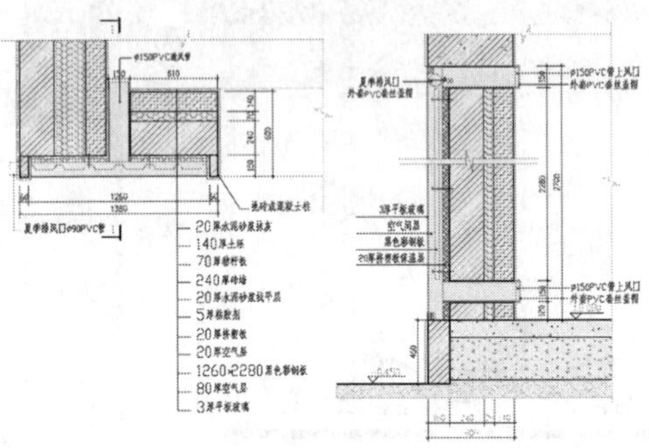

1、本设计为太阳能空气集热器，吸热部件为涂黑的彩钢板，外覆3mm玻璃，防止热量散失。
2、集热器上、下风口及排风口均设有套丝盖帽。
3、吸热板根据现场情况使用螺栓或连接件与墙体连接，应保证足够的强度。
4、施工时，在安装玻璃盖板前应注意将集热器内部清理干净，玻璃盖板内表面也应擦干净；玻璃盖板安装后应对其接缝进行密封，防止漏风量过大；投入使用后，应定期清理玻璃表面，以保证足够的透射率。
5、此详图为老人房外墙集热器，其做法适用于全部外墙集热器。

生态节能技术措施

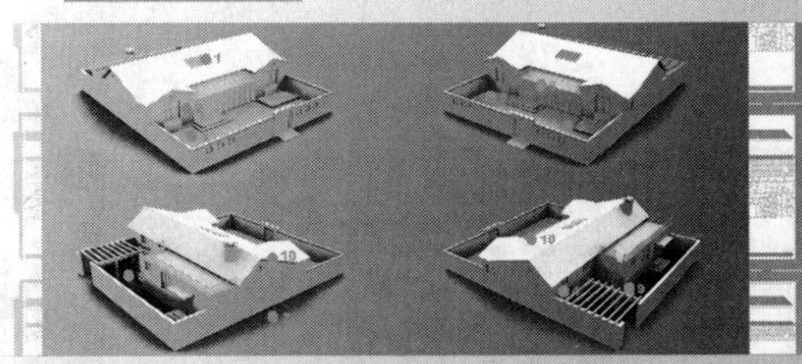

●1太阳能热水系统 ●2太阳能空气集热系统 ●3太阳能水泵 ●4烟道采暖系统 ●5太阳灶 ●6附加阳光间 ●7卵石床 ●8雨水收集系统 ●9沼气与太阳能猪圈 ●10节能外围护结构

烟道采暖系统

1、本烟道采暖系统以秸秆、麦糠等原料为燃料，以阴燃为主要燃烧方式为东卧室提供采暖，地下烟道与西卧室火炕相连，一方面为烟气流动提供动力，另一方面也为起居室和小卧室提供采暖
2、东西向烟道设1%坡度，坡向东，以便于烟气流向火炕，烟道在火炕底部与火炕相连。设三个烟阀，调节两烟道的流量平衡，阀门控制把手通过连杆伸至厨房和户外。
3、烟道上易积灰处设有若干个检查口，可通过检查口疏通烟道排除积灰，检查完毕后将检查口密封，防止漏烟造成中毒。

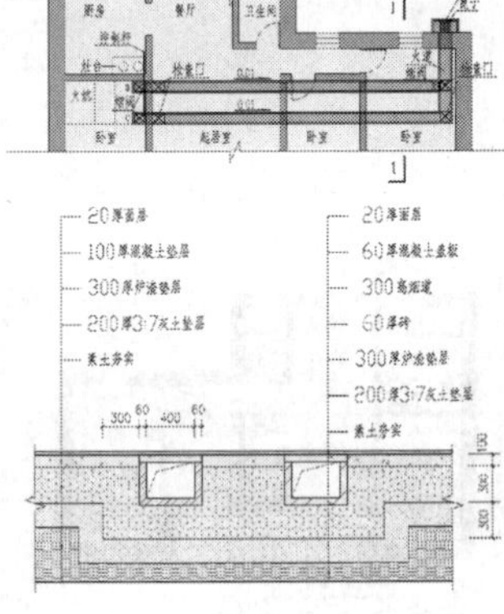

太阳能水泵

长期以来，干旱少雨和缺水问题一直制约着西北地区农业生产和农村经济的发展，近年来，随着雨水集流工程等小水利的建设，西北地区在寻找水源方面发展很快，但由于电力基础设施建设滞后和电费负担过重，电力问题已成为这些地区农业灌溉的一大难题，太阳能光伏水泵利用西北地区丰富的太阳能资源开采地下水，为农牧民提供生活和灌溉用水，为解决这一难题提供了出路。

太阳灶

太阳灶通过抛物镜面聚光实现高温，在晴朗天气下，其焦点温度可达800℃以上，输出功率达到1000W以上，可用来烧水、做饭、烧烤等，每年可节约柴草1.5t，特别适应于农村和小型单位使用，对缓解能源紧缺、节约燃料开支、保护环境以及改善农村卫生环境有很大意义，是一种理想的辅助炊事工具。

银川平罗县陶乐镇生态新农宅方案设计 3

太阳能空气集热器工况分析

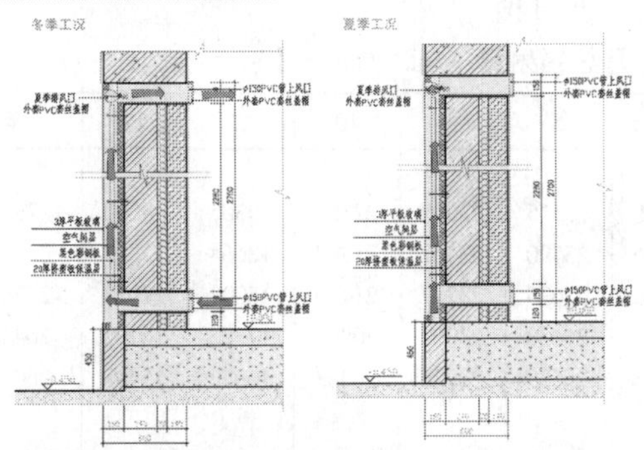

冬季工况时：冬季排风口始终处于关闭状态：白天日出后，开启上、下风口，使空气循环加热，为室内提供热量；日落后关闭上、下风口，防止热量损失。

夏季工况时：关闭室内上风口，开启下风口和排风口，以防止过热，同时带动室内空气流动。

附加阳光间工况分析

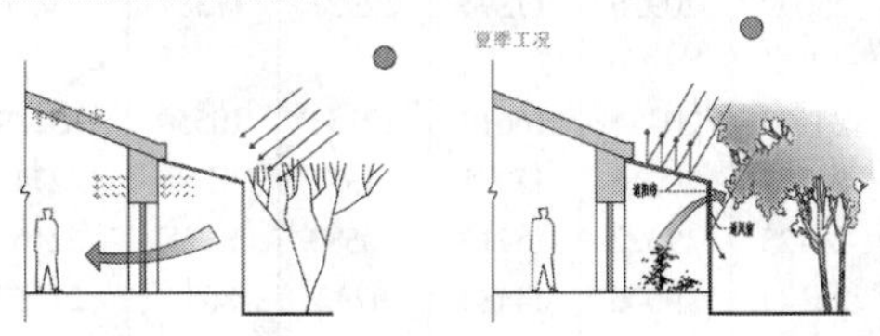

冬季工况：在白天打开百叶，阳光不受阔叶树枝叶的遮挡，直接照射或反射到室内。南侧蓄热外墙吸收热量成为太阳能的蓄热体。在夜晚关闭百叶，拉下遮阳幕，减少室内外热量交换。南侧外墙释放白天储藏的热量，维持室内温度。

夏季工况：在白天用南向的阔叶树、关闭的百叶以及拉下的遮阳幕来遮挡太阳直射，阻挡外部热量进入室内。在夜晚则采用开窗通风的方法降低室内温度。

卵石蓄热床工况分析

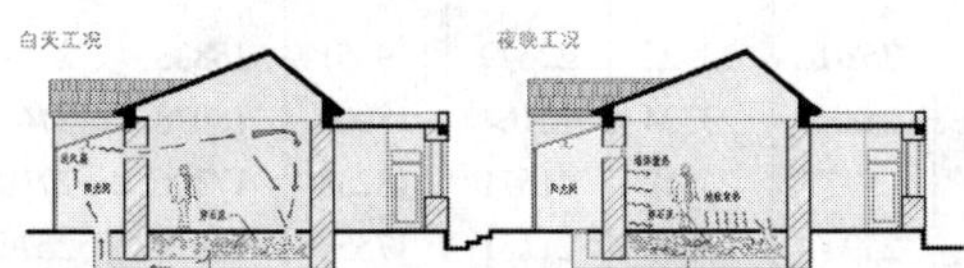

白天工况：白天天气晴朗的情况下，吸收大量的阳光辐射热，并通过风扇送至室内。加热室内多余的热量存储在地下卵石床和土坯蓄热墙中。

夜晚工况：放下保温帘并关闭百叶，地下卵石床和土坯墙体存储的热量开始释放，以保持室内温度不至过低。

雨水收集系统

本工程设计了一套较为简易的雨水收集系统，利用庭院地面坡度将整个庭院乃至庭院外的雨水收集起来，经过滤储存在地下的蓄水容器中，供冲厕和灌溉使用，尽量不使一滴雨水白白流走。

沼气与太阳能猪舍技术

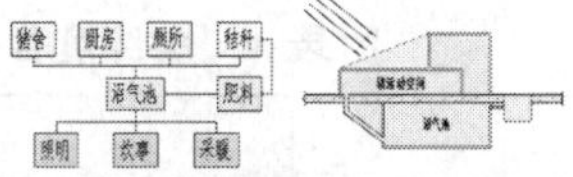

本工程将厕所、猪舍与沼气池结合在一起，实现了粪便的无害化处理，减量化排放。使用沼气，可以解决80%以上的生活燃料，每户每年可节柴 2000kg，相当于封育3.5亩薪炭林。沼液用作饲料添加剂，节约猪的饲养成本，缩短饲养周期；沼液、沼渣是优质的有机肥料，明显提高农产品质量，保证了食品安全。

太阳能猪舍可以有效解决高寒地区冬季生猪生长缓慢，死亡率高，出栏率低的状况，其投资少，效果好，可为农民所广泛接受。

节能墙体构造做法

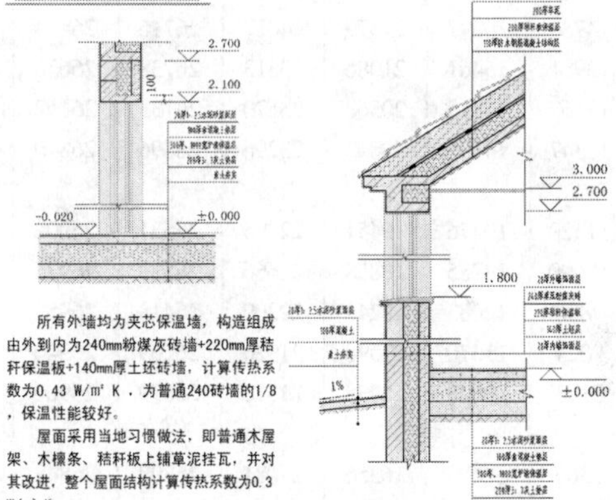

所有外墙均为夹芯保温墙，构造组成由外到内为240mm粉煤灰砖墙+220mm厚秸秆保温板+140mm厚土坯砖墙，计算传热系数为0.43 W/m² K，为普通240砖墙的1/8，保温性能较好。

屋面采用当地习惯做法，即普通木屋架、木檩条、秸秆板上铺草泥挂瓦，并对其改进，整个屋面结构计算传热系数为0.3 W/m² K。

经济技术指标分析

项目		造价（元）	总造价（元）	单价（元/m²）
土建（传统做法）		53000	72000	600
安装（传统做法）		10000		
生态技术	太阳能热水	1000		
	太阳能采暖	2000		
	墙体屋面保温	4000		
	门窗保温	2000		

本工程综合使用了太阳灶、外墙夹心保温、双层外门窗、被动式太阳能采暖等多种技术，围护结构节能率超过65%，整个采暖季的太阳能综合保证率为80%。其中围护结构和太阳能系统每年节约的采暖用能折合标准煤4吨，合人民币1000多元，太阳灶每年也可节约柴草1.5吨左右。整个系统增加投资约9000元，6年左右即可收回成本，随着能源价格的进一步上涨回收期还将进一步缩短，具有良好的经济效益和推广前景。

银川平罗县陶乐镇生态新农宅方案设计 4

附　　录

附录 A　各纬度各等压面上理想大气中的月总辐射量［cal/（cm²·月）］

附录 B　我国 49 个主要城市的月平均风速、日照及度日值

附录 A　各纬度各等压面上理想大气中的月总辐射量［cal/（cm²·月）］

	1	2	3	4	5	6	7	8	9	10	11	12	年
1000mbar													
16°	19318	19471	23942	24682	25952	25070	25819	25515	23650	22361	19305	18590	273675
18°	18603	18959	23622	24649	26155	25374	26086	25590	23462	21897	18664	17837	270898
20°	17871	18428	23270	24585	26326	25652	26325	25635	23247	21410	18002	17073	267824
22°	17120	17873	22891	24491	26468	25905	26535	25650	23000	20894	17326	16294	264447
24°	16357	17298	22482	24366	26581	26129	26718	25633	22726	20353	16628	15498	260769
26°	15577	16704	22045	24211	26664	26324	26870	25586	22421	19786	15916	14696	256800
28°	14784	16091	21579	24027	26716	26494	26995	25507	22089	19199	15189	13877	252547
30°	13981	15461	21086	23813	26738	26636	27092	25405	21727	18586	14447	13054	248026
32°	13167	14815	20568	23570	26733	26752	27156	25265	21342	17952	13694	12223	243237
34°	12347	14152	20023	23296	26696	26840	27196	25099	20926	17296	12927	11387	238185
36°	11520	13476	19451	22995	26631	26902	27208	24902	20484	16618	12153	10550	232890
38°	10690	12785	18858	22666	26539	26938	27192	24727	20016	15925	11372	9710	227418
40°	9856	12083	18241	22309	26418	26952	27149	24423	19522	15212	10583	8871	221619
42°	9024	11370	17598	21926	26269	26940	27081	24144	19006	14484	9792	8038	215672
44°	8193	10648	16938	21516	26099	26906	26989	23838	18466	13739	8999	7210	209541
46°	7366	9921	16256	21081	25899	26848	26870	23503	17903	12982	8205	6395	203229
48°	6553	9187	15555	20622	25677	26770	26734	23147	17317	12211	7415	5591	196779
50°	5748	8447	14833	20139	25433	26678	26579	22763	16709	11430	6629	4806	190194
52°	4959	7707	14098	19635	25169	26570	26403	22359	16083	10639	5853	4043	183518
54°	4194	6968	13345	19109	24886	26448	26213	21936	15437	9841	5093	3308	176778
800mbar													
16°	19565	19706	24220	24962	26246	25354	26112	25802	23922	22629	19551	18833	276902
18°	18848	19196	23899	24930	26449	25764	26382	25880	23734	22164	18903	18078	274127
20°	18110	18659	23546	24866	26623	25946	26625	25927	23518	21671	18238	17306	271035
22°	17354	18102	23164	24771	26768	26198	26837	25941	23270	21151	17554	16519	267629
24°	16584	17523	22753	24649	26882	26425	27021	25928	22994	20609	16854	15720	263942
26°	15799	16925	22313	24494	26967	26624	27178	25881	22689	20040	16135	14907	259952
28°	15000	16309	21846	24308	27023	26798	27304	25912	22355	19447	15402	14086	255790
30°	14190	15674	21351	24094	27045	26942	27400	25697	21993	18829	14654	13254	251123
32°	13370	15021	20827	23848	27040	27058	27469	25560	21602	18189	13894	12415	246293
34°	12541	14355	20279	23574	27007	27149	27512	25384	21184	17530	13123	11572	241220
36°	11706	13671	19707	23273	26944	27215	27524	25198	20742	16850	12343	10724	235897
38°	10866	12976	19107	22942	26852	27254	27511	25026	20272	16151	11552	9875	230384
40°	10024	12268	18489	22588	26733	27268	27469	24720	19778	15434	10759	9029	224559
42°	9183	11549	17843	22202	26587	27258	27405	24442	19257	14700	9958	8188	218572

续表

	1	2	3	4	5	6	7	8	9	10	11	12	年
44°	8343	10822	17178	21791	26416	27226	27314	24134	28716	13949	9155	7348	212392
46°	7509	10086	16492	21356	26218	27173	27200	23802	18148	13185	8353	6521	206043
48°	6681	9344	15785	20896	25997	27098	27066	23444	17559	12408	7553	5706	199537
50°	5866	8599	15060	20412	25756	27008	26909	23062	16949	11618	6761	4910	192910
52°	5066	7850	14317	19904	25492	26902	26735	22656	16319	10819	5975	4135	186170
54°	4288	7100	13559	19376	25211	26783	26548	22234	15669	10015	5201	3388	179372
600 mbar													
26°	16046	17169	22610	24804	27301	26953	27512	26206	22985	20321	16382	15150	263439
28°	15241	16548	22144	24619	27358	27129	27643	26238	22649	19722	15642	14317	259250
30°	14423	15909	21645	24404	27385	27276	27742	26024	22286	19102	14890	13479	254565
32°	13584	15253	21119	24159	27383	27397	27816	25889	21895	18459	14122	12633	249719
34°	12759	14579	20566	23888	27350	27491	27857	25722	21476	17796	13344	11778	244606
36°	11916	13893	19991	23585	27288	27558	27874	25527	21030	17109	12554	10924	239249
38°	11067	13190	19391	23254	27199	27600	27862	25355	20556	16406	11760	10068	233708
40°	10217	12476	18764	22895	27082	27617	27823	25051	20062	15681	10956	9211	227835
900mbar													
16°	19440	19587	24078	24820	26096	25208	25961	25654	23782	22491	19424	18709	275250
18°	18722	19073	23757	24786	26298	25516	26232	25732	23596	22026	18781	17956	272475
20°	17989	18542	23405	24723	26471	25797	26474	25779	23378	21537	18117	17186	269398
22°	17234	17984	23025	24630	26616	26049	26685	25794	23133	21020	17438	16404	266012
24°	16467	17408	22615	24502	26727	26274	26867	25776	22857	20477	16738	15607	262315
26°	15685	16811	22175	24350	26812	26472	27020	25730	22552	19910	16022	14798	258337
28°	14890	16196	21709	24164	26866	26643	27145	25758	22218	19319	15292	13978	254178
30°	14082	15563	21214	23949	26888	26783	27241	25546	21858	18702	14547	13152	249525
32°	13266	14915	20694	23705	26883	26900	27310	25408	21469	18068	13792	12316	244726
34°	12400	14250	20145	23432	26846	26992	27350	25243	21052	17410	13023	11476	239659
36°	11609	13570	19575	23131	26785	27055	27362	25046	20608	16731	12246	10634	234352
38°	10776	12877	18980	22802	26691	27093	27348	24872	20140	16034	11459	9790	228862
40°	9936	12172	18360	22444	26572	27105	27306	24568	19647	15320	10669	8947	223046
42°	9100	11457	17719	22061	26426	27097	27239	24288	19127	14588	9872	8110	217084
44°	8266	10732	16962	21574	26253	27062	27146	23983	18586	13841	9076	7278	210759
46°	7436	10001	16371	21217	26056	27005	27032	23650	18023	13080	8276	6457	204604
48°	6615	9262	15666	20756	25833	26931	26896	23292	17435	12305	7482	5647	198120
50°	5804	8520	14945	20272	25591	26839	26740	22910	16826	11523	6694	4856	191520
52°	5011	7777	14204	19766	25325	26731	26566	22504	16197	10727	5310	4087	184805
54°	4240	7034	13449	19239	25044	26611	26377	22079	15550	9923	5145	3347	178038

续表

	1	2	3	4	5	6	7	8	9	10	11	12	年
700mbar													
16°	19704	19839	24373	25114	26405	25508	26269	25957	24068	22772	19683	18967	278659
18°	18981	19322	24048	25082	26610	25817	26542	26035	23881	22306	19036	18206	275866
20°	18238	18784	23695	25018	26785	26099	26783	26082	23662	21811	18368	17432	272757
22°	17482	18224	23312	24923	26930	26356	26998	26099	23416	21291	17680	16643	269354
24°	16706	17644	22901	24800	27043	26583	27185	26085	23139	20746	16976	15840	265648
26°	15918	17044	22460	24644	27131	26784	27341	26039	22832	20174	16257	15023	261647
28°	15115	16425	21989	24460	27185	26958	27469	26071	22498	19580	15519	14198	257467
30°	14304	15789	21493	24244	27211	27104	27568	25856	22136	18962	14768	13362	252797
32°	13478	15133	20968	24000	27208	27226	27638	25720	21744	18320	14006	12522	247963
34°	10647	14465	20419	23727	27173	27314	27679	25552	21327	17658	13230	11672	242863
36°	11806	13777	19844	23426	27112	27382	27694	25360	20882	16976	12446	10820	237525
38°	10963	13080	19246	23096	27021	27422	27682	25186	20412	16276	11652	9967	232003
40°	10117	12369	18623	22736	26904	27440	27643	24882	19911	15550	10854	9117	226146
42°	9271	11647	17972	22351	26758	27430	27579	24602	19394	14817	10049	8268	220138
44°	8426	10916	17312	21945	26587	27401	27491	24295	18848	14062	9242	7425	213950
46°	7585	10176	16623	21511	26390	27348	27376	23962	18280	13296	8435	6591	207573
48°	6754	9431	15911	21044	26174	27276	27242	23604	17691	12514	7633	5772	201046
50°	5933	8681	15181	20557	25931	27185	27091	23223	17080	11722	6833	4969	194386
52°	5128	7928	14439	20054	25667	27083	26919	22817	16448	10919	6040	4190	187632
54°	4344	7175	13675	19520	25387	26964	26731	22394	15795	10110	5261	3434	180790
500 mbar													
26°	16184	17306	22776	24973	27486	27134	27695	26382	23144	20472	16571	15281	265350
28°	15373	16681	22303	24788	27541	27309	27826	26417	22810	19873	15776	14445	261142
30°	14552	16038	21805	24574	27570	27458	27928	26201	22444	19252	15019	13605	256446
32°	13721	15380	21278	24329	27569	27580	28002	26066	22053	18605	14248	12751	251582
34°	12880	14704	20727	24056	27536	27676	28047	25901	21633	17938	13466	11896	246460
36°	12033	14015	20148	23754	27477	27746	28064	25706	21188	17253	12674	11035	241093
38°	11181	13309	19543	23422	27388	27790	28054	25534	20713	16544	11873	10172	235523
40°	10324	12593	18917	23064	27271	27808	28018	25232	20215	15818	11065	9311	229636

附录 B　我国 49 个主要城市的月平均风速、日照及度日值　　$T_b = 14$℃

地　名	一　月					二　月				
	平均气温（℃）	风速（m/s）	日照率（%）	室内外温差（℃）	度日值（DD）	平均气温（℃）	风速（m/s）	日照率（%）	室内外温差（℃）	度日值（DD）
齐齐哈尔	－19	3～4	70～80	33	1023	－15.5	3～4	70～80	29.5	826
哈尔滨	－19	3～4	60～70	33	1023	－15.5	3～4	70	29.5	826
长春	－17	4	60～70	31	961	－13	4	70	27	756
沈阳	－13	3	60	27	837	－9	3～4	60～70	23	644
呼和浩特	－14	1～2	70～80	28	868	－10	1～2	70～80	24	672
锡林浩特	－20.5	3	60～70	34.5	1069.5	－18	3～4	70～80	32	896
乌鲁木齐	－14	2	60～70	28	868	－12	2	60	26	728
伊宁	－10	1～2	50～60	24	744	－9	1～2	50～60	23	644
酒泉	－12	2	70～80	26	806	－9	2～3	60～70	23	644
银川	－10	2	70～80	24	744	－6	2	70～80	20	560
西宁	－10	1～2	70～80	24	744	－6	2～3	70	20	560
佳木斯	－21	4	60	35	1085	－17	4	70	31	868
鹤岗	－21	4	60	35	1085	－17	4	70	31	868
鸡西	－18	3	60	32	992	－14	3	60～70	28	784
吉林	－18	4	60	32	992	－14	3～4	60～70	28	784
抚顺	－16	3	60	30	930	－10	3	60～70	24	672
通化	－16	1～2	50～60	30	930	－12	2～3	60～70	26	728
张家口	－12	5	60～70	26	806	－8	3～4	70	22	616
包头	－14	3～4	70～80	28	868	－10	3～4	70～80	24	672
哈密	－12	2～3	70～80	26	806	－6	2～3	70～80	20	560
玉门	－12	3	70～80	26	806	－9	3	70～80	23	644
榆林	－11	2	70	25	775	－5	2～3	60～70	19	532
海拉尔	－27	2～3	60～70	41	1271	－24	3	70	38	1064
兰州	－8	0～1	60～70	22	682	－4	1	60～70	18	504

续表

地　名	三　月					四　月				
	平均气温（℃）	风速（m/s）	日照率（%）	室内外温差（℃）	度日值（DD）	平均气温（℃）	风速（m/s）	日照率（%）	室内外温差（℃）	度日值（DD）
齐齐哈尔	-6		70~80	20	620	5		60~70	9	270
哈尔滨	-6		70	20	620	6		60	8	240
长春	-4		70	18	558	7		60	7	210
沈阳	-1		60~70	15	465	8.5		60	5.5	165
呼和浩特	-2		70	16	496	6		60~70	8	240
锡林浩特	-8		70	22	682	3		60~70	11	330
乌鲁木齐	-2		50~60	16	496	10		60	4	120
伊宁	1		50~60	13	403	12		60	2	60
酒泉	0		60~70	14	434	8		60~70	6	180
银川	2		60~70	12	372	11		60~70	3	90
西宁	0		60~70	14	434	6		60	8	240
佳木斯	-7.5		60	21.5	666.5	4.5		50~60	9.5	285
鹤岗	-7.5		60	21.5	666.5	4.5		50~60	9.5	285
鸡西	-6		60	20	620	5		50~60	9	270
吉林	-5		60~70	19	589	6		50~60	8	240
抚顺	-2		60~70	16	496	8		50~60	6	180
通化	-2.5		60~70	16.5	511.5	7		50~60	7	210
张家口	0		60~70	14	434	8		60~70	6	180
包头	-2		70	16	496	10		60~70	4	120
哈密	4		70~80	10	310	12		70~80	2	60
玉门	0		60~70	14	434	8			6	180
榆林	3		60	11	341	10			4	120
海拉尔	-13		70	27	837	1		60~70	13	390
兰州	4		60	10	310	8		50~60	6	180

续表

地　名	十　月					十一月					十二月				
	平均气温（℃）	风速（m/s）	日照率（%）	室内外温差（℃）	度日值（DD）	平均气温（℃）	风速（m/s）	日照率（%）	室内外温差（℃）	度日值（DD）	平均气温（℃）	风速（m/s）	日照率（%）	室内外温差（℃）	度日值（DD）
齐齐哈尔	4.5		60～70	9.5	294.5	－7.5		70	21.5	645	－17	3～4	60～70	31	961
哈尔滨	5		60～70	9	279	－6		60～70	20	600	－16	3～4	60	30	930
长春	7		60～70	7	217	－4		60～70	18	540	－13	4	60～70	27	837
沈阳	9		60～70	5	155	0		60	14	420	－9	3	60	23	713
呼和浩特	6		70～80	8	248	－4		70～80	18	540	－12	2	70～80	26	806
锡林浩特	3		70～80	11	341	－8.5		60～70	22.5	675	－17	3～4	60～70	31	961
乌鲁木齐	6		70～80	8	248	－3		60	17	510	－12	2	50～60	26	806
伊宁	8		70	6	186	0		60	14	420	－6	2	50～60	20	620
酒泉	6		70～80	8	248	－2		70～80	16	480	－10	2	70～80	24	744
银川	8		70	6	186	0		70～80	14	420	－7	2	70～80	21	651
西宁	5		60～70	9	279	－2		70	16	480	－10	2	70～80	24	744
佳木斯	4.5		60	9.5	294.5	－7.5		50～60	21.5	645	－17.5	4	70	31.5	976.5
鹤岗	4.5		60	9.5	294.5	－7.5		50～60	21.5	645	－17.5	4	70	31.5	976.5
鸡西	5		60	9	279	－6		60～70	20	600	－15.5	3	60～70	29.5	914.5
吉林	6.5		60	7.5	232.5	－4.5		60～70	18.5	555	－13.5	3～4	60～70	27.5	852.5
抚顺	8		60	6	186	－1.5		60～70	15.5	465	－10	3	60～70	24	744
通化	7		50～60	7	217	－2		50～60	16	480	－12	2～3	60～70	26	806
张家口	8		70	6	186	－1		70	15	450	－9.5	3～4	70	23.5	728.5
包头	6		70～80	8	248	－4		70～80	18	540	－12	3～4	70～80	26	806
哈密	9		80	5	155	－2		70～80	16	480	－9	2～3	70～80	23	713
玉门	6		80	8	248	－2		60～70	16	480	－10	3	70～80	24	744
榆林	9		60～70	5	155	0		40～50	14	420	－8.5	2～3	60～70	22.5	697.5
海拉尔	0		60～70	14	434	－13.5		60～70	27.4	825	－24	3	70	38	1178
兰州	8		50～60	6	186	0		60	14	420	－6	1	60～70	20	620

续表

地　名	一　月					二　月				
	平均气温（℃）	风速（m/s）	日照率（%）	室内外温差（℃）	度日值（DD）	平均气温（℃）	风速（m/s）	日照率（%）	室内外温差（℃）	度日值（DD）
西安	-2	2	40~50	16	496	0	2	40~50	14	392
延安	-6	2~3	60~70	20	620	-2.5	2~3	60	16.5	462
北京	-6	2~3	60~70	20	620	-3	2~3	60~70	17	476
天津	-5	3~4	60~70	19	589	-1	3~4	60~70	15	420
石家庄	-4	1~2	60~70	18	558	-1	2	60~70	15	420
太原	-8	2~3	70	22	682	-4	2~3	60~70	18	508
济南	-2	3	60~70	16	496	0	3	60	14	392
青岛	-2	2~3	60~70	16	496	0	3	60	14	392
安阳	-3	2~3	50~60	17	527	0	2~3	50~60	14	392
郑州	0	3~4	50~60	14	434	2	3~4	50	12	336
拉萨	-2	2~3	70~80	16	496	0	2~3	70	14	392
宝鸡	-2	1~2	50	16	496	0	1	40~50	14	392
咸阳	-2	2	50	16	496	0	1~2	40~50	14	392
秦皇岛	-6	3~4	60	20	620	-5	2~3	60~70	19	532
保定	-4	2~3	60	18	558	-2	2~3	60~70	16	448
阳泉	-8	2~3	70	22	682	-6	2~3	70	20	560
潍坊	-3	3	60~70	17	527	0	3~4	50~60	14	392
鹤壁	-1	2~3	50~60	15	465	1	3	50~60	13	364
新乡	0	3~4	50~60	14	434	2	3~4	50~60	12	336
开封	0	3~4	50~60	14	434	2	3~4	50~60	12	336
洛阳	0	3	50~60	14	434	2	3	50~60	12	336
大连	-5	6~7	60~70	19	589	-3	6~7	70	17	476
喀什	-7.5	1~2	60	21.5	666.5	-1.5	1~2	50~60	15.5	434
和田	-6	1~2	60	20	620	0	1~2	50~60	14	392
且末	-9.5	1~2	60~70	23.5	728.5	-3.5	2	60~70	17.5	490

续表

地名	三月					四月				
	平均气温（℃）	风速（m/s）	日照率（%）	室内外温差（℃）	度日值（DD）	平均气温（℃）	风速（m/s）	日照率（%）	室内外温差（℃）	度日值（DD）
西安	6		40~50	8	248	13			1	30
延安	4		50~60	10	310	10			4	120
北京	4		60~70	10	310	12.5			1.5	45
天津	4.5		60~70	9.5	294.5	12.5			1.5	45
石家庄	6		60	8	248	14			0	0
太原	3		60~70	11	341	10			4	120
济南	6		60	8	248					
青岛	4.5		60	9.5	294.5					
安阳	6		50~60	8	248					
郑州	7.5		50	6.5	201.5					
拉萨	4		60~70	10	310	9		60~70	5	150
宝鸡	6		40~50	8	248	12			2	60
咸阳	6		40~50	8	248	13			1	30
秦皇岛	2		60~70	12	372	10			4	120
保定	4		60~70	10	310	12.5			1.5	45
阳泉	2		60~70	12	372	10			4	120
潍坊	4.5		60	9.5	294.5					
鹤壁	7		50~60	7	217					
新乡	7.5		50~60	6.5	201.5					
开封	7.5		50	6.5	201.5					
洛阳	7.5		50	6.5	201.5					
大连	4		60~70	10	310					
喀什	7		50~60	7	217			50~60		
和田	8		60	6	186			50~60		
且末	6		60	8	248			50~60		

续表

地名	十月					十一月					十二月				
	平均气温(℃)	风速(m/s)	日照率(%)	室内外温差(℃)	度日值(DD)	平均气温(℃)	风速(m/s)	日照率(%)	室内外温差(℃)	度日值(DD)	平均气温(℃)	风速(m/s)	日照率(%)	室内外温差(℃)	度日值(DD)
西安	12.5		40~50	1.5	46.5	6		40~50	8	24	0	2	50	14	434
延安	9		50~60	5	155	2		50~60	12	360	-4	2	60~70	18	558
北京	12.5		60~70	1.5	46.5	3		60~70	11	330	-4	2~3	60~70	18	558
天津	13.5		60~70	0.5	15.5	4.5		60~70	9.5	285	-2	3	60~70	16	496
石家庄	12		60~70	2	62	4		60~70	10	300	-2	2	60~70	16	496
太原	8		60~70	6	186	0		60~70	14	420	-6	2~3	60~70	20	620
济南	14		60~70	0	0	6		60~70	8	240	0	3	60~70	14	434
青岛	14.5		60~70	-0.5	0	8		60~70	6	180	0.5	2~3	60~70	13.5	418.5
安阳	14		50~60	0	0	6		50~60	8	240	0	3	60	14	434
郑州	14		50~60	0	0	8		50~60	6	180	2	3~4	50~60	12	372
拉萨	8		80	6	186	2		80	12	360	-2	1~2	80	16	496
宝鸡	12		40	2	62	6		40~50	8	240	0	1	50	14	434
咸阳	12.5		40~50	1.5	46.5	6		40~50	8	240	0	2	50	14	434
秦皇岛	12		60~70	2	62	4		60~70	10	300	-4	3	60~70	18	558
保定	12.5		60~70	1.5	46.5	3		60~70	11	330	-2	2~3	60~70	16	496
阳泉	8		60~70	6	186	0		60~70	14	420	-6	2~3	70	20	620
潍坊	14		60~70	0	0	7		60	7	210	0	3	60	14	434
鹤壁	14		50~60	0	0	6		50~60	8	240	1	3	60	13	403
新乡	14		50~60	0	0	8		50~60	6	180	2	3	50~60	12	372
开封	14		50~60	0	0	8		50~60	6	180	2	3~4	50~60	12	372
洛阳	14		50~60	0	0	8		50	6	180	2	2~3	50~60	12	372
大连			60~70			4.5		60~70	9.5	285	-1	5~6	60~70	15	465
喀什			70~80			-2		70	16	480	-4.5	1~2	60	18.5	573.5
和田			80			-2		70~80	16	480	-4	1~2	70	18	558
且末			80			0		70~80	14	420	-7.5	1~2	70	21.5	666.5

参 考 文 献

1. 刘念雄，秦佑国．建筑热环境［M］．北京：清华大学出版社，2005
2. 罗运俊，何梓年，王长贵．太阳能利用技术［M］．北京：化学工业出版社，2005
3. 谢建．太阳能利用技术［M］．北京：中国农业大学出版社，1999
4. 刘加平．建筑物理．第3版［M］．北京：中国建筑工业出版社，2000
5. 柳孝图．建筑物理．第2版［M］．北京：中国建筑工业出版社，1990
6. 蔡君馥．住宅节能设计［M］．北京：中国建筑工业出版社，1991
7. 徐占发．建筑节能技术实用手册［M］．北京：机械工业出版社，2005
8. 李元哲，狄洪发，方贤德．被动式太阳房的原理及其设计［M］．北京：能源出版社，1989
9. 王长贵．太阳能光伏发电使用技术［M］．北京：化学工业出版社，2006
10. 涂逢祥．节能窗技术［M］．北京：中国建筑工业出版社，2003
11. 涂逢祥．建筑节能技术［M］．北京：中国计划出版社，1996
12. （法）Charles Chauliaguet：太阳能在建筑中的应用［M］．翟启明　周济民 译．学苑出版社
13. 戴念慈．建筑设计资料集6．第2版［M］．北京：中国建筑工业出版社，1994
14. 王长贵，郑瑞澄．新能源在建筑中的应用［M］．北京：中国电力出版社，2003
15. 罗运俊，何梓年，王长贵．太阳能利用技术［M］．北京：化学工业出版社，2005
16. 李华东．高技术生态建筑［M］．天津：天津大学出版社，2002
17. （德）英格伯格·弗拉格．托马斯·赫尔佐格建筑＋技术［M］．北京：中国建筑工业出版社，2003
18. 韩继红，江燕．上海生态示范工程·生态办公示范楼［M］．北京：中国建筑工业出版社，2005
19. 汪维，韩继红．上海生态示范工程·生态住宅示范楼［M］．北京：中国建筑工业出版社，2006
20. 周浩明，张晓东．生态建筑—面向未来的建筑［M］．南京：东南大学出版社，2002
21. 江亿，薛志峰．超低能耗建筑技术及应用［M］．北京：中国建筑工业出版社，2005
22. 仲继寿，张磊．中国太阳能建筑设计竞赛获奖作品集［M］．北京：中国建筑工业出版社，2005
23. 中国建筑业协会建筑节能专业委员会．建筑节能技术［M］．北京：中国计划出版社，1996
24. 沈辉，曾祖勤．太阳能光伏发电技术［M］．北京：化学工业出版社，2005
25. 赵争鸣，刘建政，孙晓瑛，袁立强．太阳能光伏发电及其应用［M］．北京：科学出版社，2005
26. 张弘．日本OM阳光体系住宅．住区［J］，北京：中国建筑工业出版社，2001．2
27. （美）诺伯特·莱希纳：建筑师技术设计指南——采暖·降温·照明．第2版［M］．张利　周玉鹏　汤羽扬等译．北京：中国建筑工业出版社，2004
28. 刘加平，杨柳．室内热环境设计［M］．北京：机械工业出版社，2005
29. 清华大学建筑学院，清华大学建筑设计研究院．建筑设计的生态策略［M］．北京：中国计划出版社，2001
30. 李雨桐，卜增文，刘俊跃．采光板在建筑中的应用研究．智能与绿色建筑文集［C］．北京：中国建筑工业出版社，2005．285～291
31. 房志勇．建筑节能技术教程［M］．北京：中国建材工业出版社，1997
32. 中国建筑业协会建筑节能专业委员会．建筑节能技术［M］．北京：中国计划出版社．1996
33. 吴延鹏，马重芳．采集太阳光的光导管绿色照明技术在建筑中的应用．智能与绿色建筑文集［C］．北京：中国建筑工业出版社，482～485
34. 李伟，王爱英．导光管在天然光照明中的应用前景探讨．灯与照明［J］2003 27（2），4～6
35. 徐晓星．光纤照明的原理与应用．灯与照明［J］，2002 26（5）29～30
36. 王玉生，王瑞华，张家璋，渠箴亮．被动式太阳房建筑图集［M］，北京：中国建筑工业出版社，1987
37. 赵学义．太阳能热水安装与建筑构造标准图集［S］．山东省标准设计办公室，2006．
38. 薛一冰，王崇杰．依靠学科优势，塑造教学品牌——中国首届太阳能建筑设计竞赛获奖作品评析．绿色建筑与建筑技术［M］．北京：中国建筑工业出版社，2006
39. 王崇杰，管振忠，张蓓，薛一冰．传统火炕的生态技术改造——太阳炕系统．绿色建筑与建筑技术［M］．北

京：中国建筑工业出版社，2006
40. 王崇杰，薛彩霞，薛一冰．基于通风换气层面对被动式太阳能采暖技术的一点改进思考．绿色建筑与建筑技术［M］．北京：中国建筑工业出版社，2006
41. 王崇杰，张蓓，薛一冰．人居　生态　旅游．建筑新技术［M］．北京：中国建筑工业出版社，2006
42. 王崇杰，薛一冰，张蓓．生活　生态　生长．建筑新技术［M］．北京：中国建筑工业出版社，2006
43. Daniel D. Chiras. The Solarhouse Passive Heating & Cooling［M］. Chelsea Green Publishing，2002
44. （美）Public Technology Inc. US Green Building Council：绿色建筑技术手册——设计·建造·运行［M］．王长庆，龙惟定，杜鹏飞等译．北京：中国建筑工业出版社，1999
45. （澳）Deo Prasad & Mark Snow. Designing With Solar Power［M］. Australia：The images Publishing Group Pty Ltd and Earthscan，2005
46. 王崇杰，薛一冰，张蓓．生活　生态　生长．北京：建筑学报［J］，2006．3
47. 王崇杰，赵学义．论太阳能建筑一体化设计．北京：建筑学报［J］，2002．7
48. 王崇杰，何文晶，薛一冰．欧美建筑设计中太阳墙的应用．北京：建筑学报［J］，2004．8
49. 王崇杰，薛一冰，赵学义，岳勇，王德林．山东省高校学生公寓节能设计研究．济南：山东建筑工程学院学报［J］，2002．8
50. 韩卫萍，王崇杰．阳光建筑——德国建筑师罗尔夫·迪施（Rolf Disch）的建筑观及建筑实践．济南：山东建筑工程学院学报［J］，2005（12）
51. 日华．托马斯·赫尔佐格的生态建筑：世界建筑［J］，1999（2）
52. 日建设计．地球环境战略研究机关 IEGS：建筑创作［J］，2002（11）
53. 夏菁，黄作栋．英国贝丁顿零能耗发展项目：世界创作［J］，2004（8）
54. 薛一冰，王崇杰．节能建筑整体设计策略的研究．济南：山东建筑工程学院学报，2002．8
55. 薛一冰，王崇杰．2002 届建筑学专业毕业设计中生态建筑整体设计研究综述［C］．北京：高等建筑教育，2003．1
56. 王崇杰，薛一冰，岳勇．生态建筑设计理念在别墅中的体现．济南：山东建筑工程学院学报［J］，2003．1
57. 杨经文．绿色设计．建筑学报［J］．2006．9（11）
58. 陈伟．太阳能热水器节能技术在住宅小区的应用．节能技术［J］．2002．3（2）
59. 刘辉．太阳能热水器与住宅建筑一体化设计探讨．中国建设动态—阳光能源 2004．8
60. 杨建华，俞庆国．太阳能热水器安装的最佳朝向和倾角．河南科技［J］．1999．11
61. 袁莹，苏粤．太阳能热水器与建筑一体化设计．华中建筑［J］．2005．1
62. 顾家椽，丁雷，钱永才．太阳能技术在多层住宅中的设计应用．建筑学报［J］．2001．7
63. 李锐，张建国，俞坚，王志峰，高瑞恒．太阳能热泵系统．可再生能源［J］，2004．4
64. 白宁，李戬洪，马伟斌，王东海．太阳能空调/热泵系统及运行分析．可再生能源［J］，2005．2
65. 王庆生．太阳能热水器及其在住宅建设中应用的探讨．安徽建筑［J］，2002．3
66. 杨维菊，蔡立宏．再论太阳能热水设备与住宅建筑的一体化整合．全国住宅工程太阳能热水应用研讨会论文集［C］，2004
67. 王崇杰，何文晶，薛一冰，张奎玉，孙培军．太阳能及节能技术一体化设计及应用．华东六省一市施工技术交流会［C］，2002．11
68. 王崇杰，薛一冰，何文晶，张奎玉，孙培军．节能住宅与太阳能利用的研究．华东六省一市施工技术交流会［C］，2002．11
69. 何文晶．太阳能采暖通风技术在节能建筑中的研究与实践［D］．济南：山东建筑大学硕士论文，2005．6．
70. 薛彩霞．山东太阳能采暖技术发展历程及实例分析［D］．济南：山东建筑大学硕士论文，2006．6．
71. 谭艳平．太阳能热水器与建筑一体化设计的研究［D］．浙江：浙江大学建筑工程学院建筑技术科学专业，2005
72. 王磐．太阳能热水器在既有住宅中的应用研究［D］．天津：天津大学建筑技术科学专业，2003
73. 郭晓洁．太阳能热水系统与建筑一体化应用技术研究［D］．上海：同济大学建筑城规学院建筑技术科学专业，2006

74. 宋光明．太阳能在多高层住宅建筑中的应用研究［D]，河北：河北工业大学建筑技术科学专业，2005
75. 关畔澄 ．太阳能建筑．中国建筑科学研究院空气调节研究所．
http：//202．99．215．146/04-05shang/czpd/xsxt/04-05shang/rjb/c1dl/09/1/data/pic/
76. 江亿．我国建筑能耗趋势与节能重点．
http：//www．cin．gov．cn/jskj/ml/060710．htm
77. 建设部建筑节能中心．促进我国建筑节能工作的建议．
http：//www．e-hvacr．com/bbs/dispbbs．asp？boardid = 5&id = 2
78. 光纤照明的应用http：//www．ledcac．com/info/detail/61-16578．html
79. 国外新型太阳灶实例http：//www．tynz．cn/
80. 健康节能环保 绿色无能耗照明http：//www．bjxr．cn/
81. 仲继寿．太阳能建筑的技术途径http：//www．cnsolar．net/Tech/21483．as
82. 仲继寿．太阳能建筑的技术途径和发展策略．中国新能源网
http：//www．newenergy．org．cn/mag/solar/read．asp？id = 586